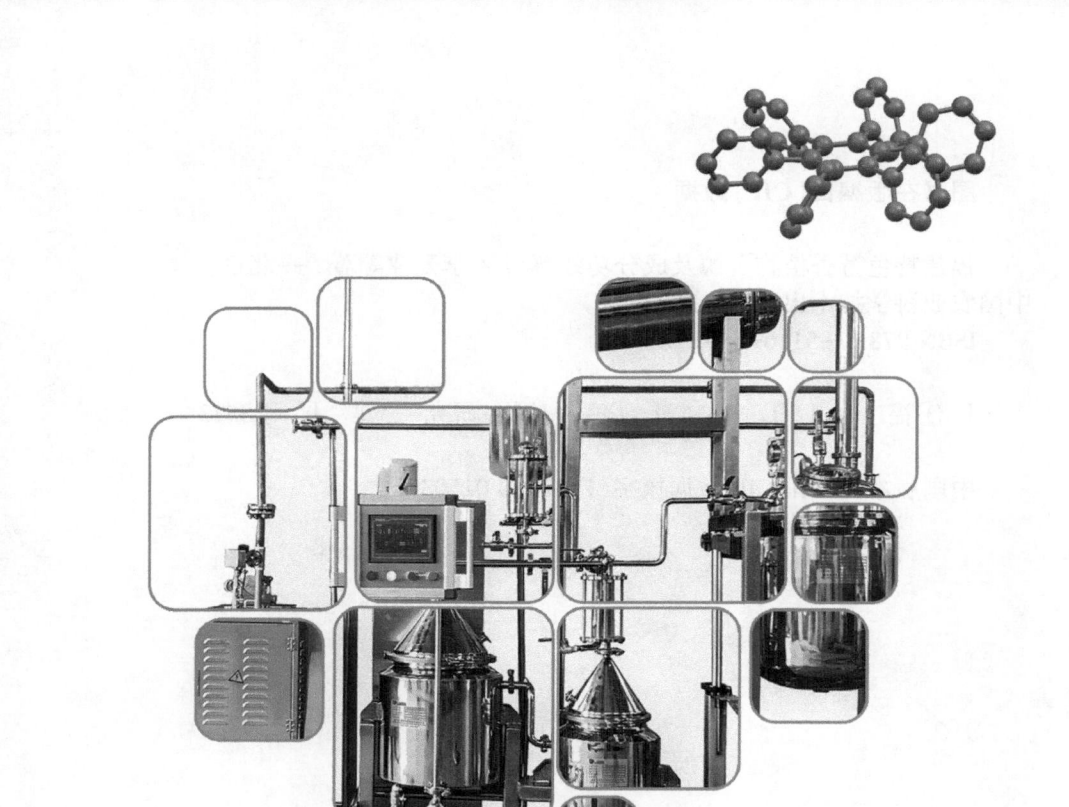

福建特色芳香植物资源及成分功效解析

◎李爱萍 等 著

中国农业科学技术出版社

图书在版编目（CIP）数据

福建特色芳香植物资源及成分功效解析／李爱萍等著．--北京：中国农业科学技术出版社，2022.6

ISBN 978-7-5116-5692-6

Ⅰ．①福…　Ⅱ．①李…　Ⅲ．①香料植物-研究-福建　Ⅳ．①S573

中国版本图书馆 CIP 数据核字（2022）第 015036 号

责任编辑　张诗瑶
责任校对　马广洋
责任印制　姜义伟　王思文

出 版 者　中国农业科学技术出版社
　　　　　北京市中关村南大街 12 号　　邮编：100081
电　　话　（010）82106625（编辑室）　　（010）82109702（发行部）
　　　　　（010）82109709（读者服务部）
网　　址　http://www.CASTP.cn
经 销 者　各地新华书店
印 刷 者　北京建宏印刷有限公司
开　　本　185 mm×260 mm　1/16
印　　张　15.75
字　　数　403 千字
版　　次　2022 年 6 月第 1 版　2022 年 6 月第 1 次印刷
定　　价　88.00 元

━━━◀ 版权所有·翻印必究 ▶━━━

《福建特色芳香植物资源及成分功效解析》
著者名单

李爱萍　徐晓俞　李程勋　郑开斌

颜武华　王传意　陈育财　潘　键

陈梦影　吴思逢　叶奕坚　熊月明

前　言

福建位于中国东南沿海，东海之滨，陆域位于北纬 23°33′~28°20′、东经 115°50′~120°40′，全省陆域面积 12.4 万 km²，山地、丘陵占全省陆地总面积的 80% 以上，素有"八山一水一分田"之称。福建靠近北回归线，受季风环流和地形的影响，形成暖热湿润的亚热带海洋性季风气候，热量丰富，全省 70% 区域 ≥10℃ 的积温在 5 000~7 600℃，雨量充沛，光照充足，年平均气温 17~21℃，平均降水量 1 400~2 000mm，是中国降水量最丰富的省份之一，气候条件优越，适宜多种作物生长。福建气候区域差异较大，闽东南沿海地区属南亚热带气候，闽东北、闽北和闽西属中亚热带气候，各气候带内水热条件的垂直分异也较明显，从而使福建植物种类较为丰富，全省植物种类有 4 500 种以上。同样，福建芳香植物种类繁多。

芳香植物指能从植物组织中提取精油、挥发油或含有能作为辛香料及难以挥发的树胶的植物[1]。精油指芳香植物某一部位经过蒸汽蒸馏方法或其他方法，得到一种不溶于水、有气味的挥发性油状液体[2]。纯露是精油提取过程中的产物，芳香原料经过蒸馏后分离出油和水，其中的水就是纯露，因此纯露又称"水精油"[3]。随着中国经济的增速发展，人们在物质生活得到满足的同时，对精神生活的要求逐步提高，于是精油、纯露等芳香物质逐渐进入百姓的生活当中，精油、纯露不仅广泛应用在化妆品中，在医药、食品等领域的应用也逐步受到重视和推广。

福建省农业科学院作物研究所的农产品天然产物研究科研团队经过 10 多年对芳香植物提取技术及其成分功效研究，积累了丰富的经验和理论知识。本书以福建特色芳香植物及大面积种植的芳香植物为原料，利用蒸汽蒸馏法提取精油和纯露，精油提取时间控制在 4h 之内，纯露的收集量与原料重量的比例为 1:1。利用顶空固相微萃取/气相色谱-质谱联用技术（HS-SPME/GC-MS）及超高效液相色谱-质谱联用技术（UPLC-ESI-QTOF-MS/MS）分别对精油和纯露的挥发性成分及纯露液相化学成分进行检测，挥发性成分通过 NIST 2019 标准谱库和人工谱图解析完成定性鉴定和定量分析，液相化学成分通过 metlin、HMDB、mzCloud 和 mzVault 数据库比对和人工谱图解析完成定性鉴定和定量分析，从而分析其具有的功能成分，以期为从事芳香研究的人员提供参考和借鉴。纯露由挥发性成分和液相中的化合物共同发挥作用，然而一直以来，人们只对纯露的挥发性成分进行研究，而对其液相成分鲜有研究。利用超高效液相色谱-质谱联用技术（UPLC-ESI-QTOF-MS/MS）对纯露液相化学成分进行检测分析是本书内容的创新之处，可更全面地解析纯露的功效，为纯露的应用提供科学合理的参考。

著　者
2021 年 12 月

目　　录

第一章 栀子花

一、概述

栀子（*Gardenia jasminoides* Ellis）为茜草科栀子属灌木状植物，又名水横枝、黄果子、黄叶下、山黄枝、黄栀子、山栀子等。2002 年被卫生部列入首批的药食同源目录。国内栀子主要产于福建、台湾、江西、浙江、河南等地[4]，其中福建福鼎地区拥有 7 万多亩（1 亩≈667m², 1hm²＝15 亩）的栀子[5]，栀子花气味芳香，甜美优雅，可用于提取挥发油，已应用于多种香型化妆品、香皂香精及高级香水香精的调香剂[6]。传统福鼎栀子花的应用仅限于少量地烘制栀子花干及窨制栀子花茶，而绝大部分的栀子花都任其掉落腐烂。近年来，随着栀子花利用逐渐被重视，栀子花精油、纯露的提取加工在福鼎也日益受到关注。本章所用的栀子花为福鼎市千朵农业科技有限公司提供的福鼎栀子品种'分关 1 号'的花，花呈白色。

二、栀子花精油成分及功效

于晴天露水干后采摘刚刚开放的栀子花，加工成精油，精油的挥发性成分总离子流见图 1-1，栀子花精油挥发性成分及其相对含量分析结果见表 1-1。

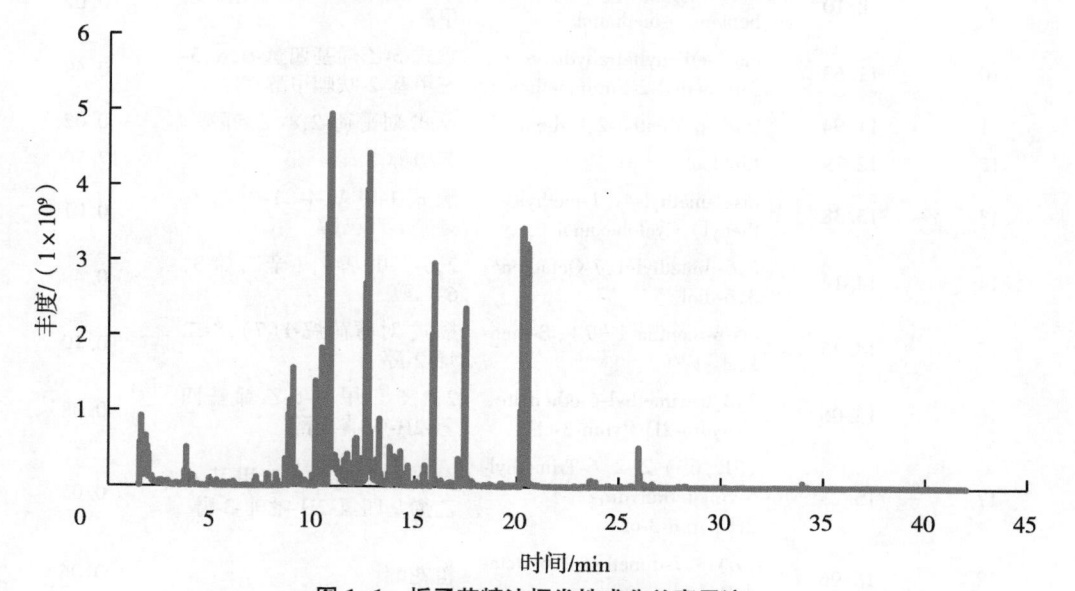

图 1-1 栀子花精油挥发性成分总离子流

从栀子鲜花精油中共分离、鉴定出 150 种挥发性成分，包括醇类、酯类、醛类、酮类、萜烯类、酸类、烷类、芳香族类等成分。挥发性成分的总相对含量为 99.56%，其中萜烯类、酯类和醇类成分的相对含量较高，分别为 38.89%、30.87% 和 20.99%。从不同种类挥发性成分的数量上来看，依然以萜烯类成分最高，达 48 种，酯类成分次之，达 34 种，而芳香族类和醇类成分分别为 21 种和 19 种。可见，萜烯类、酯类和醇类均对栀子鲜花精油的香气具有重要贡献。

栀子花精油中罗勒烯、芳樟醇、惕各酸叶醇酯的含量都超过了 10%，分别达 19.68%、17.70% 和 10.12%，其中芳樟醇具有抗菌、抗炎镇痛、抗肿瘤、抗焦虑、镇静、催眠等药理活性[7]，罗勒烯对黄曲霉菌具有一定的抑制作用[8]，惕各酸叶醇酯具有提调增加新鲜感的作用[9]。

表 1-1　栀子花精油挥发性成分及其相对含量

种类（编号）	保留时间/min	英文名	中文名	相对含量/%
		醇类		
1	1.93	2-methyl-3-Buten-2-ol	2-甲基-3-丁烯-2-醇	0.96
2	2.25	2-(hydroxymethyl)-1,3-Propanediol	2-(羟甲基)-1,3-丙二醇	0.01
3	2.52	cis-3-Methylcyclohexanol	顺式-3-甲基环己醇	0.10
4	2.94	2-methyl-1-Butanol	2-甲基丁醇	0.12
5	4.99	(Z)-3-Hexen-1-ol	(Z)-3-己烯-1-醇	0.22
6	5.34	1-Hexanol	1-己醇	0.16
7	5.66	1,3-Dimethylcyclopentanol	1,3-二甲基环戊醇	0.08
8	7.83	Lilac alcohol B	丁香醇 B	0.24
9	8.10	5-hydroxy-Spiro[2.4]heptane-5-methanol	5-羟基-螺[2.4]庚烷-5-甲醇	0.02
10	11.63	cis-5-ethenyltetrahydro-α,α,5-trimethyl-2-Furanmethanol	顺式-5-乙烯基四氢-α,α,5-三甲基-2-呋喃甲醇	0.49
11	11.94	trans-p-Mentha-2,8-dienol	反式-对薄荷-2,8-二烯醇	0.02
12	12.79	Linalool	芳樟醇	17.70
13	13.38	cis-1-methyl-4-(1-methylethenyl)-Cyclohexanol	顺式-1-甲基-4-(1-甲基乙烯基)-环己醇	0.01
14	14.12	2,6-dimethyl-1,7-Octadiene-3,6-diol	2,6-二甲基-1,7-辛二烯-3,6-二醇	0.49
15	14.45	cis-p-mentha-1(7),8-dien-2-ol	顺式-对薄荷烷-1(7),8-二烯-2-醇	0.10
16	15.06	2,2,6-trimethyl-6-ethenyltetrahydro-2H-Pyran-3-ol	2,2,6-三甲基-6-乙烯基四氢-2H-呋喃-3-醇	0.08
17	15.23	(3R,6S)-2,2,6-Trimethyl-6-vinyltetrahydro-2H-pyran-3-ol	(3R,6S)-2,2,6-三甲基-6-乙烯基四氢-2H-吡喃-3-醇	0.03
18	16.96	(Z)-3,7-dimethyl-2,6-Octadien-1-ol	橙花醇	0.06

（续表）

种类 （编号）	保留时间/ min	英文名	中文名	相对含量/ %
19	17.85	Geraniol	香叶醇	0.11
			酯类	
1	5.23	Methyl tiglate	惕各酸甲酯	0.05
2	5.57	2-methyl-1-Butanol, acetate	2-甲基丁基乙酸酯	0.02
3	6.71	2-Methylbut-2-en-1-yl acetate	2-甲基-2-丁烯-1-乙酸酯	0.01
4	8.56	（3E,6E）-Nona-3,6-dienyl 2-methylbutanoate	（3E,6E）-壬基-3,6-二烯基-2-甲基丁酸酯	0.01
5	9.62	hexyl-Ethanoate	乙酸己酯	0.11
6	9.74	isoamyl-Butyrate	丁酸异戊酯	0.08
7	11.10	（E）-2-Methylbut-2-en-1-yl isobutyrate	（E）-2-甲基丁基-2-烯-1-异丁酸酯	0.27
8	11.75	（S,E）-2,5-Dimethyl-4-vinylhexa-2,5-dien-1-yl acetate	（S,E）-2,5-二甲基-4-乙烯基己烷-2,5-二烯-1-乙酸酯	0.48
9	12.97	Butanoic acid, 3-methyl-2-methylbutyl ester	异戊酸异戊酯	0.22
10	13.80	Butyl tiglate	当归酸丁酯	0.73
11	15.63	cis-3-Hexenyl iso-butyrate	顺式-3-己烯醇异丁酸酯	0.08
12	15.96	2-methyl-1-Butyl tiglate	2-甲基-1-丁惕各酸酯	6.01
13	17.18	cis-3-Hexenyl valerate	戊酸叶醇酯	0.53
14	17.36	2-methyl-Butanoic acid, hexyl ester	异戊酸己酯	0.35
15	17.50	1-Penten-3-yl tiglate	1-戊烯-3-惕各酸酯	3.86
16	17.58	3-methyl-Butanoic acid, hexyl ester	3-甲基丁酸己酯	0.13
17	20.07	（E）-Hex-3-enyl（E）-2-methylbut-2-enoate	（E）-惕各酸叶醇酯	0.04
18	20.32	（Z）-Hex-3-enyl（E）-2-methylbut-2-enoate	（Z）-惕各酸叶醇酯	10.12
19	20.53	Hexyl tiglate	惕各酸己酯	7.27
20	20.64	Succinic acid, propyl trans-hex-3-enyl ester	丙基反式-己-3-烯基琥珀酸酯	0.01
21	20.73	（E）-2-Hexenyl tiglate	（E）-2-己烯惕各酸酯	0.01
22	22.71	4-Heptyl tiglate	4-庚基惕各酸酯	0.01
23	23.09	（4Z）-Heptenyl angelate	（4Z）-庚烯当归酸酯	0.03
24	23.66	Heptyl（E）2-methylbut-2-enoate	庚基（E）-2-甲基丁基-2-丁烯酸酯	0.13
25	23.82	2-methyl-Butanoic acid, octyl ester	2-甲基-丁酸辛酯	0.01

（续表）

种类（编号）	保留时间/min	英文名	中文名	相对含量/%
26	23.91	Benzoic acid, 2-methylbutyl ester	2-甲基丁醇苯甲酸酯	0.10
27	24.49	Cyclobutanecarboxylic acid, 2-ethylhexyl ester	环丁酸-2-乙基己酯	0.03
28	25.33	Pent-2-en-1-yl benzoate	2-戊烯-1-苯甲酸酯	0.01
29	25.73	Benzyl tiglate	惕各酸苄酯	0.01
30	26.68	Octyl tiglate	惕各酸辛酯	0.07
31	27.91	cis-3-Hexenylbenzoate	顺式-3-己烯醇苯甲酸酯	0.02
32	28.15	4-Methylpentyl benzoate	4-甲基戊基苯甲酸酯	0.02
33	28.26	2-Phenylethyl tiglate	惕各酸苯乙酯	0.03
34	29.92	τ-Cadinol acetate	τ-毕橙茄醇乙酸酯	0.01
醛类				
1	3.58	3-methyl-2-Butenal	3-甲基-2-丁烯醛	0.04
2	4.45	3-Furaldehyde	3-糠醛	0.01
3	11.37	Citral	柠檬醛	0.22
4	12.50	Neral	橙花醛	0.35
5	14.71	（E）-2-Nonenal	（E）-2-壬烯醛	0.43
6	16.70	α,4-dimethyl-3-Cyclohexene-1-acetaldehyde	α,4-二甲基-3-环己烯-1-乙醛	0.13
7	18.00	2-ethylidene-6-methyl-3,5-Heptadienal	2-亚乙基-6-甲基-3,5-庚二烯醛	0.01
8	18.41	（E）-3,7-dime-thyl-2,6-Octadienal	（E）-3,7-二甲基-2,6-辛二烯醛	0.03
9	21.89	5-（benzoyloxy）-Pentanal	5-（苯甲酰氧）-戊醛	0.01
酮类				
1	1.63	Acetone	丙酮	2.35
2	1.85	methyl-vinyl Ketone	丁烯酮	1.30
3	2.60	5-methoxy-2-Pentanone	5-甲氧基-2-戊酮	0.11
4	22.06	1-（2,6,6-trimethyl-1,3-cyclohexadien-1-yl）-2-Buten-1-one	大马酮	0.02
5	24.23	（E）-6,10-dimethyl-5,9-Undecadien-2-one	香叶基丙酮	0.01
萜烯类				
1	1.72	（E）-1,3-Pentadiene	（E）-1,3-戊二烯	0.03
2	2.07	（Z,Z）-2,4-Hexadiene	（Z,Z）-2,4-己二烯	0.07
3	3.72	1-Octene	1-辛烯	0.10
4	4.23	2,4-Octadiene	2,4-辛二烯	0.03
5	4.36	1,3-Octadiene	1,3-辛二烯	0.02

（续表）

种类 （编号）	保留时间/ min	英文名	中文名	相对含量/ %
6	4.61	1-methylethenyl-Cyclopentane	1-甲基乙烯基-环戊烷	0.01
7	4.75	5-（1,1-dimethylethyl）-1,3-Cyclopentadiene	5-（1,1-二甲基乙基）-1,3-环戊二烯	0.01
8	5.11	1,2,4,4-Tetramethylcyclopentene	1,2,4,4-三甲基环戊烯	0.07
9	6.80	1-methylethyl-Benzene	异丙基苯烯	0.01
10	7.08	2,7-dimethyl-Oxepine	2,7-二甲基-氧杂环庚三烯	0.01
11	7.13	4-methyl-1-（1-methylethyl）-Bicyclo［3.1.0］hex-2-ene	4-甲基-1-（1-甲基乙基）-双环［3.1.0］己烯	0.01
12	8.26	2-ethenyltetrahydro-2,6,6-trimethyl-2H-Pyran	2-乙烯基-2,6,6-三甲基四氢-2H-吡喃	0.26
13	8.72	2,3,6-trimethyl-1,5-Heptadiene	2,3,6-三甲基-1,5-庚二烯	0.93
14	8.88	（1S）-6,6-dimethyl-2-methylene-Bicyclo［3.1.1］heptane	（1S）-6,6-二甲基-2-亚甲基-双环［3.1.1］庚烷	1.82
15	9.05	（+）-4-Carene	（+）-4-蒈烯	2.73
16	9.20	cis-2,6-dimethyl-2,6-Octadiene	顺式-2,6-二甲基-2,6-辛二烯	0.33
17	9.38	（2R,5S）-2-methyl-5-（prop-1-en-2-yl）-2-vinyltetrahydro-Furan	（2R,5S）-2-甲基-5-（丙-1-烯-2）-2-乙烯基四氢呋喃	0.25
18	10.20	（R）-1-methyl-5-（1-methylethenyl）-Cyclohexene	（R）-1-甲基-5-（1-甲基乙烯基）环己烯	2.47
19	10.45	3,6,6-trimethyl-Bicyclo［3.1.1］hept-2-ene	3,6,6-三甲基-2-降蒎烯	3.31
20	10.91	β-Ocimene	β-罗勒烯	19.68
21	11.18	3-Carene	3-蒈烯	0.26
22	11.43	（1R）-2,6,6-Trimethylbicyclo［3.1.1］hept-2-ene	蒎烯	0.01
23	11.49	（Z）-3,7-dimethyl-1,3,6-Octatriene	（Z）-3,7-二甲基-1,3,6-辛烷三烯	0.02
24	11.80	4,8-dimethyl-1,7-Nonadiene	4,8-二甲基-1,7-壬二烯	0.42
25	12.15	3-methyl-6-（1-methylethylidene）-Cyclohexene	3-甲基-6-（1-甲基亚乙基）-环己烯	1.22
26	12.37	3-methyl-2-（2-methyl-2-butenyl）-Furan	3-甲基-2-（2-甲基-2-丁烯基）-呋喃	0.76

（续表）

种类（编号）	保留时间/min	英文名	中文名	相对含量/%
27	13.07	1,5,6,7-Tetramethylbicyclo[3.2.0]hepta-2,6-diene	1,5,6,7-四甲基双环[3.2.0]庚-2,6-二烯	0.01
28	13.30	1,2,3,5-tetramethyl-Benzene	异杜烯	1.24
29	13.67	(Z)-2,2-Dimethyl-3-(3-methylpenta-2,4-dien-1-yl)oxirane	(Z)-2,2-二甲基-3-(3-甲基戊基-2,4-二烯-1)环氧乙烷	0.10
30	14.01	Ocimenexide	氧化罗勒烯	0.51
31	14.35	1,2,4,5-tetramethyl-Benzene	杜烯	0.72
32	14.54	3,6-Dimethyl-2,3,3a,4,5,7a-hexahydrobenzofuran	3,6-二甲基-2,3,3a,4,5,7a-六氢苯并呋喃	0.01
33	15.50	Azulene	甘菊环烃	0.42
34	16.45	1,1,2,3,4,4-hexachloro-1,3-Butadiene	六氯-1,3-丁二烯	0.05
35	18.14	2,4,6-trimethyl-2-ethenyl-Benzene	2,4,6-三甲基苯乙烯	0.01
36	18.73	3,4-Dimethylcumene	3,4-二甲基枯烯	0.05
37	19.46	2,6,10,10-tetramethyl-1-Oxaspiro[4.5]dec-6-ene	2,6,10,10-四甲基-1-氧杂螺[4.5]癸-6-烯	0.02
38	20.98	2,3-Dioxabicyclo[2.2.2]oct-5-ene	2,3-二氧六环双环[2.2.2]辛-5-烯	0.02
39	22.45	1-ethenyl-1-methyl-2,4-bis(1-methylethenyl)-Cyclohexane	1-乙烯基-1-甲基-2,4-双(1-甲基乙烯基)-环己烷	0.01
40	23.38	Caryophyllene	石竹烯	0.01
41	25.60	2,6-dimethyl-6-(4-methyl-3-pentenyl)-Bicyclo[3.1.1]hept-2-ene	2,6-二甲基-6-(4-甲基-3-戊烯基)-双环[3.1.1]庚-2-烯	0.02
42	25.82	(1R,4aS,8aR)-1-Isopropyl-4,7-dimethyl-1,2,4a,5,6,8a-hexahydronaphthalene	(±)-α-紫穗槐烯	0.01
43	26.01	(Z,E)-3,7,11-trimethyl-1,3,6,10-Dodecatetraene	(Z,E)-3,7,11-三甲基-1,3,6,10-十二碳四烯	0.75
44	26.41	δ-Cadinene	δ-杜松烯	0.03
45	26.94	α-Muurolene	α-依兰油烯	0.01
46	30.19	6-isopropylidene-1-methyl-Bicyclo[3.1.0]hexane	6-异亚丙基-1-甲基-双环[3.1.0]己烷	0.01
47	31.02	β-Pinene	β-蒎烯	0.01
48	34.04	(R,1E,5E,9E)-1,5,9-Trimethyl-12-(prop-1-en-2-yl)cyclotetradeca-1,5,9-triene	(R,1E,5E,9E)-1,5,9-三甲基-12-(丙-1-烯-2)环十四烷-1,5,9-三烯	0.05

（续表）

种类 （编号）	保留时间/ min	英文名	中文名	相对含量/ %
		酸类		
1	18. 98	2, 6-dimethyl-2-vinyl-5-Hep-tenoic acid	2,6-二甲基-2-乙烯基-5-庚烯酸	0. 01
		烷类		
1	2. 17	1-propoxy-Pentane	1-丙氧-戊烷	0. 02
2	3. 85	Octane	正辛烷	1. 16
3	6. 17	Nonane	正壬烷	0. 11
4	6. 93	butyl-Cyclobutane	丁基-环丁烷	0. 01
5	7. 27	trans-1,3-dimethyl-2-methyl-ene-Cyclohexane	反式-1,3-二甲基-2-亚甲基环己烷	0. 24
6	7. 43	［1S-(1α,3α,6α)］-3,7,7-tri-methyl-Bicyclo［4.1.0］hep-tane	［1S-(1α,3α,6α)］-3,7,7-三甲基-双环[4.1.0]庚烷	0. 01
7	16. 19	Dodecane	正十二烷	0. 07
8	18. 81	(1R,2R,5R,E)-7-Ethylide-ne-1,2,8,8-tetramethylbicyclo［3.2.1］octane	(1R,2R,5R,E)-7-亚乙基-1,2,8,8-四甲基双环［3.2.1］辛烷	0. 01
9	19. 59	Pentadecane	正十五烷	0. 02
10	22. 84	Tetradecane	正十四烷	0. 02
11	24. 72	2,6,10-Trimethyltridecane	2,6,10-三甲基十三烷	0. 01
		芳香族类		
1	3. 34	Toluene	甲苯	0. 08
2	5. 93	1,3-dimethyl-Benzene	间二甲苯	0. 09
3	7. 93	1-ethyl-2-methyl-Benzene	邻乙基甲苯	0. 02
4	8. 48	1-ethyl-4-methyl-Benzene	对乙基甲苯	0. 01
5	9. 87	1,2,4-trimethyl-Benzene	1,2,4-三甲基苯	0. 03
6	10. 03	o-Cymene	邻伞花烃	0. 21
7	11. 15	2-ethyl-1,4-dimethyl-Benzene	2-乙基对二甲苯	0. 32
8	12. 06	1-ethyl-2,4-dimethyl-Benzene	1-乙基-2,4-二甲基苯	0. 24
9	13. 18	1-ethyl-3,5-dimethyl-Benzene	1-乙基-3,5-二甲基苯	0. 39
10	13. 95	2,3-dihydro-4-methyl-1H-In-dene	2,3-二氢-4-甲基-1H-茚	0. 07
11	14. 24	2,3-dihydro-5-methyl-1H-In-dene	2,3-二氢-5-甲基-1H-茚	0. 19
12	14. 84	1-methyl-4-(1-methylpropyl)-Benzene	1-甲基-4(1-甲基丙基)-苯	0. 03
13	14. 93	1,4-diethyl-2-methyl-Benzene	1,4-二乙基-2-甲基-苯	0. 04
14	15. 17	(1,1-dimethylpropyl)-Ben-zene	叔戊基苯	0. 06

（续表）

种类（编号）	保留时间/min	英文名	中文名	相对含量/%
15	15.73	1,3-diethyl-5-methyl-Benzene	1,3-二乙基-5-甲苯	0.02
16	16.32	1,4-dimethyl-2-(1-methylethyl)-Benzene	1,4-二甲基-2-(1-甲基乙基)-苯	0.09
17	16.59	1-ethyl-2,4,5-trimethyl-Benzene	1-乙基-2,4,5-三甲基-苯	0.01
18	17.73	2,3-dihydro-4,7-dimethyl-1H-Indene	2,3-二氢-4,7-二甲基-1H-茚	0.03
19	19.27	1-methyl-Naphthalene	1-甲基萘	0.06
20	19.77	2-methyl-Naphthalene	2-甲基萘	0.02
21	26.24	（1S,4aR,8aS）-1-isopropyl-7-methyl-4-methylene-1,2,3,4,4a,5,6,8a-Octahydronaphthalene	（1S,4aR,8aS）-1-异丙基-7-甲基-4-亚甲基-1,2,3,4,4a,5,6,8a-八氢萘	0.07
其他类				
1	2.33	1-methylbutyl-Hydroperoxide	1-甲基丁基过氧化氢	0.02
2	3.14	2,5-dihydro-2,5-dimethyl-Furan	2,5-二氢-2,5-二甲基-呋喃	0.02

三、栀子花纯露成分及功效

栀子花纯露挥发性成分总离子流见图1-2，栀子花纯露挥发性成分及其相对含量分析结果见表1-2。

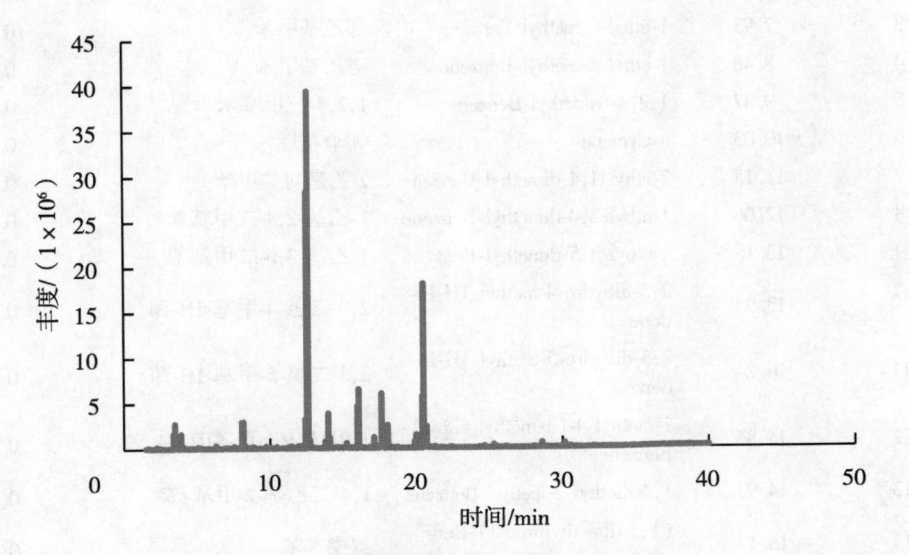

图1-2　栀子花纯露挥发性成分总离子流

从栀子花纯露中共分离、鉴定出 79 种挥发性成分，包括醇类、酯类、酮类、烯类、醛类和烷烃类等成分。挥发性成分总相对含量为 99.97%，其中醇类和酯类成分的相对含量较高，分别为 71.49% 和 26.03%。从不同种类挥发性成分的数量上来看，以醇类成分最高，达 32 种，酯类成分次之，达 26 种。

栀子花纯露挥发性成分中相对含量超过 10% 的 2 种化合物为芳樟醇和 3(Z)-己烯基-惕各酸酯，含量分别为 63% 和 13.24%。其中芳樟醇具有铃兰香气，且拥有抑菌[10]、抗氧化、抗皮肤衰老等活性[11]。3(Z)-己烯基-惕各酸酯具有新鲜的清香和果香，可提调增加其新鲜感。

表 1-2 栀子花纯露挥发性成分及其相对含量

种类（编号）	保留时间/min	英文名	中文名	相对含量/%
		醇类		
1	12.68	Linalool	芳樟醇	63.00
2	3.49	(Z)-3-Hexen-1-ol	(Z)-3-己烯-1-醇	1.95
3	18.07	Geraniol	香叶醇	1.71
4	3.94	1-Hexanol	1-己醇	1.08
5	17.14	(Z)-3,7-dimethyl-2,6-Octadien-1-ol	橙花醇	0.80
6	12.73	3,7-dimethyl-1,5,7-Octatrien-3-ol	二氢芳樟醇	0.48
7	15.26	1-Nonanol	1-壬醇	0.38
8	30.24	τ-Cadinol	τ-毕橙茄醇	0.25
9	11.39	cis-5-ethenyltetrahydro-α,α,5-trimethyl-2-Furanmethanol	顺式-5-乙烯基四氢-α,α,5-三甲基-2-呋喃甲醇	0.18
10	11.49	1-Octanol	1-辛醇	0.17
11	12.00	trans-Linalool oxide(furanoid)	反式-芳樟醇氧化物(呋喃)	0.16
12	9.77	Dihydrocarveol	二氢香芹醇	0.13
13	7.60	1-Heptanol	1-庚醇	0.13
14	9.86	Eucalyptol	桉叶油醇	0.13
15	24.70	6,10-dimethyl-5,9-Undecadien-2-ol	6,10-二甲基-5,9-十一烷二烯-2-醇	0.13
16	15.20	(1S-endo)-1,7,7-trimethyl-Bicyclo[2.2.1]heptan-2-ol	2-莰醇	0.12
17	7.96	1-Octen-3-ol	1-辛烯-3-醇	0.09
18	15.11	(E)-2-Nonen-1-ol	(E)-2-壬烯-1-醇	0.07
19	17.25	6,10-dimethyl-Dodeca-1,6-dien-12-ol	6,10-二甲基-1,6-二烯-12-十二醇	0.06
20	30.50	α-Cadinol	α-毕橙茄醇	0.05
21	28.04	(E)-Nerolidol	(E)-橙花叔醇	0.05
22	8.46	6-methyl-5-Hepten-2-ol	6-甲基-5-庚烯-2-醇	0.05

（续表）

种类（编号）	保留时间/min	英文名	中文名	相对含量/%
23	7.01	5-hydroxy-Spiro[2.4]heptane-5-methanol	5-羟基-螺[2.4]庚烷-5-甲醇	0.04
24	15.52	(R)-4-methyl-1-(1-methylethyl)-3-Cyclohexen-1-ol	(R)-4-萜品醇	0.04
25	7.51	Limetol	柠檬醇	0.04
26	16.42	2,6,6-tetramethyl-2-Cyclohexene-1-propanol	2,6,6-三甲基-2-环己烯-1-甲醇	0.04
27	29.63	Epicubenol	表毕澄茄油烯醇	0.03
28	24.43	4-(2,6,6-Trimethyl-cyclohex-1-enyl)-β-2-ol	二氢-β-紫罗兰醇	0.03
29	29.03	Viridiflorol	绿花白千层醇	0.03
30	13.01	Phenylethyl Alcohol	苯乙醇	0.03
31	29.42	Cedrol	柏木醇	0.02
32	28.50	Spathulenol	桉油烯醇	0.02
醛类				
1	16.85	α,4-dimethyl-3-Cyclohexene-1-acetaldehyde	α,4-二甲基-3-环己烯-1-乙醛	0.08
2	14.35	Lilac aldehyde B	丁香醛 B	0.07
3	18.65	(E)-3,7-dimethyl-2,6-Octadienal	(E)-3,7-二甲基-2,6-辛二烯醛	0.06
4	14.78	(E)-2-Nonenal	(E)-2-壬烯醛	0.05
5	14.89	Lilac aldehyde D	丁香醛 D	0.02
萜烯类				
1	4.64	1,3,5,7-Cyclooctatetraene	环辛四烯	0.03
2	8.29	β-Myrcene	β-月桂烯	0.21
3	10.09	trans-β-Ocimene	反式-β-罗勒烯	0.04
4	10.49	(Z)-3,7-dimethyl-1,3,6-Octatriene	(Z)-3,7-二甲基-1,3,6-辛三烯	0.10
5	15.76	cis-(-)-1,2-Epoxy-p-menth-8-ene	顺式-氧化柠檬烯	0.08
酮类				
1	17.78	D-Carvone	D-香芹酮	1.15
2	16.92	8-methyl-Tricyclo[3.3.0.0(2,8)]octan-3-one	8-甲基-三环[3.3.0.0(2,8)]3-辛酮	0.08
3	22.37	(E)-1-(2,6,6-trimethyl-1,3-cyclohexadien-1-yl)-2-Buten-1-one	大马士酮	0.05
4	30.98	cis-14-nor-Muurol-5-en-4-one	顺式-14-去甲-5-依兰油烯-4-酮	0.03
5	1.68	3-Hepten-2-one	3-庚烯-2-酮	0.02

（续表）

种类（编号）	保留时间/min	英文名	中文名	相对含量/%
6	24.58	(E)-6,10-dimethyl-5,9-Undecadien-2-one	香叶基丙酮	0.10
烷类				
1	20.39	2-(1,1-dimethyl-2-propenyl)-1,1-dimethyl-Cyclopropane	2-(1,1-二甲基-2-丙烯基)-1,1-二甲基-环丙烷	0.01
酯类				
1	20.55	(3Z)-hexenyl-Tiglate	(3Z)-己烯基-惕各酸酯	13.24
2	16.06	(E)-2-methyl-2-Butenoic acid 3-methylbutyl ester	(E)-2-甲基巴豆酸异戊酯	4.64
3	17.68	1-Penten-3-yl tiglate	1-戊烯-3-惕各酸酯	3.94
4	20.76	Hexyl tiglate	惕各酸己酯	1.51
5	13.79	Butyl tiglate	当归酸丁酯	0.48
6	28.66	2-Phenylethyl tiglate	惕各酸苯乙酯	0.42
7	3.78	Methyl tiglate	惕各酸甲酯	0.36
8	6.34	Ethyl tiglate	惕各酸乙酯	0.19
9	12.20	(E)-2-methyl-2-Butenoic acid,2-methylpropyl ester	(E)-2-甲基-2-丁酸-2-甲丙酯	0.16
10	17.35	cis-3-Hexenyl α-methyl-butyrate	α-甲基丁酸叶醇酯	0.15
11	17.42	(2Z)-Pentenyl tiglate	(2Z)-戊烯惕各酸酯	0.12
12	14.12	Geranyl butyrate	丁酸叶醇酯	0.09
13	21.27	Acrylic acid,3-methylene-4-pentenyl ester	3-亚甲基-4-戊烯丙烯酸酯	0.07
14	14.57	Phenylacetic acid, dodec-9-ynyl ester	苯乙酸十二-9-炔基酯	0.07
15	26.13	Benzyl tiglate	惕各酸苄酯	0.07
16	21.01	(E)-2-Hexenyl tiglate	(E)-2-己烯惕各酸酯	0.06
17	17.52	cis-3-Hexenyl valerate	戊酸叶醇酯	0.06
18	24.26	Benzoic acid,2-methylbutyl ester	2-甲基丁醇苯甲酸酯	0.05
19	28.32	(3Z)-hexenyl-Benzoate	(3Z)-己烯-苯甲酸酯	0.05
20	10.02	(E)-2-methyl-2-Butenoic acid,propyl ester	惕各酸丙酯	0.04
21	21.74	cis,cis,cis-6,9,12-Octadecatrienoic acid,propyl ester	顺式,顺式,顺式-6,9,12-十八碳三烯酸丙酯	0.04
22	28.80	2,2,4-trimethyl-1,3-pentanediol Diisobutyrate	2,2,4-三甲基-1,3-戊二醇异丁酸酯	0.03
23	20.32	(Z)-Hex-3-enyl-(E)-2-methylbut-2-enoate	惕各酸叶醇酯	0.03

（续表）

种类 （编号）	保留时间/ min	英文名	中文名	相对含量/ %
24	12.88	3-methyl-Butanoic acid,2-methylbutyl ester	异戊酸异戊酯	0.03
25	25.72	Pent-2-en-1-yl benzoate	2-戊烯-1-苯甲酸酯	0.03
其他类				
1	8.88	（2R,5R）-2-methyl-5-（prop-1-en-2-yl）-2-Vinyltetrahydrofuran	（2R,5R）-2-甲基-5-（1-丙烯-2)-2-乙烯基四氢呋喃	0.12
2	5.13	methoxy-phenyl-Oxime	甲氧基-苯基-肟	0.07
3	14.48	3,6-dihydro-4-methyl-2-（2-methyl-1-propenyl）-2H-Pyran	3,6-二氢-4-甲基-2-（2-甲基-1-丙烯基）-2H-吡喃	0.07
4	12.40	（2R,5S）-2-methyl-5-（prop-1-en-2-yl）-2-Vinyltetrahydrofuran	（2R,5S）-2-甲基-5-（1-丙烯-2)-2-乙烯基四氢呋喃	0.06
5	7.39	Dimethyl trisulfide	二甲基三硫	0.05

正离子模式下栀子花纯露代谢物成分总离子流见图1-3，栀子花纯露的化学成分及其相对含量见表1-3。

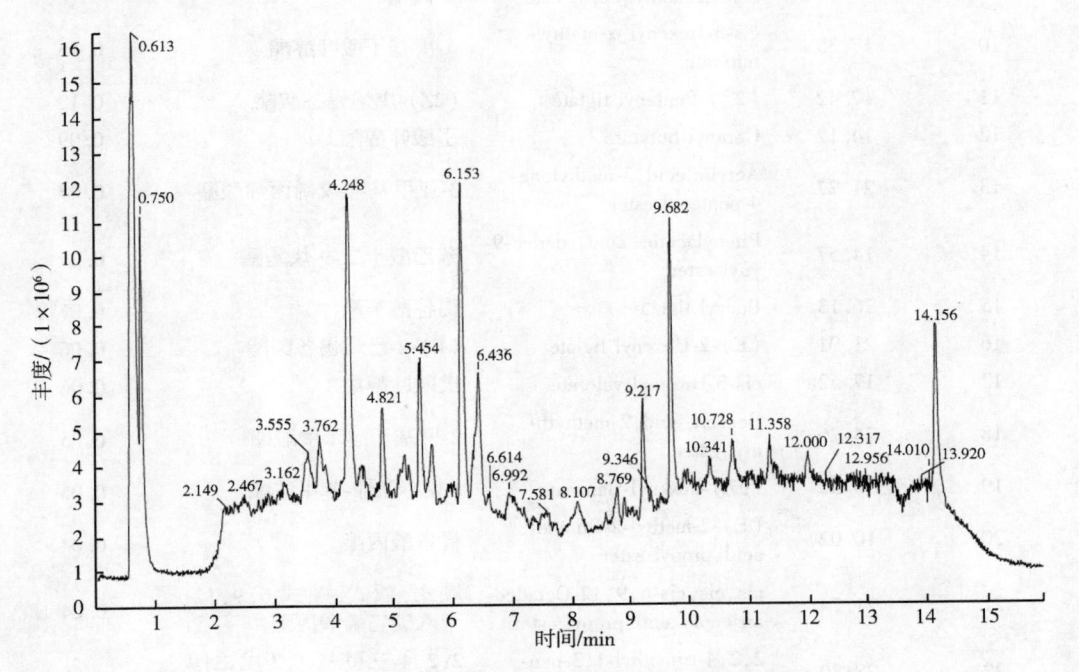

图1-3　正离子模式下栀子花纯露代谢物成分总离子流

栀子花纯露共鉴定出168个代谢物成分。化学成分以氨基酸、萜类（单萜、倍半萜、二萜、三萜）、生物碱、肽类等为主，其中以生物碱的数量最多，达到26种，相对含量最高，达 47.10%，芳香类和单萜类化合物的相对含量也分别达到了 20.74% 和 14.24%。

栀子花纯露液相中相对含量较高的 3 种化合物为芥酸酰胺、（S）-（-）-紫苏醇、邻苯二甲酸二(2-乙基己)酯。芥酸酰胺是芥酸的重要衍生物，具有一定的抗焦虑样作用[12]。（S）-（-）-紫苏醇是一种单环单萜烯醇，具有青草香、木香和花香以及类似芳樟醇和松油醇的特殊气味，有研究报道，紫苏醇具有较好的抗癌功效，在国外已作为防癌保健品推广，或作为新型抗癌药物进行临床试验[13]。栀子花纯露中所含的京尼平酸具有抗氧化、抗应激等药理作用，此外栀子花纯露还含有山茶皂苷元 B，相对含量为 2.16%，山茶皂苷元 B 对病原真菌和酵母菌具有较强的抑制活性[14]；氨茴酸的相对含量为 1.15%，氨茴酸衍生物具有抗菌、抗病毒和杀虫特性，并且对乳腺癌细胞增殖有抑制活性[15-16]。

表 1-3　栀子花纯露的化学成分及其相对含量

种类（编号）	保留时间/min	质量电荷比（m/z）	分子式	成分名称	相对含量/%
			氨基酸类		
1	0.60	156.0766	$C_6H_9N_3O_2$	L-组氨酸　L-Histidine	0.02
2	0.69	116.0708	$C_5H_9NO_2$	L-脯氨酸　L-Proline	0.02
3	0.69	113.0710	$C_5H_{10}N_2O_2$	L-cis-3-氨基-2-脯氨酸 L-cis-3-Amino-2-pyrrolidine-carboxylic acid	0.02
4	0.75	130.0499	$C_5H_7NO_3$	D-焦谷氨酸　（R）-（+）-2-Pyrrolidone-5-carboxylic acid	0.07
5	0.75	182.0819	$C_9H_{11}NO_3$	DL-O-络氨酸 DL-O-Tyrosine	0.06
6	4.91	509.3534	$C_{13}H_{25}NO_3$	N-十一酰基甘氨酸 N-Undecanoylglycine	0.01
			单萜类		
1	3.35	153.1265	$C_{10}H_{16}O$	二氢黄蒿萜酮 Dihydrocarvone	0.03
2	3.50	153.1271	$C_{10}H_{16}O$	桧醇　Sabinol	0.48
3	6.16	135.1168	$C_{10}H_{16}O$	（S）-（-）-紫苏醇 （S）-（-）-Perillyl alcohol	13.73
			倍半萜类		
1	2.13	233.1558	$C_{15}H_{20}O_2$	大根香叶酮-13-醇 Germacrone-13-ol	0.09
2	2.95	251.1639	$C_{15}H_{24}O_4$	3,11,12-三羟基-1（10）-螺韦惕烯-2-酮 3,11,12-trihydroxy-1（10）-Spirovetiven-2-one	0.61

（续表）

种类（编号）	保留时间/min	质量电荷比（m/z）	分子式	成分名称	相对含量/%
3	4.79	251.1620	$C_{15}H_{22}O_3$	1-羟基菖蒲烯酮 1-Hydroxyacorenone	0.14
4	4.91	417.1899	$C_{23}H_{30}O_8$	蜜环菌醇　Melledonol	0.02
5	4.96	288.1586	$C_{15}H_{18}O_3$	向日葵醛 C　Annuolide C	0.04
6	5.08	566.2788	$C_{15}H_{18}O_4$	安诺奇波啶 D Enokipodin D	0.03
7	5.17	307.1507	$C_{15}H_{24}O_5$	双氢青蒿素 Dihydroartemisinin	0.01
8	5.61	249.1470	$C_{15}H_{22}O_4$	青蒿琥酯　Artemin	0.06
9	5.65	203.1790	$C_{15}H_{24}O$	石竹素 Caryophyllene epoxide	0.38
10	5.87	267.1587	$C_{15}H_{22}O_4$	苦艾脑　Absindiol	0.04
11	6.00	415.2105	$C_{24}H_{32}O_7$	蜜环菌醛 B　Melleolide B	0.15
12	6.29	294.2059	$C_{15}H_{24}O_3$	3-甲基-5-戊基-2-呋喃戊酸 3-Methyl-5-pentyl-2-furanpentanoic acid	0.06
13	6.69	289.1402	$C_{15}H_{22}O_4$	4'-二氢脱落酸 4'-Dihydroabscisic acid	0.15
14	7.61	205.1949	$C_{15}H_{24}$	α-石竹烯　α-Humulene	0.06
15	7.74	221.1891	$C_{15}H_{26}O_2$	大根香叶烯酮 Germacrenone	0.03
16	9.21	691.4148	$C_{20}H_{30}O_4$	克杷酮　Crispanone	0.13
二萜类					
1	4.73	408.2211	$C_{16}H_{30}O_9$	（1R*,2R*,4R*,8S*）-p-薄荷烷-1,2,8,9-四醇 9-葡萄糖苷　（1R*,2R*,4R*,8S*）-p-Menthane-1,2,8,9-tetrol 9-glucoside	0.07
2	8.96	305.2473	$C_{20}H_{32}O_2$	甲氢睾酮　Mesterolone	0.01
三萜类					
1	6.37	489.3558	$C_{30}H_{48}O_5$	山茶皂苷元 B Camelliagenin B	2.16
2	6.63	491.3712	$C_{30}H_{50}O_5$	山茶皂苷元 C Camelliagenin C	0.18
3	9.51	665.3944	$C_{36}H_{56}O_{11}$	辽东楤木皂苷 G Elatoside G	0.01

（续表）

种类（编号）	保留时间/min	质量电荷比（m/z）	分子式	成分名称	相对含量/%
			芳香类		
1	2.48	121.0652	C_8H_8O	2,3-二氢苯并呋喃 2,3-Dihydrobenzofuran	0.02
2	3.88	325.1658	$C_{17}H_{24}O_6$	艾地苯醌代谢产物（QS-8） Idebenone Metabolite（QS-8）	0.10
3	3.99	165.0910	$C_{10}H_{12}O_2$	甲酸苯丙酯 3-Phenylpropyl formate	0.03
4	4.07	181.0859	$C_{10}H_{12}O_3$	4-羟基-3-甲氧基苯丙酮 Guaiacylacetone	0.01
5	4.24	133.1012	$C_{10}H_{12}$	对-薄荷-1,3,5,8-四烯 p-Mentha-1,3,5,8-tetraene	8.46
6	4.25	107.0858	C_8H_{10}	间二甲苯 m-Xylene	1.31
7	4.86	163.1112	$C_{11}H_{14}O$	异丁基苯基酮 3-Methyl-1-phenyl-1-buta-none	0.04
8	5.01	297.1113	$C_{18}H_{18}O_5$	1-[2,4-二羟基-3-(羟甲基)-6-甲氧基-5-甲苯基]-3-苯丙基-2-烯-1-酮 1-[2,4-Dihydroxy-3-(hydroxymethyl)-6-methoxy-5-methylphenyl]-3-phenylprop-2-en-1-one	0.01
9	6.28	297.1456	$C_{17}H_{22}O_3$	2-丁基-5-[2-(4-羟基-3-甲氧苯基)乙基]呋喃 2-Butyl-5-[2-(4-hydroxy-3-methoxyphenyl)ethyl]furan	0.32
10	8.38	405.2265	$C_{20}H_{38}O_7S$	邻甲基苯乙酮 2-Methylacetophenone	0.01
11	9.22	391.2835	$C_{24}H_{38}O_4$	邻苯二甲酸二(2-乙基己)酯 Bis(2-ethylhexyl)phthalate	10.41
12	9.31	405.2986	$C_{24}H_{36}O_3$	(3R,6′Z)-3,4-二氢-8-羟基-3-(6-十五烷基)-1H-2-苯并吡喃-1-酮 (3R,6′Z)-3,4-Dihydro-8-hydroxy-3-(6-pentadecenyl)-1H-2-benzopyran-1-one	0.01
			酚类		
1	2.73	153.0544	$C_8H_8O_3$	香草醛　Vanillin	0.49
2	3.09	581.1848	$C_{27}H_{34}O_{15}$	10-乙酰基橄榄苦苷 10-Acetoxyoleuropein	0.01

（续表）

种类（编号）	保留时间/min	质量电荷比（m/z）	分子式	成分名称	相对含量/%
				醇类	
1	2.24	253.1778	$C_{13}H_{26}O_3$	甲氧基丙二醇 3-[5-Methyl-2-(1-methylethyl)cyclohexyl]oxy-1,2-propanediol	0.04
2	3.45	305.1375	$C_{15}H_{22}O_5$	双麦芽醇 Bisbynin	0.01
3	3.75	171.1491	$C_{10}H_{18}O_2$	反式-对薄荷-2-烯-1,4-二醇 trans-p-Menth-2-ene-1,4-diol	5.78
4	3.84	345.1679	$C_{20}H_{26}O_6$	羟基异诺比林 Hydroxyisonobilin	0.02
5	4.70	161.1319	$C_{12}H_{18}O$	α-异丁基苯乙醇 4-Methyl-1-phenyl-2-pentanol	0.07
6	4.99	335.1848	$C_{19}H_{30}O_7$	5-甲基环己烯-7-炔-3,9-二醇-3-葡萄糖苷 5-Megastigmen-7-yne-3,9-diol-3-glucoside	0.02
7	5.24	158.1538	$C_7H_{16}O$	正庚醇 Heptanol	0.22
8	5.65	127.1116	$C_8H_{16}O_2$	(3R,5Z)-5-辛烯-1,3-二醇 (3R,5Z)-5-Octene-1,3-diol	0.07
9	6.23	217.1061	$C_{10}H_{20}O_7$	2,3-丁二醇葡萄糖苷 2,3-Butanediol glucoside	0.04
10	6.25	141.1270	$C_9H_{16}O$	(3Z,6Z)-壬二烯醇 (3Z,6Z)-Nonadien-1-ol	0.10
11	6.26	347.2554	$C_{22}H_{38}O_5$	米索前列醇 Misoprostol	0.03
12	6.28	415.2107	$C_{22}H_{32}O_6$	11-过氧羟基-H4-神经姥鲛烷 11-Hydroperoxy-H4-neuroprostane	0.01
13	7.02	485.3242	$C_{26}H_{48}O_5$	苦瓜醇 Momordol	0.03
14	7.12	309.2782	$C_{10}H_{18}O$	侧柏醇 Thujyl alcohol	0.02
15	7.18	277.2156	$C_{18}H_{32}O_4$	9,10-二羟十八碳二烯醇 9,10-DiHODE	0.25
16	7.57	354.3362	$C_{10}H_{20}O$	对薄荷烷-1-醇 p-Menthan-1-ol	0.01

（续表）

种类（编号）	保留时间/min	质量电荷比（m/z）	分子式	成分名称	相对含量/%
17	8.89	250.1774	$C_{13}H_{20}O_2$	（5α,8β,9β）-5,9-环氧-3,6-甲基环己烯二烯-8-醇 （5α,8β,9β）-5,9-Epoxy-3,6-megastigmadien-8-ol	0.09
18	9.29	319.2990	$C_{20}H_{40}O$	叶绿醇　Phytol	0.05
19	9.30	521.1159	$C_{21}H_{19}O_{13}$	（6-羰基-3,4,5-三羟基噁烷-2-烷基）〔3,5-二羟基-2-（3,4,5-三羟苯基）-7H-色烯-7-甲叉基〕氧化盐 （6-Carboxy-3,4,5-trihydroxyoxan-2-yl）〔3,5-dihydroxy-2-（3,4,5-trihydroxyphenyl）-7H-chromen-7-ylidene〕oxidanium	0.01
20	11.73	241.1771	$C_{12}H_{26}O_3$	羟基香茅醛缩二甲醇 8,8-Dimethoxy-2,6-dimethyl-2-octanol	0.02
醛类					
1	6.61	139.1112	$C_9H_{14}O$	（3Z,6Z）-壬二烯醛 （3Z,6Z）-Nonadienal	0.03
2	6.70	143.1425	$C_9H_{18}O$	正壬醛　Nonanal	0.07
酸类					
1	2.53	263.0909	$C_{14}H_{18}O_7$	6-（3-乙烯苯氧基）-3,4,5-三羟基噁烷-2-羧酸 6-（3-Ethylphenoxy）-3,4,5-trihydroxyoxane-2-carboxylic acid	0.06
2	2.98	127.0752	$C_7H_{12}O_3$	4-羟基环己烷甲酸 4-Hydroxycyclohexylcarboxylic acid	0.01
3	3.07	241.1429	$C_{12}H_{16}O_3$	（Z）-3-氧-2-（2-戊烯基）-1-环戊烯乙酸 （Z）-3-Oxo-2-（2-pentenyl）-1-cyclopenteneacetic acid	0.05
4	3.61	171.1012	$C_9H_{16}O_4$	壬二酸　Azelaic acid	0.04
5	3.85	169.1221	$C_{10}H_{18}O_3$	（E）-10-羟基-8-癸烯酸 （E）-10-Hydroxy-8-decenoic acid	0.01
6	4.78	199.1329	$C_{11}H_{20}O_4$	十一烷二酸 Undecanedioic acid	0.03
7	4.95	221.1895	$C_{15}H_{28}O_3$	山梨酸　Lyngbic acid	0.01

（续表）

种类 （编号）	保留时间/ min	质量电荷比 （m/z）	分子式	成分名称	相对含量/ %
8	5.66	565.1868	$C_{27}H_{32}O_{13}$	3,4,5-三羟基-6-{7,8,15-三羟基-16,17-二甲氧基-9-氧三环［12.3.1.1^{2,6}］十九烷-1（17），2,4,6（19），14（18），15-己烯-3-烷基}氧-噁烷-2-羧酸 3,4,5-trihydroxy-6-{7,8,15-trihydroxy-16,17-dimethoxy-9-oxotricyclo［12.3.1.1^{2,6}］nonadeca-1（17），2,4,6（19），14（18），15-hexaen-3-yl}oxy-oxane-2-Carboxylic acid	0.01
9	5.81	177.1265	$C_{12}H_{20}O_3$	西葫芦酸 Cucurbic acid	0.02
10	6.13	337.1317	$C_{17}H_{24}O_9$	3,4,5-三羟基-6-［4-（3-羟丁基）-2-甲氧苯基］噁烷-2-羧酸 3,4,5-trihydroxy-6-［4-（3-hydroxybutyl）-2-methoxyphenoxy］oxane-2-Carboxylic acid	0.16
11	6.50	323.2576	$C_{20}H_{36}O_4$	11-脱氧-人胎盘生长因子 11-Deoxy-PGF	0.01
12	6.59	355.2475	$C_{20}H_{34}O_5$	前列腺素 F_{2a} Prostaglandin F_{2a}	0.03
13	6.60	267.1947	$C_{16}H_{30}O_5$	xi-7-羟基十六碳二酸 xi-7-Hydroxyhexadecanedioic acid	0.04
14	6.91	298.2009	$C_7H_{12}O_2$	环己甲酸 Cyclohexanecarboxylic acid	0.04
15	6.96	291.193	$C_{18}H_{28}O_4$	去绒毛膜脂肪酸 D Corchorifatty acid D	0.03
16	7.09	199.096	$C_{10}H_{14}O_4$	2,3-亚甲基辛二酸 2,3-Methylene suberic acid	0.05
17	7.15	317.2084	$C_{18}H_{30}O_3$	（9Z,11E）-共轭亚油酸 13-OxoODE	0.19
酮类					
1	3.15	131.0852	$C_{10}H_{14}O_2$	5-羟基-对薄荷-6,8-二烯-2-酮 5-Hydroxy-p-mentha-6,8-dien-2-one	0.06
2	4.23	93.0704	$C_7H_{10}O$	3-甲基-2-环己烯-1-酮 3-Methyl-2-cyclohexen-1-one	0.28

（续表）

种类 （编号）	保留时间/ min	质量电荷比 （m/z）	分子式	成分名称	相对含量/ %
3	4.76	313.1425	$C_{19}H_{22}O_5$	6-（1-羟基-2-甲基丁基-3-烯-2-烷基）-2-（2-羟丙基-2-烷基）-2H,3H,7H-呋喃［3,2-g］苯并吡喃-7-酮 6-（1-hydroxy-2-methylbut-3-en-2-yl）-2-（2-hydroxypropan-2-yl）-2H,3H,7H-furo［3,2-g］Chromen-7-one	0.16
4	5.46	283.1314	$C_{18}H_{22}O_5$	（S,E）-玉米烯酮 （S,E）-Zearalenone	0.02
5	5.62	165.0905	C_9H_8O	1-茚酮　1-Indanone	0.05
6	5.79	165.1267	$C_{11}H_{16}O$	2-甲基-3-（2-戊烯基）-2-环戊烯基-1-酮 2-Methyl-3-（2-pentenyl）-2-cyclopenten-1-one	0.05
7	5.88	323.1255	$C_{20}H_{22}O_6$	4,8,9-三羟基-17-甲氧基-2-噁烷三环［13.2.2.13,7］二十-1（17），3,5,7（20），15,18-己烯-10-酮 4,8,9-trihydroxy-17-methoxy-2-oxatricyclo［13.2.2.13,7］icosa-1（17），3,5,7（20），15,18-Hexaen-10-one	0.01
8	6.00	295.1896	$C_{17}H_{26}O_4$	艾菊酮 A　Tanacetol A	0.28
9	6.17	407.1502	$C_{24}H_{22}O_6$	5-羟基-8-（羟甲基）-8-甲基-6-（2-甲基丙醇）-4-苯基-2H,8H-吡喃［2,3-f］色烯-2-酮　5-hydroxy-8-（hydroxymethyl）-8-methyl-6-（2-methylpropanoyl）-4-phenyl-2H,8H-pyrano［2,3-f］Chromen-2-one	0.12
10	6.48	255.1583	$C_{13}H_{18}O_3$	去氢催吐萝芙木醇 Dehydrovomifoliol	0.21
11	6.63	238.216	$C_{13}H_{24}O$	2-甲基环十二酮 2-Methylcyclododecanone	0.01
12	6.68	284.1849	$C_{13}H_{22}O_4$	（3S,5R,6R,7E）-3,5,6-三羟基-7-甲基环己烯-9-酮 （3S,5R,6R,7E）-3,5,6-trihydroxy-7-Megastigmen-9-one	0.07
13	6.78	361.2347	$C_{11}H_{16}O_2$	茉莉酮　Jasmolone	0.01

（续表）

种类（编号）	保留时间/min	质量电荷比（m/z）	分子式	成分名称	相对含量/%
14	7.56	289.2512	$C_{18}H_{34}O$	2-十四烷基环丁酮 2-Tetradecylcyclobutanone	0.04
				酯类	
1	2.19	267.1206	$C_{14}H_{22}O_7$	栀子内酯二丁酯 Garcinia lactone dibutyl ester	0.03
2	3.50	105.0701	$C_8H_{12}O_2$	2,4-己二烯醛醋酸酯 2,4-Hexadienyl acetate	0.04
3	3.54	167.1066	$C_{10}H_{14}O_2$	荆芥内酯 Epinepetalactone	0.09
4	4.06	119.0494	$C_8H_{10}O_3$	丙基-2-糠酸酯 propyl-2-Furoate	0.03
5	4.19	294.2413	$C_{16}H_{28}O_2$	(7Z)-十六碳烯-1,16-内酯 (7Z)-Hexadecen-1,16-olide	0.01
6	4.75	327.1589	$C_{20}H_{24}O_5$	异千叶蓍酯二烯 Isoachifolidiene	0.58
7	5.67	390.2268	$C_{20}H_{28}O_5$	蜂斗菜内酯 C Bakkenolide C	0.21
8	6.58	169.1219	$C_{10}H_{18}O_3$	3-羟基-5Z-辛烯基乙酸酯 3-Hydroxy-5Z-octenyl acetate	0.04
9	6.95	267.1721	$C_{14}H_{28}O_2$	乙酸月桂酯 Dodecyl acetate	0.03
10	7.36	702.4969	$C_{37}H_{66}O_8$	番荔枝内酯　Annoglaucin	0.05
				香豆素类	
1	4.16	323.0790	$C_{15}H_{16}O_9$	秦皮甲素　Aesculin	0.01
2	4.18	357.1327	$C_{20}H_{24}O_8$	异紫花前胡内酯鼠李糖苷 Marmesin rhamnoside	0.03
3	6.36	161.1319	$C_{12}H_{20}O_2$	(3R,3aR,7aS)-3-丁基六羟基-1(3H)-异苯并呋喃酮 (3R,3aR,7aS)-3-butyl-hexahydro-1(3H)-isobenzo-Furanone	0.04
				苯丙素类	
1	4.11	448.1753	$C_{11}H_{12}O_3$	(E)-4-甲氧基肉桂酸甲酯 (E)-4-methyl-p-methoxycin-Namate	0.04
				黄酮类	
1	4.59	285.1110	$C_{17}H_{16}O_4$	(S)-5,7-二羟基-6,8-二甲基黄烷酮 (S)-5,7-dihydroxy-6,8-Dimethylflavanone	0.01

（续表）

种类（编号）	保留时间/min	质量电荷比（m/z）	分子式	成分名称	相对含量/%
2	13.39	758.2199	$C_{33}H_{41}O_{20}$	花青素-3-（2G-葡萄糖基芦丁糖苷）Cyanidin-3-（2G-glucosylrutinoside）	0.01
生物碱类					
1	0.22	118.0866	$C_5H_{11}NO_2$	甜菜碱 Betaine	0.02
2	0.66	141.1134	$C_6H_{12}N_4$	六亚甲基四胺 Methenamine	0.33
3	0.69	139.0502	$C_6H_6N_2O_2$	尿刊酸 Urocanic acid	0.14
4	0.74	124.0394	$C_6H_5NO_2$	烟酸 Niacin	0.13
5	1.90	217.0974	$C_{12}H_{12}N_2O_2$	L-1,2,3,4-四氢-β-咔啉-3-羧酸 L-1,2,3,4-tetrahydro-beta-carboline-3-Carboxylic acid	0.35
6	2.20	148.1118	$C_{10}H_{13}N$	3-甲基-3-苯基氮杂环丁烷 3-methyl-3-Phenylazetidine	0.02
7	2.39	476.3055	$C_{21}H_{41}N_5O_7$	乙基紫苏霉素 Netilmicin	0.17
8	2.86	120.0446	$C_7H_7NO_2$	氨茴酸 Anthranilic acid	1.15
9	2.88	338.2318	$C_9H_{12}N_2$	2,3-二甲基-5-（2-丙烯基）吡嗪 2,3-dimethyl-5-（2-propenyl）Pyrazine	0.04
10	2.90	134.0599	C_8H_7NO	4-羟基吲哚 4-Hydroxyindole	0.02
11	3.59	367.1151	$C_{18}H_{13}ClFN_3$	咪达唑仑 Midazolam	0.04
12	4.75	326.1312	$C_{10}H_{18}N_2O_6$	胆脂碱酸 Nopalinic acid	0.01
13	4.92	192.1377	$C_{12}H_{17}NO$	避蚊胺 Diethyltoluamide	0.03
14	4.94	332.1490	$C_{18}H_{21}NO_5$	N-[2-（3,4-二羟苯基）乙基]-3-（4-羟基-3-甲氧苯基）丙酮酸 N-[2-（3,4-dihydroxyphenyl）ethyl]-3-（4-hydroxy-3-methoxyphenyl）Propanimidic acid	0.02
15	5.19	706.3567	$C_{14}H_{24}N_2O_7$	大观霉素 Spectinomycin	0.29
16	5.84	548.2675	$C_{33}H_{37}N_5O_5$	双氢麦角胺 Dihydroergotamine	0.10
17	6.14	230.2473	$C_{12}H_{31}N_4O_3^+$	N（1）-乙酰种状果 N（1）-acetylsperminium	0.11
18	6.33	529.3473	$C_{22}H_{40}N_8O_5$	保仕婷 Postin	0.10
19	6.44	239.1266	$C_9H_{16}N_6O_3$	石房蛤毒素 Decarbamoylsaxitoxin	0.01

（续表）

种类（编号）	保留时间/min	质量电荷比（m/z）	分子式	成分名称	相对含量/%
20	7.06	346.1364	$C_7H_{11}NS$	6-异硫氰酸-1-己烯 6-Isothiocyanato-1-hexene	0.01
21	7.50	270.3152	$C_{18}H_{39}N$	十八胺　Octadecylamine	0.14
22	9.68	338.3415	$C_{22}H_{43}NO$	芥酸酰胺 (13Z)-Docosenamide	43.66
23	12.91	758.2190	$C_{14}H_{19}N_2O_7P$	N1-(5-磷-a-D-核糖基)-5,6-二甲基苯并咪唑 N1-(5-Phospho-a-D-ribosyl)-5,6-dimethylbenzimidazole	0.02
24	12.99	980.2727	$C_{37}H_{60}N_7O_{18}P_3S$	有机磷化物6-辅酶 AOPC6-CoA	0.20
25	7.20	444.3312	$C_{24}H_{47}NO_7$	葡萄糖鞘氨醇半乳糖苷 Glucosylsphingosine	0.24
26	8.08	376.3174	$C_{24}H_{41}NO_2$	二十二碳四烯醇酰胺 Docosatetraenoyl Ethanolamide	0.04
甾体类					
1	3.58	479.2973	$C_{27}H_{44}O_8$	孕二醇-3-葡萄糖醛酸 Pregnanediol-3-glucuronide	0.02
2	5.61	305.2095	$C_{19}H_{28}O_3$	16-氧雄甾烯二醇 16-Oxoandrostenediol	0.12
3	5.98	427.2112	$C_{25}H_{34}O_8$	6-去氢睾酮葡萄糖醛酸 6-Dehydrotestosterone glucuronide	0.03
4	7.22	359.2945	$C_{24}H_{40}O_3$	别石胆酸 Allolithocholic acid	0.01
5	8.78	417.3352	$C_{27}H_{44}O_3$	3β-羟基-5-胆固醇 3β-Hydroxy-5-cholestenoate	0.02
肽类					
1	3.58	331.209	$C_{13}H_{26}N_6O_4$	缬氨酸-甘氨酸-精氨酸 Val-Gly-Arg	0.05
2	4.20	389.2501	$C_{16}H_{32}N_6O_5$	苏氨酸-异亮氨酸-精氨酸 Thr-Ile-Arg	0.02
3	4.25	432.1795	$C_{21}H_{25}N_3O_7$	酪氨酸-丝氨酸-酪氨酸 Tyr-Ser-Tyr	0.03
4	5.10	422.2357	$C_{20}H_{31}N_5O_5$	谷氨酰胺-苯丙氨酸-赖氨酸 Gln-Phe-Lys	0.03
5	5.27	446.2743	$C_{23}H_{35}N_5O_4$	赖氨酸-异亮氨酸-色氨酸 Lys-Ile-Trp	0.20

（续表）

种类（编号）	保留时间/min	质量电荷比（m/z）	分子式	成分名称	相对含量/%
6	5.33	448.2173	$C_{21}H_{29}N_5O_6$	苯丙氨酸-谷氨酰胺-脯氨酸-甘氨酸 Phe-Gln-Pro-Gly	0.13
7	5.74	432.2581	$C_{22}H_{33}N_5O_4$	赖氨酸-缬氨酸-色氨酸 Lys-Val-Trp	0.06
8	6.49	474.3047	$C_{20}H_{39}N_7O_6$	谷氨酰胺-丙氨酸-赖氨酸-赖氨酸 Gln-Ala-Lys-Lys	0.77
9	7.32	297.0818	$C_{12}H_{16}N_2O_4$	丙氨酰-酪氨酸 Alanyl-Tyrosine	0.05
10	7.53	399.178	$C_{19}H_{22}N_6O_4$	色氨酸-甘氨酸-组氨酸 Trp-Gly-His	0.01
11	7.61	502.3724	$C_{23}H_{47}N_7O_5$	赖氨酸-赖氨酸-缬氨酸-赖氨酸 Lys-Lys-Val-Lys	0.09
核苷类					
1	2.71	382.1286	$C_{16}H_{23}N_3O_{10}$	3'-氨基-3'-脱氧胸苷葡萄糖苷酸 3'-Amino-3'-deoxythimidine glucuronide	0.02
2	2.86	92.0499	$C_6H_9NO_2$	(S)-2,3,4,5-四氢尿苷-2-羧酸酯 (S)-2,3,4,5-Tetrahydropiperidine-2-carboxylate	0.01
类胡萝卜素类					
1	7.63	473.3460	$C_{33}H_{44}O_2$	甲基(7Z,9Z,9'Z)-6'-阿朴-γ-胡萝卜-6'-醇酯 Methyl(7Z,9Z,9'Z)-6'-apo-γ-caroten-6'-oate	0.01
维生素类					
1	6.05	453.3345	$C_{30}H_{44}O_3$	(17E)-1α,25-二羟基-26,27-二甲基-17,20,22,22,23,23-六脱氢-24a-类维生素D_3 (17E)-1α,25-Dihydroxy-26,27-dimethyl-17,20,22,22,23,23-hexadehydro-24a-homovitamin D_3	0.03
其他类					
1	6.39	406.3521	$C_{11}H_{18}O_2$	2,2,7,7-四甲基-1,6-二氧螺[4.4]壬-3-烯 2,2,7,7-tetramethyl-1,6-Dioxaspiro[4.4]non-3-ene	0.05
2	6.42	95.0858	C_7H_{10}	(3E,5Z)-1,3,5-庚三烯 (3E,5Z)-1,3,5-Heptatriene	0.11
3	7.59	242.2836	C_7H_{16}	正庚烷 Heptane	0.02

（续表）

种类（编号）	保留时间/min	质量电荷比（m/z）	分子式	成分名称	相对含量/%
4	3.53	345.1355	$C_{19}H_{20}O_6$	脱氢蓟苦素 Dehydrocyanaropicrin	0.10
5	4.06	189.0908	$C_{12}H_{16}O_4$	双环孢素 Diplosporin	0.04
6	5.53	343.154	$C_{20}H_{26}O_7$	15-羟基勒普妥卡品 15-Hydroxyleptocarpin	0.01
7	6.47	272.1862	$C_{12}H_{22}O_4$	塔罗霉素 A Talaromycin A	0.02
8	8.30	380.2771	$C_9H_{18}O_2$	4-甲基-2-戊基-1,3-二氧戊环 4-methyl-2-pentyl-1,3-Dioxolane	0.02
9	9.69	477.2929	$C_{24}H_{49}O_9P$	1-硬脂酰丙三氧基磷酸甘油 1-Stearoylglycerophosphoglycerol	0.07

第二章　茉莉花

一、概述

茉莉花又名茉莉 [*Jasminum sambac*（L.）Aiton]，为木樨科素馨属常绿灌木或藤本植物的统称，原产于印度、巴基斯坦，中国早已引种，并广泛种植。茉莉花是我国目前大量栽培的香料植物。2005 年，全国茉莉花种植面积约 15 万亩，年产鲜花9 万 t[17]，2017 年，广西（广西壮族自治区）横县茉莉花种植面积 10 万亩，年产鲜花8 万 t，鲜花产量占全国总产量的 80% 以上，占世界总产量的 60% 以上[18]。2020 年福州茉莉花种植面积有 1.5 万亩[19]。茉莉花是福州市花，拥有 2 000 多年的悠久历史[20]，2014 年 4 月 29 日，福州茉莉花农业文化遗产地申遗成功。以茉莉花为原料提取的茉莉花精油，香气芬芳馥郁、纯正优雅，是我国特有的名贵香料之一，广泛应用于茉莉型香精及其他清香产品的调制，但茉莉花精油产量极少，价格昂贵。而茉莉花纯露是茉莉精油生产过程中的副产品，其饱和了一部分的精油成分，具有淡淡的茉莉花香。茉莉花纯露用途广泛，可以用作化妆水，也可以作为淡香水，还可以用作夏季清爽补水露，直接喷在脸上，能补水美白、平衡油脂分泌，达到保湿、消炎、美白、抗衰老的功效。此外，茉莉花纯露用于食品，可以取代香精的作用。本章所选用茉莉花为福州大面积种植的重瓣小花茉莉，花白色。

二、茉莉花精油成分及功效

于晴天午后采摘即将开放的茉莉花蕾，并于傍晚开始堆花养花，直至茉莉花开放吐香。利用刚刚开放吐香的茉莉鲜花提取精油，精油的挥发性成分总离子流见图 2-1，茉莉花精油挥发性成分及其相对含量分析结果见表 2-1。

从茉莉花精油中共分离、鉴定出 127 种挥发性成分，包括酯类、醇类、烷烃类、烯烃类、酮类和醛类等成分。挥发性成分的总相对含量为 99.8%，其中酯类和醇类成分的相对含量较高，分别为 65.36% 和 16.34%。从不同种类挥发性成分的数量上来看，以酯类成分最高，达 45 种，烯烃类成分次之，达 32 种，醇类成分为 20 种。

茉莉花精油中相对含量较高的 2 种化合物为苯甲酸叶醇酯和芳樟醇，含量分别为53.6% 和 9.9%。苯甲酸叶醇酯具有清香、药草香、甜香、花香、辛香和水果香气，并带有类似水杨酸酯的特征气味，适合用于皂用香精中[21]。而芳樟醇具有铃兰香气，且拥有抑菌[10]、抗氧化、抗皮肤衰老等活性[11]。此外茉莉鲜花精油中所含有的 α-松油醇，具有抑菌[22]作用；香叶醇具有抗菌[23]、消炎[24]、镇痛[25]等作用；水杨酸甲酯的相对含量为 2.02%，具有抗氧化[26]、抗炎镇痛[27]等作用。α-毕橙茄醇的相对含量为

1.77%，具有镇咳、祛痰作用[28]。

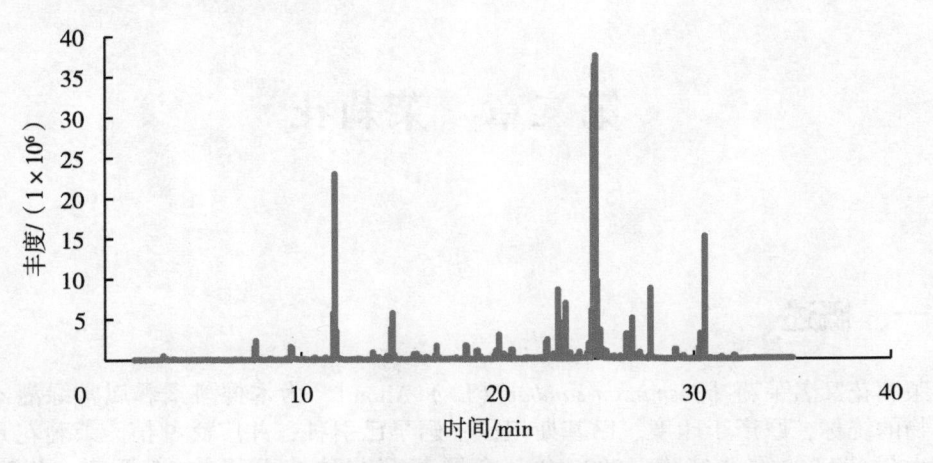

图 2-1　茉莉花精油挥发性成分总离子流

表 2-1　茉莉花精油挥发性成分及其相对含量

种类（编号）	保留时间/min	英文名	中文名	相对含量/%
		醇类		
1	11.76	Linalool	芳樟醇	9.9
2	26.88	α-Cadinol	α-毕橙茄醇	1.77
3	26.61	τ-Muurolol	依兰油醇	1.63
4	24.71	（E）-Nerolidol	（E）-橙花叔醇	0.99
5	9.53	Benzyl alcohol	苯甲醇	0.78
6	3.01	（Z）-3-Hexen-1-ol	（Z）-3-己烯-1-醇	0.27
7	14.75	α-Terpineol	α-松油醇	0.24
8	16.41	Geraniol	香叶醇	0.14
9	25.77	（-）-Globulol	蓝桉醇	0.11
10	11.25	trans-Linalool oxide（furanoid）	反式-芳樟醇氧化物（呋喃）	0.09
11	10.72	cis-5-ethenyltetrahydro-α,α,5-trimethyl-2-Furanmethanol	顺式-5-乙烯基四氢-α,α,5-三甲基-2-呋喃甲醇	0.09
12	15.71	Citronellol	香茅醇	0.08
13	24.51	3,3,5-trimethyl-Cyclohexanol	异佛尔醇	0.07
14	8.43	（Z）-3-Hexen-1-ol,acetate	乙酸叶醇酯	0.06
15	9.27	［1R-（1α,2α,3α）］-1,2-dimethyl-3-（1-methylethenyl）-Cyclopentanol	［1R-（1α,2α,3α）］-1,2-二甲基-3-（1-甲基乙基）-环戊醇	0.06
16	6.65	5-hydroxy-Spiro［2.4］heptane-5-methanol	5-羟基-螺［2.4］庚烷-5-甲醇	0.02

（续表）

种类（编号）	保留时间/min	英文名	中文名	相对含量/%
17	14.13	(3R,6R)-2,2,6-Trimethyl-6-vinyltetrahydro-2H-pyran-3-ol	芳樟醇氧化物 D	0.01
18	26.16	(1aR,4S,4aR,7R,7aS,7bS)-1,1,4,7-Tetramethyl-decahydro-1H-cyclopropa[e]azulen-4-ol	(1aR,4S,4aR,7R,7aS,7bS)-1,1,4,7-四甲基十氢-1H-环丙烷[e]甘菊环-4-醇	0.01
19	13.53	(3E,6Z)-Nonadien-1-ol	(3E,6Z)-壬二烯-1-醇	0.01
20	23.79	(3α)-Spirostan-3,27-diol	(3α)-螺甾烷-3,27-二醇	0.01
酯类				
1	24.95	(Z)-3-Hexen-1-ol,benzoate	苯甲酸叶醇酯	53.6
2	25.10	Benzoic acid,hexyl ester	苯甲酸己酯	2.49
3	14.65	Methyl salicylate	水杨酸甲酯	2.02
4	20.09	(Z,Z)-3-Hexenyl-3-hexenoate	(Z,Z)-3-己烯酸-3-己烯酯	0.96
5	16.92	2-hydroxy-Benzoicacid,ethyl ester	水杨酸乙酯	0.73
6	29.09	Benzyl Benzoate	苯甲酸苄酯	0.62
7	18.42	(Z,Z)-Hex-3-en-1-yl 2-methylbut-2-enoate	2-甲基-2-丁烯酸叶醇酯	0.55
8	18.97	Methyl anthranilate	氨茴酸甲酯	0.51
9	25.35	Dodecanoic acid,ethyl ester	月桂酸乙酯	0.5
10	20.74	2-(methylamino)-Benzoic-acid,methyl ester	2-(甲氨基)苯甲酸甲酯	0.47
11	19.93	Geranyl acetate	乙酸香叶酯	0.36
12	27.28	Succinic acid,dodecyl-2,2,2-trifluoroethyl ester	琥珀酸十二烷基-2,2,2-三氟乙酯	0.31
13	13.69	Acetic acid,phenylmethyl ester	乙酸苄酯	0.3
14	15.91	(E,Z)-2-Butenoic acid,3-hexenyl ester	(E,Z)-丁烯酸-3-己烯酯	0.24
15	20.15	2-methyl-Butanoic acid,phenylmethyl ester	2-甲基丁酸苯甲酯	0.24
16	15.78	cis-3-Hexenyl α-methylbutyrate	α-甲基丁酸叶醇酯	0.23
17	27.12	cis-3-Hexenyl salicylate	水杨酸叶醇酯	0.24
18	20.38	ethyl-Decanoate	癸酸乙酯	0.17
19	14.41	Geranyl butyrate	丁酸叶醇酯	0.13
20	13.95	Benzoic acid,ethyl ester	苯甲酸乙酯	0.12

（续表）

种类（编号）	保留时间/min	英文名	中文名	相对含量/%
21	19.98	Hexanoic acid,4-hexen-1-yl ester	4-己烯醇己酸酯	0.11
22	19.15	Citronellyl acetate	乙酸香茅酯	0.1
23	11.51	Benzoic acid, methyl ester	苯甲酸甲酯	0.04
24	30.81	Hexadecanoic acid, methyl ester	棕榈酸甲酯	0.03
25	3.51	9H-fluorene-4-carboxylic acid, 2, 5, 7-trinitro-9-oxo-, hexyl ester	2,5,7-三硝基-9-氧-9H-氟-4-羧酸己酯	0.03
26	18.61	Hexyl tiglate	惕各酸己酯	0.02
27	29.39	Ethyl tridecanoate	十三酸乙酯	0.02
28	22.10	Octadecanoic acid, phenyl ester	硬脂酸苯酯	0.02
29	18.15	(Z)-Hex-3-enyl(E)-2-methylbut-2-enoate	惕各酸叶醇酯	0.02
30	17.67	Nonanoic acid, ethyl ester	壬酸乙酯	0.02
31	25.70	3,4,4a,5,6,7,8,8aα-octa-hydro-5α-hydroxy-4aα,7,7-trimethyl-2(1H)-Naphtha-lenone, acetate	3,4,4a,5,6,7,8,8aα-八氢-5α-羟基-4aα-7,7-三甲基-2(1H)-萘酮乙酸酯	0.02
32	17.75	Pentadecafluorooctanoic ac-id,3-methylbut-2-en-1-yl ester	3-甲基-2-丁烯基全氟辛酸酯	0.01
33	26.48	Hexanoic acid,2-phenyleth-yl ester	己酸苯乙酯	0.01
34	31.37	Hexadecanoic acid, ethyl ester	棕榈酸乙酯	0.01
35	28.29	10-methyl-Undecanoic acid, methyl ester	10-甲基十一烷酸甲酯	0.01
36	22.72	Pent-2-en-1-yl benzoate	2-戊烯-1-基苯甲酸酯	0.01
37	19.39	(Z)-3,7-dimethyl-2,6-Octa-dien-1-ol,acetate	乙酸橙花酯	0.01
38	10.92	Carpesterol benzoate	苯甲酸黄果茄甾醇酯	0.01
39	21.15	3β-8,24-Lanosta-dien-3-ol,acetate	(3β)-8,24-羊毛甾二烯-3-醇乙酸酯	0.01
40	27.64	Octadecanoic acid,2,3-bis[(1-oxotetradecyl)oxy] propyl ester	2,3-双[(1-氧十四烷)氧]硬脂酸丙酯	0.01
41	6.87	methyl-l-rhamnoside Tetrab-enzoate	四苯甲酸-甲基-L-鼠李糖苷酯	0.01
42	13.05	(Z,Z)-9-Hexadecenoic acid,9-hexadecenyl ester	(Z,Z)-9-十六碳棕榈油酸酯	0.01

（续表）

种类（编号）	保留时间/min	英文名	中文名	相对含量/%
43	30.05	Octanoic acid,2-phenylethyl ester	辛酸苯乙酯	0.01
44	5.77	Serverogenin acetate	乙酸蛇毒皂苷元酯	0.01
45	29.88	（E,E）-3,7,11-trimethyl-2,6,10-Dodecatrien-1-ol,acetate	（E,E）-3,7,11-三甲基-2,6,10-十二碳三烯-1-醇乙酸酯	0.01
烯烃类				
1	23.49	γ-Cadinene	γ-杜松烯	3.11
2	25.23	2-benzoyloxy-1,1,10-trimethyl-6,9-epidioxy-7-Octalin	2-苯甲酰氧基-1,1,10-三甲基-6-9-表二氧-7-辛炔	1.63
3	30.33	1-Nonadecene	1-十九烯	0.59
4	23.68	cis-Calamenene	顺式-菖蒲烯	0.29
5	24.17	α-Calacorene	α-二去氢菖蒲烯	0.28
6	22.90	［4aR-（4aα,7α,8aβ）]-decahydro-4a-methyl-1-methylene-7-（1-methylethenyl）-Naphthalene	［4aR-（4aα,7α,8aβ）]-十氢-4a-甲基-1-亚甲基-7-（1-甲基乙烯基）-萘	0.25
7	20.30	β-Elemene	β-榄香烯	0.23
8	24.06	α-Cadinene	α-杜松烯	0.1
9	21.51	α-Guaiene	α-愈创木烯	0.06
10	25.87	（1R,3E,7E,11R）-1,5,5,8-Tetramethyl-12-oxabicyclo［9.1.0］dodeca-3,7-diene	环氧化蛇麻烯Ⅱ	0.05
11	22.17	Alloaromadendrene	香树烯	0.05
12	24.42	Caryophyllene oxide	石竹素	0.04
13	21.38	β-Pinene	β-蒎烯	0.04
14	22.05	α-Humulene	α-石竹烯	0.04
15	23.21	［1S-（1α,7α,8aβ）]-1,2,3,5,6,7,8,8a-octahydro-1,4-dimethyl-7-（1-methylethenyl）-Azulene	α-布藜烯	0.03
16	23.60	δ-Cadinene	δ-杜松烯	0.03
17	27.93	1,1,7,7a-tetramethyl-1a,2,6,7,7a,7b-hexahydro-1H-cyclopropa［a］Naphthalene	1,9-马兜铃二烯	0.03
18	25.62	Santolina triene	绵杉菊三烯	0.03
19	17.59	（R）-Limonene	（R）-柠檬烯	0.02
20	22.40	5-Bromo-1-hexene	5-溴-1-丁烯	0.02
21	7.89	7-methyl-3,4-Octadiene	7-甲基-3,4-辛二烯	0.02
22	26.37	Bicyclo［10.1.0］tridec-1-ene	双环［10.1.0］三癸烯	0.02

（续表）

种类 （编号）	保留时间/ min	英文名	中文名	相对含量/ %
23	12.81	(Z,Z)-2,7-dimethyl-3,5-Octadiene	(Z,Z)-2,7-二甲基-3,5-辛二烯	0.01
24	21.90	(E)-β-Famesene	(E)-β-金合欢烯	0.01
25	21.08	β-Ylangene	β-依兰烯	0.01
26	30.52	9-Nonadecene	9-十九烯	0.01
27	28.69	3,3,5,6,8,8-hexamethyl-syn-Tricyclo[5.1.0.0(2,4)]oct-5-ene	3,3,5,6,8,8-六甲基-同-三环[5.1.0.0(2,4)]-5-辛烯	0.01
28	31.97	1-Heptadecene	1-十七烯	0.01
29	23.86	1-methyl-4-(2-methyloxiranyl)-7-Oxabicyclo[4.1.0]heptane	1-甲基-4-(2-甲基环氧乙烷基)-7-环氧双环[4.1.0]庚烷	0.01
30	31.22	10-Heneicosene(c,t)	10-二十一烯	0.01
31	30.47	(Z)-7-Hexadecene	(Z)-7-十六烯	0.01
32	17.51	2,5,5,8a-Tetramethyl-3,4,4a,5,6,8a-hexahydro-2H-chromene	2,5,5,8a-四甲基-3,4,4a,5,6,8a-六氢-2H-色烯	0.01
烷烃类				
1	30.59	Eicosane	正二十烷	5.62
2	23.12	1-chloro-Octadecane	1-氯代十八烷	2.91
3	25.53	Heptadecane	正十七烷	0.36
4	20.55	Tetradecane	正十四烷	0.03
5	28.14	2,6,6-trimethyl-Bicyclo[3.1.1]heptane	2,6,6-三甲基双环[3.1.1]庚烷	0.03
6	8.37	12-decyl-12-nonyl-Tetracosane	12-癸基-12-炔基-二十四烷	0.01
7	9.85	3,5-dimethyl-Octatriacontane	3,5-二甲基-八次烷	0.01
酮类				
1	7.70	6-methyl-5-Hepten-2-one	甲基庚烯酮	0.89
2	11.82	6-Methyl-3,5-heptadiene-2-one	6-甲基-3,5-庚二烯-2-酮	0.27
3	22.97	2-Tridecanone	2-十三烷酮	0.06
4	21.76	(E)-6,10-dimethyl-5,9-Undecadien-2-one	香叶基丙酮	0.05
5	10.09	3-methyl-4-methylene-2-Hexanone	3-甲基-4-亚甲基-2-己酮	0.03

（续表）

种类（编号）	保留时间/min	英文名	中文名	相对含量/%
6	18.82	1,3,5-tri-tert-butyl-3-[(1,3,5-tri-tert-butyl-4-oxo-2,5-cyclohexadien-1-yl) methyl]-4-Norcaren-2-one	1,3,5-三-叔丁基-3-[(1,3,5-三-叔丁基-4-氧代-2,5-环己二烯)甲基]去甲甘氨酸-4-烯-2-酮	0.01
醛类				
1	16.02	(Z)-3,7-dimethyl-2,6-Octadienal	β-柠檬醛	0.11
2	23.38	Octadecanal	正十八醛	0.02
3	16.73	(Z)-2-Decenal	(Z)-2-癸醛	0.01
4	18.03	Dodecanal	正十二醛	0.01
5	15.06	Decanal	正癸醛	0.01
6	19.59	(E)-2-Dodecenal	(E)-2-十二烯醛	0.01
其他类				
1	19.85	1',6'-anhydro-penta-O-benzyl-Maltosuronic acid	1',6'-脱水-戊基-O-苄基麦芽糖醛酸	0.17
2	26.25	Epicubenol	表毕澄茄油烯醇	0.23
3	24.34	1-methyl-4-[(phenylmethyl)sulfonyl]-Benzene	1-甲基-4-[(苯基甲基)磺酰基]-苯	0.06
4	24.25	Sesquirosefuran	倍半玫瑰呋喃	0.05
5	12.04	(2S,4R)-4-methyl-2-(2-methylprop-1-en-1-yl)-tetrahydro-2H-Pyran	(2S,4R)-4-甲基-2-(2-甲基-1-丙烯基)-四氢化-2H-吡喃	0.02
6	30.40	o-Acetyl-N,o'-carbonyl-tetrahydro-solasodine	o-乙酰-N,o'-羰基-四氢-澳洲茄胺	0.01
7	13.46	Distearyl sulfide	十八硫醚	0.01
8	20.98	3-ethyl-1-(1-methylethyl)-1H-Indene	3-乙基-1-(1-甲基乙基)-1H-茚	0.01
9	16.13	1-Chloro-1-deoxyfructose, tetrakis (trifluoroacetate), methyloxime	1-氯-1-脱氧果糖四氟(三氟乙酸酯)甲氧肟	0.01
10	18.26	(T-4)-bis (dipentylcarbamodithioato-S,S')-Zinc	(T-4)-双(二戊基二硫代氨基甲酸-S-S')锌	0.01
11	17.83	Kryptogenin 2,4-dinitrophenylhydrazone	隐孢子菌素 2,4-二硝基苯肼	0.01

三、茉莉花纯露成分及功效

茉莉花纯露既可食用也可作为化妆品使用。茉莉花纯露挥发性成分总离子流见图2-2，茉莉鲜花纯露挥发性成分及其相对含量分析结果见表2-2。

从茉莉鲜花纯露中共分离、鉴定出50种挥发性成分，包括酯类、醇类、烯烃类、酮类和烷烃类等成分。总相对含量为98.08%，其中酯类和醇类成分的相对含量较高，分别为48.56%和46.98%。从不同种类挥发性成分的数量上来看，以酯类成分最高，达20种，醇类成分次之，达14种。

茉莉花纯露中挥发性成分中相对含量超过10%的3种化合物为芳樟醇、乙酸苄酯和水杨酸甲酯，相对含量分别为43.75%、26.74%和10.28%。芳樟醇具有铃兰香气，且拥有抑菌[10]、抗氧化、抗皮肤衰老等活性[11]；乙酸苄酯是精细化工中有价值的中间体，具有强烈的茉莉花香；水杨酸甲酯具有强烈的冬青油香气，具有抗氧化[26]、抗炎镇痛[27]等作用。此外，茉莉花纯露中氨茴酸甲酯的相对含量为9.19%，氨茴酸甲酯具有葡萄香味，可以用于葡萄园无公害驱鸟，鸟类食用了喷洒过氨茴酸甲酯的葡萄后会感到恶心厌恶，不再采食，从而达到驱鸟的目的[29]。

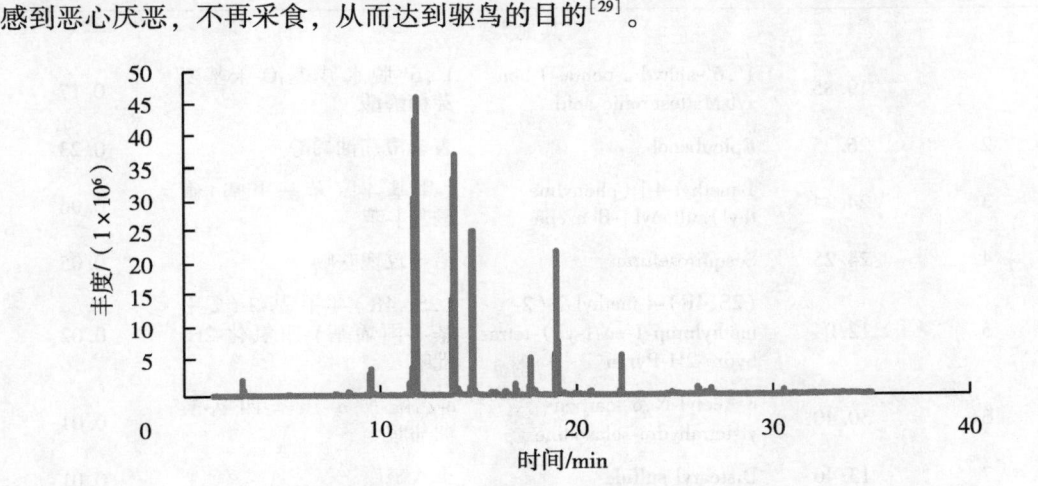

图2-2 茉莉花纯露挥发性成分总离子流

表2-2 茉莉花纯露挥发性成分及其相对含量

种类（编号）	保留时间/min	英文名	中文名	相对含量/%
		醇类		
1	11.90	Linalool	芳樟醇	43.75
2	9.55	Benzyl alcohol	苯甲醇	1.33
3	3.02	(E)-3-Hexen-1-ol	(E)-3-己烯-1-醇	0.84
4	26.88	α-Cadinol	α-毕橙茄醇	0.29
5	16.42	Geraniol	香叶醇	0.21
6	26.62	τ-Muurolol	依兰油醇	0.17
7	15.72	Citronellol	香茅醇	0.14

（续表）

种类（编号）	保留时间/min	英文名	中文名	相对含量/%
8	11.27	cis-5-ethenyltetrahydro-α,α,5-trimethyl-2-Furanmethanol	顺式-5-乙烯基四氢-α,α-5-三甲基-2-呋喃甲醇	0.06
9	9.28	［1R-（1α,2β,3α）］-1,2-dimethyl-3-（1-methylethenyl）-Cyclopentanol	［1R-（1α,2β,3α）］-1,2-二甲基-3-（1-甲乙烯基）环戊醇	0.04
10	24.61	（E）-Nerolidol	（E）-橙花叔醇	0.04
11	25.06	Spathulenol	桉油烯醇	0.04
12	14.77	α-Terpineol	α-松油醇	0.03
13	15.66	（Z）-3,7-dimethyl-2,6-Octadien-1-ol	橙花醇	0.03
14	13.53	（Z）-3-Nonen-1-ol	（Z）-3-壬烯-1-醇	0.01
酯类				
1	13.83	Acetic acid,phenylmethyl ester	乙酸苄酯	26.74
2	14.72	Methyl salicylate	水杨酸甲酯	10.28
3	19.02	Methyl anthranilate	氨茴酸甲酯	9.19
4	11.51	Benzoic acid,methyl ester	苯甲酸甲酯	0.64
5	16.93	2-hydroxy-Benzoic acid,ethyl ester	水杨酸乙酯	0.48
6	14.00	Benzoic acid,ethyl ester	苯甲酸乙酯	0.3
7	20.75	2-（methylamino）-Benzoic acid,methyl ester	2-（甲氨基）苯甲酸甲酯	0.19
8	24.88	（Z）-3-Hexen-1-ol,benzoate	苯甲酸叶醇酯	0.18
9	8.45	（Z）-3-Hexen-1-ol,acetate	乙酸叶醇酯	0.16
10	15.93	（E,Z）-2-Butenoic acid,3-hexenyl ester	丁烯酸顺-3-己烯酯	0.13
11	19.94	Geranyl acetate	乙酸香叶酯	0.05
12	15.79	cis-3-Hexenyl α-methylbutyrate	α-甲基丁酸叶醇酯	0.04
13	20.15	Octadecanoic acid,phenylmethyl ester	十八酸苯甲酯	0.04
14	25.21	2,2,4-trimethyl-1,3-pentanediol Diisobutyrate	2,2,4-三甲基 1,3-戊二醇二异丁酯	0.03
15	5.36	2-Methylbut-2-en-1-yl acetate	2-甲基-2-丁烯乙酸酯	0.02
16	14.44	Geranyl butyrate	丁酸叶醇酯	0.02

（续表）

种类 （编号）	保留时间/ min	英文名	中文名	相对含量/ %
17	18.44	(Z)-Hexen-3-1-yl 2-methyl-but-2-enoate	2-甲基-2-丁烯酸叶醇酯	0.02
18	19.41	(Z)-3,7-dimethyl-2,6-Octa-dien-1-olacetate	乙酸橙花酯	0.02
19	31.09	Dibutyl phthalate	邻苯二甲酸二丁酯	0.02
20	14.18	19-hydroxy-11-methoxy-Di-chotine,triacetate(ester)	19-羟基-11-甲氧基-二聚体三乙酸酯	0.01
酮类				
1	7.72	6-methyl-5-Hepten-2-one	甲基庚烯酮	0.07
2	20.39	(Z)-3-methyl-2-(2-penten-yl)-2-Cyclopenten-1-one	茉莉酮	0.02
3	20.00	(E)-1-(2,6,6-trimethyl-1,3-cyclohexadien-1-yl)-2-Bu-ten-1-one	大马士酮	0.01
烯烃类				
1	7.89	β-Myrcene	β-月桂烯	0.02
2	9.90	β-Ocimene	β-罗勒烯	0.01
3	12.16	α-Phellandrene	α-水芹烯	0.01
4	30.34	10-Heneicosene(c,t)	10-二十一烯	0.01
5	33.10	(Z)-9-Tricosene	(Z)-9-二十三烯	0.01
烷类				
1	30.59	Eicosane	正二十烷	0.14
2	27.82	Nonadecane	正十九烷	0.02
其他类				
1	17.69	Indole	吲哚	2.14
2	19.29	Eugenol	丁香酚	0.04
3	12.95	Benzyl nitrile	氰化苄	0.01
4	16.04	(Z)-3,7-dimethyl-2,6-Octa-dienal	β-柠檬醛	0.01
5	20.27	Mercaptoacetic acid,2TMS derivative	巯基乙酸 2TMS 衍生物	0.01
6	25.84	Cedar camphor	柏木脑	0.01

茉莉花纯露除挥发性成分具有特定功效外，液相中化合物也具有许多良好功效。尤其是茉莉花纯露应用于食品领域，液相化合物的功能更具有主导作用。正离子模式下茉莉花纯露代谢物成分总离子流见图 2-3，茉莉花纯露的化学成分及其相对含量见表 2-3。

茉莉花纯露在正离子模式下进行 UPLC-QTOF-MS/MS 分析，鉴定出代谢物成分 127 种，主要包括氨基酸类、单萜类、三萜类、芳香类、酚类、醇类、酸类、酯类、醌类、香豆素类、木脂素类、苊类、二苯庚烷类、黄酮类、生物碱类、糖类、核苷类成分，其中以生物碱类成分数量最多，达 38 种。三萜类化合物相对含量最高，达 28.87%，此外生物碱类化合物、糖类化合物、酚类化合物和醇类化合物相对含量也分别达到了 20.96%、16.94%、11.19%和10.45%。

茉莉花纯露液相中相对含量较高的 3 种化合物为人参皂苷 XXVII、丹参素和 3,6-脱水半乳糖相对含量分别为 27.47%、9.52%和 9.52%。其中人参皂苷 XXVII 不仅有神经系统保护活性，还具有抗肿瘤和降血脂的作用，已应用于肝癌药物的开发[30]。丹参素具有多种药理活性，具有抗细胞凋亡、抗炎、抗氧化、抗肝纤维化、抗血栓形成、抗动脉粥样硬化等作用[31]。此外，茉莉花纯露中所含有的药根碱是一种四氢异喹啉生物碱，其结构与小檗碱类似，具有清除自由基、抗菌、抗肿瘤、降血糖等作用[32]。异崖椒定碱能抑制血小板聚集、抑制 DNA 异构酶、抗菌及影响细胞活性[33]。芒柄花醇水合物具有抗炎、镇痛活性[34]。松醇具有多种生理活性，如胰岛素增敏作用、降血糖、抗肿瘤、免疫调节、抗炎、抗水肿等[35]。

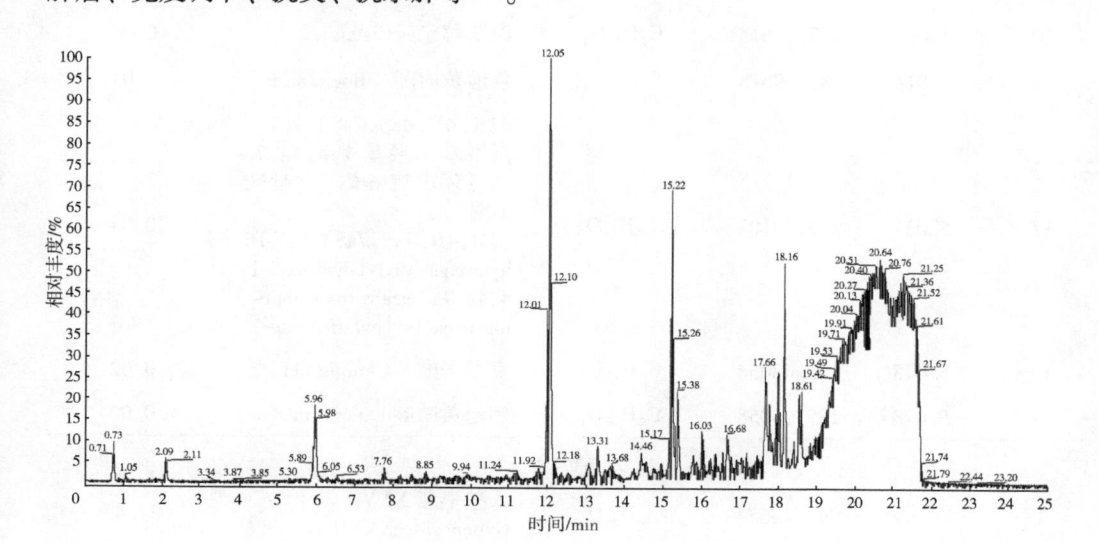

图 2-3 正离子模式下茉莉花纯露代谢物成分总离子流

表 2-3 茉莉花纯露的化学成分及其相对含量

种类（编号）	保留时间/min	质量电荷比（m/z）	分子式	成分名称	相对含量/%
			氨基酸类		
1	1.147	194.11725	$C_{11}H_{15}NO_2$	N,N-二甲基苯丙氨酸 N,N-Dimethylphenylalanine	0.77
2	0.880	176.10274	$C_6H_{13}N_3O_3$	L-瓜氨酸 Citrulline	0.01
			单萜类		
1	3.410	185.11688	$C_{10}H_{16}O_3$	假荆芥酸 Nepetalic acid	0.08
2	17.319	197.15344	$C_{12}H_{20}O_2$	乙酸-L-β-艾醇酯 Acetic ester of L-β-artemisia alcohol	0.05

（续表）

种类（编号）	保留时间/min	质量电荷比（m/z）	分子式	成分名称	相对含量/%
3	17.319	197.15344	$C_{12}H_{20}O_2$	乙酰冰片　Acetylborneol	0.05
4	17.319	197.15344	$C_{12}H_{20}O_2$	乙酸冰片酯　Bornyl	0.05
5	17.319	197.15344	$C_{12}H_{20}O_2$	牛儿酸乙酯　Ethyl geranate	0.05
6	17.319	197.15344	$C_{12}H_{20}O_2$	乙酸香叶酯 Geranyl acetate	0.05
7	17.319	197.15344	$C_{12}H_{20}O_2$	乙酸芳樟酯 Linalyl acetate	0.05
8	17.319	197.15344	$C_{12}H_{20}O_2$	乙酸橙花酯　Neryl acetate	0.05
9	4.016	187.09615	$C_9H_{14}O_4$	DL-樟脑酸　Camphoric acid	0.04
10	4.016	187.09615	$C_9H_{14}O_4$	肉苁蓉宁　Cistanin	0.04
11	4.016	187.09615	$C_9H_{14}O_4$	焦地黄内酯　Jioglutolide	0.04
12	5.031	215.09103	$C_{10}H_{14}O_5$	（1R，4R，4aS，7aS）-4，7-二羟甲基-1-羟基-1，4，4a，7a-四氢环戊烷-6-烯［e］吡喃-3-酮（1R，4R，4aS，7aS）-4，7-Di-hydroxymethyl-1-hydroxyl-1，4，4a，7a-tetrahydrocyclopenta-6-ene［e］pyran-3-one	0.04
13	5.078	185.08058	$C_9H_{12}O_4$	京尼平酸　Genipic acid	0.02
14	5.078	185.08058	$C_9H_{12}O_4$	焦地黄呋喃　Jiofuran	0.02
三萜类					
1	21.360	743.45654	$C_{39}H_{66}O_{13}$	人参皂苷 XXVII Gypenoside XXVII	27.47
2	21.473	757.47278	$C_{40}H_{68}O_{13}$	24S-环菠萝烷-3β，16β，24，25，30-戊醇-3-O-（2-O-β-D-木糖基）-β-D-木糖苷 24S-Cycloartane-3β，16β，24，25，30-pentaol-3-O-（2-O-β-D-xylosyl）-β-D-xyloside	0.61
3	21.473	757.47278	$C_{40}H_{68}O_{13}$	人参皂苷 LIX Gypenoside LIX	0.61
4	21.606	647.37939	$C_{36}H_{54}O_{10}$	3-O-β-D-吡喃葡萄糖醛酸基丝石竹皂苷元 3-O-β-D-Glucuronopyranosyl gypsogenin	0.06
5	21.606	647.37939	$C_{36}H_{54}O_{10}$	相思子三萜苷 A Abrusoside A	0.06

（续表）

种类 （编号）	保留时间/ min	质量电荷比 （m/z）	分子式	成分名称	相对含量/ %
6	21.606	647.37939	$C_{36}H_{54}O_{10}$	乙酰升麻苷 Acetylcimifugoside	0.06

芳香类

1	21.606	195.08609	$C_7H_{14}O_6$	过氧化二苯甲酰 Lucidol	2.44
2	18.475	297.1488	$C_{19}H_{20}O_3$	（2R,3R）-2,3-二氢-2-（4-羟基苯）-5-甲氧基-3-甲基-7-丙烯基苯并呋喃 （2R,3R）-2,3-dihydro-2-（4-hydroxyphenyl）-5-methoxy-3-methyl-7-propenyl-Benzofuran	0.37
3	14.457	359.13388	$C_{16}H_{22}O_9$	2,4-二羟基-6-甲氧基-3-甲基乙酰苯-4-O-β-D-吡喃葡萄糖苷 2,4-dihydroxy-6-methoxy-3-methylacetophenone-4-O-β-D-Glucopyranoside	0.12
4	17.795	383.09753	$C_{17}H_{18}O_{10}$	5-羧基-7-葡糖氧基-2-甲基-苯并吡喃-γ-酮 5-carboxy-7-glucosyloxy-2-methyl-Benzopyran-γ-one	0.06
5	3.678	169.08578	$C_9H_{12}O_3$	2-甲氧基-2-（4'-羟苯基）乙醇 2-methoxy-2-（4'-hydroxyphenyl）Ethanol	0.05
6	5.247	207.10118	$C_{12}H_{14}O_3$	顺式-对甲氧基肉桂酸乙酯 cis-Ethyl-p-methoxy-cinnamate	0.04
7	5.247	207.10118	$C_{12}H_{14}O_3$	对甲氧基肉桂酸乙酯 ethyl-p-Methoxycinnamate	0.04
8	5.247	207.10118	$C_{12}H_{14}O_3$	对甲氧基肉桂酸乙醚 ethyl-p-Methoxycinnamic acid ether	0.04
9	1.415	211.06	$C_{10}H_{10}O_5$	甲基（2,4-二羟基-3-甲酰-6-甲氧基）二苯甲酮 methyl（2,4-dihydroxy-3-formyl-6-methoxy）Phenylketone	0.01

酚类

1	21.606	163.05992	$C_6H_{10}O_5$	丹参素 Danshensu	9.52
2	18.294	311.20038	$C_{21}H_{26}O_2$	大麻酚 Cannabinol	1.08
3	14.457	423.12869	$C_{20}H_{22}O_{10}$	对羟基苯甲酰鹿梨苷 p-Hydroxybenzoyl callerya-nin	0.33

（续表）

种类（编号）	保留时间/min	质量电荷比（m/z）	分子式	成分名称	相对含量/%
4	17.180	373.05594	$C_{18}H_{12}O_9$	鹅掌菜酚 Eckol	0.07
5	8.607	183.10141	$C_{10}H_{14}O_3$	二氢松柏醇 Dihydroconiferyl alcohol	0.05
6	17.503	257.11771	$C_{16}H_{16}O_3$	红门兰醇 Orchinol	0.04
7	5.247	207.10118	$C_{12}H_{14}O_3$	乙酸丁香酚酯 Acetyleugenol	0.04
8	5.031	215.09103	$C_{10}H_{14}O_5$	(+)-古柯愈创木基甘油 (+)-Erythro-guaiacylglycerol	0.04
9	1.537	155.07011	$C_8H_{10}O_3$	羟基酪醇 Hydroxytyrosol	0.02
醇类					
1	21.606	195.08609	$C_7H_{14}O_6$	D-1-O-甲基黏质肌醇 D-1-O-Methyl mucoinositol	2.44
2	21.606	195.08609	$C_7H_{14}O_6$	L(+)-甲基肌醇 L(+)-Bornesitol	2.44
3	21.606	195.08609	$C_7H_{14}O_6$	芒柄花醇 Ononitol	2.44
4	21.606	195.08609	$C_7H_{14}O_6$	松醇 Pinitol	2.44
5	5.958	229.17996	$C_{13}H_{24}O_3$	7-巨豆烯-3,6,9-三醇 7-Megastigmene-3,6,9-triol	0.58
6	3.410	185.11688	$C_{10}H_{16}O_3$	香薷二醇 Elsholtzidiol	0.08
7	1.537	155.07011	$C_8H_{10}O_3$	绵马精酸 Filicinic acid	0.02
8	5.078	185.08058	$C_9H_{12}O_4$	桃叶珊瑚苷元 Aucubigenin	0.02
酸类					
1	5.958	229.17996	$C_{13}H_{24}O_3$	11-羟基-9-十三碳烯酸 11-Hydroxy-9-tridecenoic acid	0.58
2	16.676	339.07153	$C_{15}H_{14}O_9$	2-乙酰基-3-(对-香豆酰基)-内消旋酒石酸 2-Acetyl-3-(p-coumaroyl)-meso-tartaric acid	0.19
3	17.319	197.15344	$C_{12}H_{20}O_2$	阿立普里酸 Aleprylic acid	0.05
4	1.585	157.04936	$C_7H_8O_4$	大叶菜酸 Doederleinic acid	0.03
酯类					
1	6.483	197.11685	$C_{11}H_{16}O_3$	毛地黄内酯 Loliolide	0.07
2	17.319	197.15344	$C_{12}H_{20}O_2$	4-甲基-1-(1-甲基乙基)-3-环己烯-1-醇-乙酸酯 4-Methyl-1-(1-methylethyl)-3-cyclohexen-1-ol-acetate	0.05
3	17.619	401.12363	$C_{21}H_{20}O_8$	山芎酯 Coniselin	0.05

（续表）

种类 （编号）	保留时间/ min	质量电荷比 （m/z）	分子式	成分名称	相对含量/ %
4	5.247	207.10118	$C_{12}H_{14}O_3$	（Z）-6,7-环氧-6,7-二氢蒿本内酯 （Z）-6,7-epoxy-6,7-dihy-Droligustilide	0.04

醌类

种类 （编号）	保留时间/ min	质量电荷比 （m/z）	分子式	成分名称	相对含量/ %
1	18.475	297.1488	$C_{19}H_{20}O_3$	隐丹参酮　Cryptotanshinone	0.37
2	18.475	297.1488	$C_{19}H_{20}O_3$	异隐丹参酮　Isocryptotanshinone	0.37
3	14.457	423.12869	$C_{20}H_{22}O_{10}$	6-甲氧基-2-乙酰基-3-甲基-1,4-萘醌-8-O-β-D-吡喃葡萄糖苷 6-methoxyl-2-acetyl-3-methyl-1,4-naphthoquinone-8-O-β-D-Glucopyranoside	0.33
4	18.405	391.13916	$C_{20}H_{22}O_8$	相思子醌 B Abruquinone B	0.17
5	18.066	279.10104	$C_{18}H_{14}O_3$	1,2-二氢丹参醌 1,2-Dihydrotanshiquinone	0.02
6	18.066	279.10104	$C_{18}H_{14}O_3$	二氢异丹参酮 I Dihydroisotanshinone I	0.02
7	18.066	279.10104	$C_{18}H_{14}O_3$	二氢丹参酮 I Dihydrotanshinone I	0.02
8	18.066	279.10104	$C_{18}H_{14}O_3$	次甲丹参醌 Methylene tanshinquinone	0.02

香豆素类

种类 （编号）	保留时间/ min	质量电荷比 （m/z）	分子式	成分名称	相对含量/ %
1	11.355	269.08102	$C_{16}H_{12}O_4$	黄檀素　Dalbergin	0.09
2	11.355	269.08102	$C_{16}H_{12}O_4$	异黄檀素　Isodalbergin	0.09

木脂素类

种类 （编号）	保留时间/ min	质量电荷比 （m/z）	分子式	成分名称	相对含量/ %
1	18.475	297.1488	$C_{19}H_{20}O_3$	云南拟单性木兰素 A Parakmerin A	0.37
2	14.457	423.12869	$C_{20}H_{22}O_{10}$	大侧柏酸　Plicatic acid	0.33
3	17.619	401.12363	$C_{21}H_{20}O_8$	4'-去甲鬼臼毒素 4'-Demethylpodophyllotoxin	0.05
4	17.619	401.12363	$C_{21}H_{20}O_8$	α-盾叶鬼臼素 α-Peltatin	0.05

芪类

种类 （编号）	保留时间/ min	质量电荷比 （m/z）	分子式	成分名称	相对含量/ %
1	18.475	297.1488	$C_{19}H_{20}O_3$	4-异戊烯基白藜芦醇 4-Prenylresveratrol	0.37
2	18.405	391.13916	$C_{20}H_{22}O_8$	虎杖苷　Piceid	0.17

二苯庚烷类

种类 （编号）	保留时间/ min	质量电荷比 （m/z）	分子式	成分名称	相对含量/ %
1	18.043	297.1846	$C_{20}H_{24}O_2$	5-甲氧基-1,7-二苯基-3-庚酮 5-methoxy-1,7-diphenyl-3-Heptanone	2.26

（续表）

种类 （编号）	保留时间/ min	质量电荷比 （m/z）	分子式	成分名称	相对含量/ %
黄酮类					
1	14.457	423.12869	$C_{20}H_{22}O_{10}$	儿茶素 7-O-β-D-木糖苷 Catechin 7-O-β-D-xylo-side	0.33
2	11.355	269.08102	$C_{16}H_{12}O_4$	7-甲氧基-4'-羟基黄酮 7-methoxy-4'-Hydroxyflavone	0.09
3	11.355	269.08102	$C_{16}H_{12}O_4$	刺芒柄花素　Formononetin	0.09
4	11.355	269.08102	$C_{16}H_{12}O_4$	刺果甘草素　Pallidiflorin	0.09
5	11.355	269.08102	$C_{16}H_{12}O_4$	车轴草醇　Pratol	0.09
6	17.503	257.11771	$C_{16}H_{16}O_3$	（2S）-5-甲氧基黄烷-7-醇 （2S）-5-Methoxy flavan-7-ol	0.04
7	17.503	257.11771	$C_{16}H_{16}O_3$	7,4'-二羟基-8-甲基黄烷 7,4'-dihydroxy-8-Methylfla-van	0.04
8	17.503	257.11771	$C_{16}H_{16}O_3$	构树素　Broussin	0.04
生物碱类					
1	16.765	339.14685	$C_{20}H_{20}NO_4$	去氢紫堇达明碱 Dehydrocorydalmine	3.59
2	16.765	339.14685	$C_{20}H_{20}NO_4$	药根碱　Jatrorrhizine	3.59
3	17.954	335.11536	$C_{20}H_{16}NO_4$	异崖椒定碱　Isofagaridine	2.44
4	18.587	363.10995	$C_{21}H_{16}NO_5$	白屈菜宾　Chelirubine	2.03
5	14.247	194.08087	$C_{10}H_{11}NO_3$	龙胆醇　Gentianol	0.92
6	14.247	194.08087	$C_{10}H_{11}NO_3$	龙胆黄碱　Gentioflavine	0.92
7	1.147	194.11725	$C_{11}H_{15}NO_2$	6,7-二羟基-1,1-二甲基-1,2,3,4-四氢异喹啉 6,7-dihydroxy-1,1-dimethyl-1,2,3,4-tetrahydroiso-Quinoline	0.77
8	18.587	395.13629	$C_{22}H_{20}NO_6$	细果角茴香碱 Leptocarpinine	0.75
9	1.489	208.09653	$C_{11}H_{13}NO_3$	坎特莱因碱　Cantleyine	0.59
10	1.489	208.09653	$C_{11}H_{13}NO_3$	异坎特林　Isocantlyine	0.59
11	14.595	353.12616	$C_{20}H_{18}NO_5$	小檗亭　Berberastine	0.52
12	18.066	347.12445	$C_{17}H_{18}N_2O_6$	紫茉莉黄素　Miraxanthin V	0.43
13	15.891	337.13113	$C_{20}H_{18}NO_4$	黄连素　Berberine	0.37
14	17.706	353.16229	$C_{21}H_{22}NO_4$	去氢紫堇鳞茎碱 Dehydrocorybulbine	0.31
15	17.706	353.16229	$C_{21}H_{22}NO_4$	黄藤素　Palmatine	0.31
16	18.543	335.12378	$C_{16}H_{18}N_2O_6$	老鼠瓜苷 A　Cappariloside A	0.25

（续表）

种类（编号）	保留时间/min	质量电荷比（m/z）	分子式	成分名称	相对含量/%
17	18.543	335.12378	$C_{16}H_{18}N_2O_6$	吲哚-3-乙腈-6-O-β-D-吡喃葡萄糖苷 indole-3-acetonitrile-6-O-D-Glucopyranoside	0.25
18	18.498	355.17816	$C_{21}H_{24}NO_4$	N-甲基四氢小檗碱 N-Methyl canadine	0.24
19	3.239	272.09125	$C_{15}H_{13}NO_4$	克劳辛 B　Clausine B	0.20
20	3.239	272.09125	$C_{15}H_{13}NO_4$	克劳辛 K　Clausine K	0.20
21	1.756	196.13287	$C_{11}H_{17}NO_2$	灵芝碱　Ganoine	0.19
22	1.756	196.13287	$C_{11}H_{17}NO_2$	武当木兰碱 Magnosprengerine	0.19
23	12.540	371.1366	$C_{20}H_{20}NO_6$	氢化原阿片碱 Leptopidine	0.18
24	4.909	222.14848	$C_{13}H_{19}NO_2$	6,7-二羟基-1,1-二甲基-N-乙基-1,2,3,4-四氢异喹啉 6,7-dihydroxy-1,1-dimethyl-N-ethyl-1,2,3,4-tetrahy-Droisoquinoline	0.16
25	4.909	222.14848	$C_{13}H_{19}NO_2$	薯蓣碱　Dioscorine	0.16
26	4.909	222.14848	$C_{13}H_{19}NO_2$	海扇碱　Pectenine	0.16
27	0.903	196.09647	$C_{10}H_{13}NO_3$	大马士革宁　Damascenine	0.12
28	3.410	302.19574	$C_{15}H_{27}NO_5$	多花蟹甲草碱　Floridinine	0.12
29	0.804	154.08603	$C_8H_{11}NO_2$	多巴胺　Dopamine	0.08
30	5.176	296.09125	$C_{17}H_{13}NO_4$	大花哥纳香碱　Gonioffithine	0.08
31	16.676	367.17807	$C_{22}H_{24}NO_4$	去氢延胡索素 Dehydrocorydaline	0.07
32	3.824	258.07565	$C_{14}H_{11}NO_4$	2-羟基-3-甲酰基-7-甲氧基咔唑　2-hydroxy-3-formyl-7-Methoxycarbazole	0.06
33	1.415	166.12238	$C_{10}H_{15}NO$	麻黄碱　Ephedrine	0.03
34	1.415	166.12238	$C_{10}H_{15}NO$	大麦芽碱　Hordenine	0.03
35	1.318	156.13809	$C_9H_{17}NO$	甲基异石榴皮碱 Methyl isopelletierine	0.01
36	17.619	379.1409	$C_{22}H_{20}NO_5$	白屈菜黄碱　Chelilutine	0.01
37	4.670	198.07571	$C_9H_{11}NO_4$	多巴　Dopa	0.01
38	19.485	315.18295	$C_{19}H_{24}NO_3$	莲心季铵碱　Lotusine	0.01
糖类					
1	21.606	163.05992	$C_6H_{10}O_5$	3,6-脱水半乳糖 3,6-Anhydrogalactose	9.52

（续表）

种类 （编号）	保留时间/ min	质量电荷比 （m/z）	分子式	成分名称	相对含量/ %
2	21.606	195.08609	$C_7H_{14}O_6$	β-甲基-D-葡萄糖苷 β-methyl-D-Glucoside	2.44
3	21.606	195.08609	$C_7H_{14}O_6$	甲基-D-吡喃半乳糖苷 methyl-D-Galactoside	2.44
4	21.606	195.08609	$C_7H_{14}O_6$	甲基-α-D-呋喃果糖苷 methyl-α-D-Fructofuranoside	2.44
5	9.936	195.04964	$C_6H_{10}O_7$	D-甘露糖醛酸 D-Mannuronic acid	0.05
6	9.936	195.04964	$C_6H_{10}O_7$	D-葡萄糖醛酸 D-Glucuronic acid	0.05
核苷类					
1	8.845	269.08783	$C_{10}H_{12}N_4O_5$	肌苷 Inosine	0.01
2	8.845	269.08783	$C_{10}H_{12}N_4O_5$	6-异次黄嘌呤核苷 6-Isoinosine	0.01

第三章 芳香万寿菊

一、概述

芳香万寿菊（*Tagetes lemmonii* A. Gray），菊科万寿菊属，多年生宿根植物，原产于中南美洲、墨西哥[36]。花黄色，福建种植花期较长，可以从 11 月一直持续到翌年 4 月甚至 5 月。由于芳香万寿菊叶子背面有均匀分布的腺点，使其香味能自然散发。芳香万寿菊香气好闻，除用在园林观赏外，还可药用食用、驱虫除味、用于天然黄色素染色等。近两年来，福建芳香万寿菊的种植面积日益扩大，在连江、福清等地企业种植芳香万寿菊用于烘干制成花茶销售。为了丰富产品、延伸产业链，芳香万寿菊精油和纯露的提取加工正逐渐受到企业关注。

二、芳香万寿菊精油成分及功效

采摘刚开放的新鲜芳香万寿菊鲜花，加工成精油，精油的挥发性成分总离子流见图 3-1，芳香万寿菊花精油挥发性成分及其相对含量分析结果见表 3-1。万寿菊茎叶也可以提取精油，在芳香万寿菊花期的末期，于晴天割取芳香万寿菊地上部分茎叶提取精油，芳香万寿菊茎叶精油的挥发性成分总离子流见图 3-2，芳香万寿菊茎叶精油挥发性成分及其相对含量分析结果见表 3-2。

芳香万寿菊花精油中共分离、鉴定出 68 种挥发性成分，包括烯类、酮类、酯类、醇类和醛类等成分。挥发性成分的总相对含量为 98.17%，其中烯类和酮类成分的相对含量较高，分别为 57.99% 和 36.66%。从不同种类挥发性成分的数量上来看，以烯类和酮类成分最高，达 16 种。综合考虑挥发性成分的相对含量和数量，烯类和酮类成分对芳香万寿菊花精油的香气贡献最大。

罗勒烯、β-蒎烯和 2,6-二甲基-7-辛烯-4-酮是芳香万寿菊花精油的主要成分，相对含量分别达到了 30.30%、27.25% 和 17.81%。罗勒烯具有草香、花香并伴有橙花油气息，具有抗抑郁作用[37]；β-蒎烯具有抗菌活性[38]；2,6-二甲基-7-辛烯-4-酮具有万寿菊香气，主要用于调制化妆品用香精及烟用香精。

从芳香万寿菊茎叶精油中共分离、鉴定出 76 种挥发性成分，包括烷类、酮类、醛类、醇类、烯类和酯类等成分。挥发性成分的总相对含量为 99.96%，其中烷类和酮类成分的相对含量较高，分别为 45.68% 和 20.45%。从不同种类挥发性成分的数量上来看，以烯类成分最高，达 17 种，酮类成分次之，达 16 种。

芳香万寿菊茎叶精油的主要挥发性成分包括 1,2-环氧壬烷、反式-5-甲基-2-（1-甲基乙烯基）环己酮、(E)-2,7-二甲基-3-辛烯-5-炔、2-亚乙基-6-甲基-3,5-庚二烯醛，相对含量分别为 41.84%、9.51%、8.22% 和 8.04%。其中反式-5-甲基-2-(1-甲基乙烯基) 环己酮具有甜的留兰香似香味和草药气味，主要用于配制人造留兰香和薄荷类香精。此外，芳香万寿菊茎叶精油中含 3.56% 的桉叶油醇和 1.63% 的双戊烯，桉叶油醇气味与樟脑相似，具有解热、消炎、抗菌[39]、抗肿瘤[40]、防腐、平喘及镇痛作用；双戊烯的香味类似柠檬，具有良好的镇咳、祛痰、抑菌作用[41]。

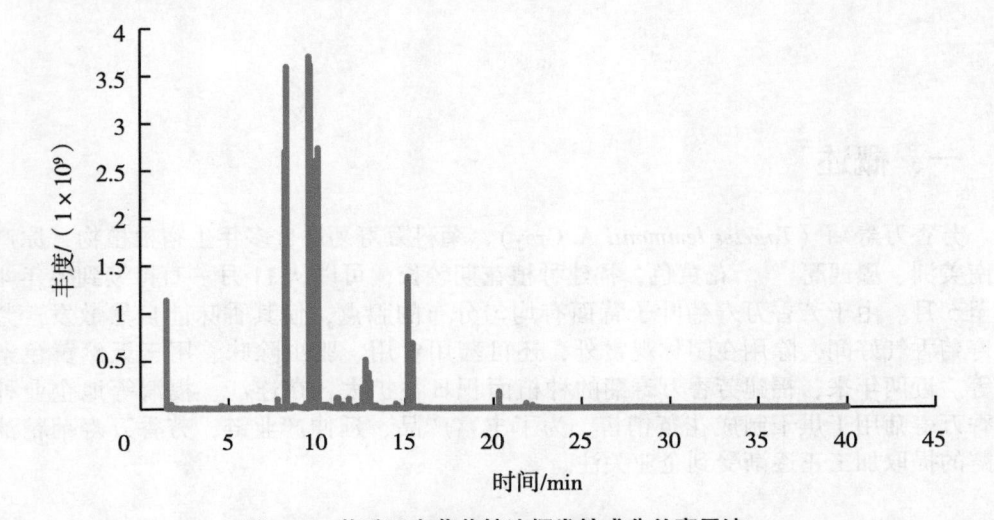

图 3-1　芳香万寿菊花精油挥发性成分总离子流

表 3-1　芳香万寿菊花精油挥发性成分及其相对含量

种类（编号）	保留时间/min	英文名	中文名	相对含量/%
		醇类		
1	11.46	Linalool	芳樟醇	0.19
2	9.51	Eucalyptol	桉叶油醇	0.15
3	10.38	2,3,6-Trimethylhept-6-en-1-ol	2,3,6-三甲基庚-6-烯-1-醇	0.14
4	14.22	α-Terpineol	α-松油醇	0.01
5	2.40	cis-3-Methylcyclohexanol	顺式-3-甲基环己醇	0.01
6	16.04	5-Methyl-5-hexen-3-yn-2-ol	5-甲基-5-己烯-3-YN-2-醇	0.01
7	5.66	2-methyl-1-Octanol	2-甲基-1-辛醇	0.01
		酯类		
1	11.85	(E)-2-methyl-2-Butenoic acid, 2-methyl-2-propenyl ester	(E)-2-甲基-2-丁烯酸-2-甲基-2-丙烯酯	0.59
2	4.67	2-methyl-Butanoic acid, ethyl ester	2-甲基丁酸乙酯	0.11
3	4.76	3-methyl-Butanoic acid, ethyl ester	异戊酸乙酯	0.09
4	7.08	Sorbic acid vinyl ester	山梨酸乙烯酯	0.03

（续表）

种类（编号）	保留时间/min	英文名	中文名	相对含量/%
5	5.51	2-methyl-Butanoic acid, 1-methylethyl ester	2-甲基丁酸-1-甲基乙酯	0.03
6	3.32	2-methyl-Butanoic acid, methyl ester	2-甲基丁酸甲酯	0.02
7	3.64	2-methyl-Propanoic acid, 1-methylethyl ester	1-甲基乙基-2-甲基丙酸酯	0.02
8	3.06	2-methyl-Propanoic acid, ethyl ester	异丁酸乙酯	0.01
9	5.71	3-methyl-Butanoic acid, 1-methylethyl ester	异戊酸异丙酯	0.01
10	6.21	2-methyl-Propanoic acid, 2-methylpropyl ester	异丁酸异丁酯	0.01
11	16.40	Benzenepropanoic acid, methyl ester	3-苯丙酸甲酯	0.01
酮类				
1	10.10	2,6-dimethyl-7-Octen-4-one	2,6-二甲基-7-辛烯-4-酮	17.81
2	15.23	(Z)-2,6-Dimethylocta-2,5,7-trien-4-one	(Z)-2,6-二甲基辛-2,5,7-三烯-4-酮	6.66
3	15.44	(E)-2,6-Dimethylocta-2,5,7-trien-4-one	(E)-2,6-二甲基辛-2,5,7-三烯-4-酮	4.75
4	12.99	(Z)-2,6-dimethyl-5,7-Octadien-4-one	(Z)-2,6-二甲基-5,7-辛二烯-4-酮	4.07
5	12.78	(E)-2,6-dimethyl-5,7-Octadien-4-one	(E)-2,6-二甲基-5,7-辛二烯-4-酮	2.22
6	11.21	5-methyl-2-(1-methylethyl)-2-Cyclohexen-1-one	5-甲基-2-(1-甲基乙基)-2-环己烯-1-酮	0.50
7	14.55	3-methyl-6-(1-methylethylidene)-2-Cyclohexen-1-one	3-甲基-6-(1-甲基亚乙基)-2-环己烯-1-酮	0.23
8	6.43	trans,trans-3,5-Heptadien-2-one	反式,反式-3,5-庚二烯-2-酮	0.11
9	13.41	2-Methyl-6-methyleneoct-7-en-3-one	2-甲基-6-亚甲基辛-7-烯-3-酮	0.11
10	11.39	(1α,2α,5α)-2,6,6-trimethyl-Bicyclo[3.1.1]heptan-3-one	(1α,2α,5α)-2,6,6-三甲基-双环[3.1.1]庚烷-3-酮	0.07
11	16.27	(S)-3-methyl-6-(1-methylethenyl)-2-Cyclohexen-1-one	(S)-3-甲基-6-(1-甲基乙烯基)-2-环己烯-1-酮	0.07
12	10.99	2-Methyl-6-methyleneoct-7-en-4-one	2-甲基-6-亚甲基辛-7-烯-4-酮	0.02
13	12.10	2,7,7-trimethyl-Bicyclo[3.1.1]hept-2-en-6-one	2,7,7-三甲基-双环[3.1.1]庚-2-烯-6-酮	0.02
14	1.73	methyl-vinyl Ketone	丁烯酮	0.01

（续表）

种类（编号）	保留时间/min	英文名	中文名	相对含量/%
15	17.12	(S)-4,5,6,7,8,8a-hexahydro-8a-methyl-2(1H)-Azulenone	(S)-4,5,6,7,8,8a-六氢-8a-甲基-2(1H)-甘菊环酮	0.01
16	14.66	5,6-dihydro-3,5-dimethyl-6-(3-hydroxybutan-2-yl)-2-Pyranone	5,6-二氢-3,5-二甲基-6-(3-羟基丁烷-2-基)-2-吡喃酮	0.01
醛类				
1	10.67	(E)-3,7-dimethyl-2,6-Octadienal	(E)-3,7-二甲基-2,6-辛二烯醛	0.13
2	1.65	2-methyl-Propanal	异丁醛	0.13
3	10.72	2-Isopropenyl-5-methy-lhex-4-enal	2-异丙烯基-5-甲基己-4-烯醛	0.07
4	3.72	Hexanal	正己醛	0.02
5	2.07	3-methyl-Butanal	异戊醛	0.01
6	11.60	Nonanal	正壬醛	0.01
7	5.89	Heptanal	正庚醛	0.01
烯类				
1	9.66	β-Ocimene	β-罗勒烯	30.30
2	8.32	β-Pinene	β-蒎烯	27.25
3	20.34	α-Caryophyllene	α-葎草烯	0.87
4	7.82	4-methylene-1-(1-methylethyl)-Bicyclo[3.1.0]hexane	桧烯	0.42
5	9.42	D-Limonene	双戊烯	0.41
6	12.31	(E,E)-2,6-dimethyl-2,4,6-Octatriene	(E,E)-2,6-二甲基-2,4,6-辛三烯	0.15
7	22.24	(1S,2E,6E,10R)-3,7,11,11-Tetramethylbicyclo[8.1.0]undeca-2,6-diene	(1S,2E,6E,10R)-3,7,11,11-四甲基双环[8.1.0]十一碳-2,6-二烯	0.15
8	6.75	α-Pinene	α-蒎烯	0.10
9	22.51	β-Bisabolene	β-红没药烯	0.03
10	7.19	Camphene	莰烯	0.02
11	12.16	1,2-Dipentylcyclopropene	1,2-二戊基环丙烯	0.02
12	21.14	(E)-β-Famesene	(E)-β-法尼烯	0.01
13	10.55	3-methyl-6-(1-methylethylidene)-Cyclohexene	3-甲基-6-(1-甲基亚乙基)-环己烯	0.01
14	7.30	3-methyl-4-methylene-Bicyclo[3.2.1]oct-2-ene	3-甲基-4-亚甲基-双环[3.2.1]辛-2-烯	0.01
15	6.16	1-Methoxy-1,3-cyclohexadiene	1-甲氧基-1,3-环己二烯	0.01

（续表）

种类（编号）	保留时间/min	英文名	中文名	相对含量/%
16	6.55	2-methyl-5-（1-methylethyl）-Bicyclo［3.1.0］hex-2-ene	2-甲基-5-（1-甲基乙基）-双环［3.1.0］己-2-烯	0.01
其他类				
1	12.61	Myroxide	桃金娘苷	0.97
2	21.88	（1R,2S,6S,7S,8S）-8-isopropyl-1-methyl-3-methylenetricyclo［4.4.0.02,7］Decane-rel	（1R,2S,6S,7S,8S）-8-异丙基-1-甲基-3-亚甲基三环［4.4.0.02,7］葵烷	0.25
3	12.43	5-isopropyl-3,3-dimethyl-2-methylene-2,3-Dihydrofuran	5-异丙基-3,3-二甲基-2-亚甲基-2,3-二氢呋喃	0.15
4	1.83	3-methyl-Furan	3-甲基呋喃	0.11
5	9.28	o-Cymene	邻伞花烃	0.07
6	15.83	3-methyl-2-（2-methyl-2-butenyl）-Furan	3-甲基-2-（2-甲基-2-丁烯基）-呋喃	0.06
7	1.93	2-methoxy-Propane	甲基异丙基醚	0.04
8	13.34	Dill ether	莳罗醚	0.01
9	15.95	1,2,4a,5,6,7,8,8a-octahydro-4a-methyl-2-Naphthalenamine	1,2,4a,5,6,7,8,8a-八氢-4a-甲基-2-萘胺	0.01
10	13.97	2-methyl-3-Octyne	2-甲基-3-辛炔	0.01
11	2.53	2,5-dihydro-2,5-dimethyl-Furan	2,5-二氢-2,5-二甲基-呋喃	0.01

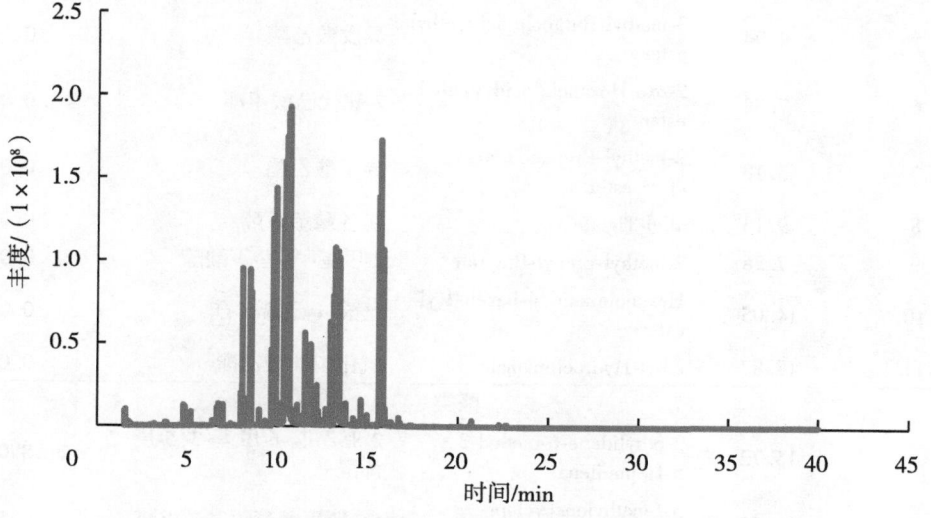

图3-2　芳香万寿菊茎叶精油挥发性成分总离子流

表 3-2 芳香万寿菊茎叶精油挥发性成分及其相对含量

种类（编号）	保留时间/min	英文名	中文名	相对含量/%
		醇类		
1	9.80	Eucalyptol	桉叶油醇	3.56
2	11.85	Linalool	芳樟醇	1.52
3	6.70	5-Methyl-5-hexen-3-yn-2-ol	5-甲基-5-己烯-3-yn-2-醇	1.01
4	14.66	α-Terpineol	α-松油醇	0.53
5	14.24	Terpinen-4-ol	4-萜烯醇	0.16
6	13.74	1-(2-furyl)-2-methyl-1,2-Butanediol	1-(2-糠基)-2-甲基-1,2-丁二醇	0.09
7	14.57	(E,E)-2,6-Dimethyl-3,5,7-octatriene-2-ol	(E,E)-2,6-二甲基-3,5,7-辛三烯-2-醇	0.05
8	5.04	(Z)-3-Hexen-1-ol	(Z)-3-己烯-1-醇	0.04
9	12.38	(1α,2β,3α,5α)-2,6,6-tri-methyl-Bicyclo[3.1.1]he-ptan-3-ol	(1R,2R,3R,5S)-2,6,6-三甲基双环[3.1.1]庚-3-醇	0.04
10	5.71	2,3-dimethyl-3-Buten-2-ol	2,3-二甲基-3-丁烯-2-醇	0.01
11	13.95	α,α-dimethyl-4-methylene-Cyclohexanemethanol	α,α-二甲基-4-亚甲基-环己烯甲醇	0.01
		酯类		
1	13.62	Sorbic acid vinyl ester	山梨酸乙烯酯	0.34
2	10.81	decyl-Oxirane	1,2-二甲基丁炔酯	0.29
3	4.83	2-methyl-Butanoic acid, ethyl ester	2-甲基丁酸乙酯	0.28
4	12.27	2-Nitrophenyl n-butyrate	2-硝基苯基丁酸酯	0.27
5	4.94	3-methyl-Butanoic acid, ethyl ester	异戊酸乙酯	0.13
6	7.38	2-oxo-Hexanoic acid, methyl ester	2-氧代己酸甲酯	0.06
7	3.18	2-methyl-Propanoic acid, ethyl ester	异丁酸乙酯	0.02
8	9.13	allyl-Tiglate	惕各酸烯丙酯	0.02
9	7.28	2-methyl-propyl-Butyrate	2-甲基-丙基-丁酸酯	0.01
10	14.05	Hexanoic acid, 4-hexen-1-yl ester	己酸-4-己烯-1-酯	0.01
11	18.87	ethyl-Hydrocinnamate	氢化肉桂酸乙酯	0.01
		醛类		
1	15.72	2-ethylidene-6-methyl-3,5-Heptadienal	2-亚乙基-6-甲基-3,5-庚二烯醛	8.04
2	11.57	5-(methylenecyclopr-opyl)-Pentanal	5-(亚甲基环丙基)-戊醛	1.53

（续表）

种类（编号）	保留时间/min	英文名	中文名	相对含量/%
3	11.05	（E,E)-3,7,11-trimethyl-2,6,10-Dodecatrienal	金合欢醛	0.25
4	5.49	Cyclopropanecarboxaldehyde	环丙甲醛	0.02
5	1.71	2-methyl-Propanal	异丁醛	0.01
6	4.60	Furfural	糠醛	0.01
酮类				
1	13.42	trans-5-methyl-2-(1-methyl-ethenyl)-Cyclohexanone	反式-5-甲基-2-(1-甲基乙烯基)环己酮	9.51
2	13.20	2-Allyl-2-methyl-1,3-cyclo-pentanedione	2-烯丙基-2-甲基-1,3-环戊烷二酮	4.80
3	15.91	（E)-2,6-Dimethylocta-2,5,7-trien-4-one	（E)-2,6-二甲基辛-2,5,7-三烯-4-酮	4.53
4	13.81	2,3-Hexanedione	2,3-己二酮	0.35
5	5.20	3,4-dimethyl-2-Cyclopenten-1-one	3,4-二甲基-2-环戊烯酮	0.25
6	14.96	3-methyl-6-(1-methylethyli-dene)-2-Cyclohexen-1-one	3-甲基-6-(1-甲基亚乙基)-2-环己烯-1-酮	0.22
7	16.77	（S)-3-methyl-6-(1-methyle-thenyl)-2-Cyclohexen-1-one	（S)-3-甲基-6-(1-甲基乙烯基)-2-环己烯-1-酮	0.20
8	11.37	2-methyl-6-Methyleneo-ct-7-en-4-one	2-甲基-6-亚甲基辛-7-烯-4-酮	0.19
9	1.56	Acetone	丙酮	0.15
10	14.49	（-)-Carvone	（-)-香芹酮	0.09
11	3.83	4-methyl-3-Penten-2-one	4-甲基-3-戊烯-2-酮	0.06
12	1.80	methyl-vinyl Ketone	丁烯酮	0.04
13	17.38	4,7,7-Trimethylbicyclo[4.1.0]hept-3-en-2-one	4,7,7-三甲基双环[4.1.0]庚-3-烯-2-酮	0.03
14	2.95	methyl-isobutyl Ketone	甲基异戊酮	0.01
15	19.60	（E)-7-isopropylidene-3-Ox-abicyclo[3.3.0]octan-2-one	（E)-7-异亚丙基-3-氧杂双环[3.3.0]辛烷-2-酮	0.01
16	20.10	trans-octahydro-1-methylene-4(1H)-Azulenone	反式-八氢-1-亚甲基-4(1H)甘菊环酮	0.01
烯类				
1	12.99	Spiro[cyclopropane-1,2'-[6.7]diazabicyclo[3.2.2]non-6-ene]	螺环｛环丙烷-1,2'-[6.7]二氮杂二环[3.2.2]壬-6-烯｝	1.99
2	9.71	D-Limonene	双戊烯	1.63
3	12.21	2,4-dimethyl-2,6-Octadiene	2,4-二甲基-2,6-辛二烯	0.72
4	10.22	β-Ocimene	β-罗勒烯	0.50
5	6.95	α-Pinene	α-蒎烯	0.33

（续表）

种类（编号）	保留时间/min	英文名	中文名	相对含量/%
6	10.75	(E)-2,2-dimethyl-3-Hexene	(E)-2,2-二甲基-3-己烯	0.30
7	9.02	α-Phellandrene	α-水芹烯	0.28
8	11.75	4-Methyl-2-hexene(c&t)	4-甲基-2-己烯（顺反异构体混合物）	0.16
9	20.78	[1R-(1R*,4Z,9S*)]-4,11,11-trimethyl-8-methylene-Bicyclo[7.2.0]undec-4-ene	(-)-异丁香烯	0.11
10	9.34	α-Terpinene	α-松油烯	0.10
11	12.53	(E,E)-2,4-Nonadiene	(E,E)-2,4-壬二烯	0.07
12	14.39	2,4-Hexadiene	2,4-己二烯	0.07
13	12.46	1,3,8-p-Menthatriene	1,3,8-对薄荷三烯	0.06
14	22.32	Germacrene D	大牛儿烯 D	0.05
15	22.69	Bicyclogermacrene	双环大牛儿烯	0.04
16	16.40	1-(1-cyclohexen-1-yl)-Ethanone	乙酰基环己烯	0.02
17	7.54	3-methyl-4-methylene-Bicyclo[3.2.1]oct-2-ene	3-甲基-4-亚甲基-双环[3.2.1]辛-2-烯	0.01
烷类				
1	10.69	1,2-Epoxynonane	1,2-环氧壬烷	41.84
2	8.53	Spiro(6,6-dimethyl-2,3-diazobicyclo[3.1.0]hex-2-ene-4,1′-cyclopropane)	螺环(6,6-二甲基-2,3-重氮双环[3.1.0]己-2-烯-4,1′-环丙烷)	2.81
3	8.20	(1S)-6,6-dimethyl-2-methylene-Bicyclo[3.1.1]heptane	(1S)-6,6-二甲基-2-亚甲基-双环[3.1.1]庚烷	0.49
4	12.69	(Z)-2,2-Dimethyl-3-(3-methylpenta-2,4-dien-1-yl)oxirane	(Z)-2,2-二甲基-3-(3-甲基戊-2,4-二烯-1)环氧乙烷	0.41
5	11.69	2,7,7-trimethyl-3-Oxatricyclo[4.1.1.0(2,4)]octane	α-环氧蒎烷	0.08
6	15.21	butyl-Cyclohexane	丁基环己烷	0.05
其他类				
1	9.92	(E)-2,7-dimethyl-3-Octen-5-yne	(E)-2,7-二甲基-3-辛烯-5-炔	8.22
2	12.80	5-Isopropyl-3,3-dimethyl2-methylene-2,3-dihydrofuran	5-异丙基-3,3-二甲基-2-亚甲基-2,3-二氢呋喃	0.27
3	11.09	2-methyl-3-Octyne	2-甲基-3-辛炔	0.19
4	6.43	6-Methyl-3-heptyne	6-甲基-3-庚炔	0.14
5	10.97	3,5-Dimethylanisole	3,5-二甲基苯甲醚	0.09
6	9.58	p-Cymene	4-异丙基甲苯	0.07

（续表）

种类（编号）	保留时间/min	英文名	中文名	相对含量/%
7	16.29	3-methyl-2-(2-methyl-2-butenyl)-Furan	3-甲基-2-(2-甲基-2-丁烯基)-呋喃	0.07
8	1.62	dimethyl Sulfide	二甲基硫	0.01
9	5.90	o-Xylene	邻二甲苯	0.01

三、芳香万寿菊鲜花纯露成分及功效

芳香万寿菊鲜花纯露的挥发性成分总离子流见图3-3，芳香万寿菊鲜花纯露挥发性成分及其相对含量分析结果见表3-3。

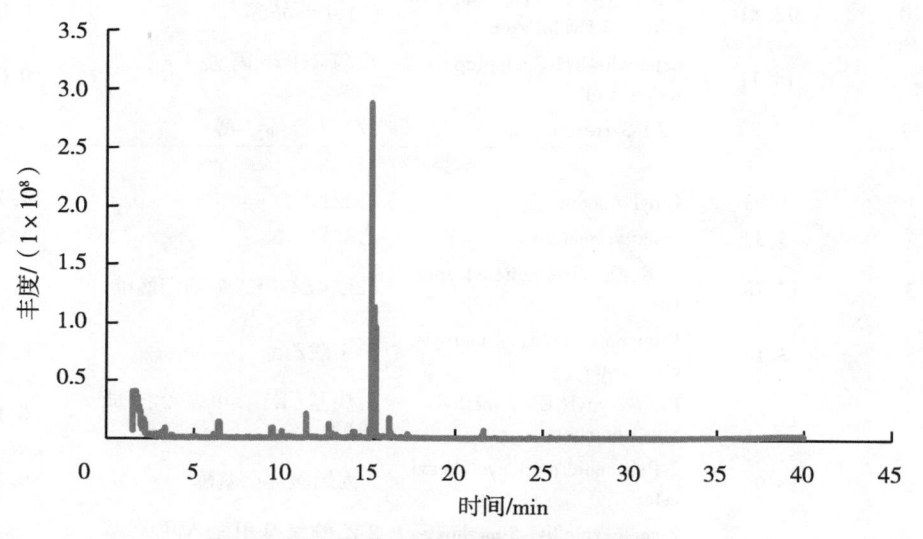

图3-3　芳香万寿菊花纯露挥发性成分总离子流

从芳香万寿菊花纯露中共分离、鉴定出49种挥发性成分，包括酮类、醛类、醇类和酯类等成分。从不同种类挥发性成分的数量上来看，以醇类成分最高，达12种，酮类成分次之，达11种。挥发性成分的总相对含量为90.04%，其中酮类成分的相对含量较高，达到59.15%。

芳香万寿菊花纯露中，主要挥发性成分为(Z)-2,6-二甲基辛-2,5,7-三烯-4-酮，相对含量为51.75%。此外，芳香万寿菊花纯露挥发性成分中还含有芳樟醇，相对含量为2.65%，具有抑菌[10]、抗氧化、抗皮肤衰老等活性[11]；桉叶油醇的相对含量为1.04%，具有与樟脑相似的气味，主要用于药草型香精，也用于医药中，具有解热、消炎、抗菌[39]、抗肿瘤[40]、防腐、平喘及镇痛作用。

表 3-3　芳香万寿菊花纯露挥发性成分及其相对含量

种类（编号）	保留时间/min	英文名	中文名	相对含量/%
醇类				
1	11.47	Linalool	芳樟醇	2.65
2	9.53	Eucalyptol	桉叶油醇	1.04
3	14.22	α-Terpineol	α-松油醇	0.85
4	2.90	3-methyl-1-Butanol	异戊醇	0.69
5	12.95	6-Methyl-6-hepten-4-yn-3-ol	6-甲基-6-庚烯-4-炔-3-醇	0.64
6	10.39	（E）-3-Nonen-1-ol	（E）-3-壬烯-1-醇	0.14
7	16.04	5-Methyl-5-hexen-3-yn-2-ol	5-甲基-5-己烯-3-YN-2-醇	0.10
8	22.25	trans-β-Santalol	反式-β-檀香醇	0.09
9	12.10	2,6-dimethyl-3,5-Heptadien-2-ol	2,6-二甲基-3,5-庚二烯-2-醇	0.09
10	13.81	（R）-4-methyl-1-（1-methylethyl）-3-Cyclohexen-1-ol	(-)-4-萜品醇	0.07
11	14.11	octahydro-1H-Cycloprop［c］inden-7-ol	八氢-1H-环丙烷［c］茚-7-醇	0.06
12	4.89	（Z）-3-Hexen-1-ol	（Z）-3-己烯-1-醇	0.05
酯类				
1	1.93	Ethyl Acetate	乙酸乙酯	1.79
2	3.37	Isobutyl acetate	乙酸异丁酯	1.57
3	12.78	（2E,4E）-Heptadienyl angelate	（2E,4E）-庚二烯当归酸酯	1.48
4	3.16	Propanoic acid, 2-methyl-, ethyl ester	异丁酸乙酯	0.72
5	11.85	Prop-2-ynyl（E）-2-methyl-but-2-enoate	丙炔基（E）-2-甲基-2-丁烯酸酯	0.15
6	13.96	2-Propenoic acid, cyclohexyl ester	2-丙烯酸环己基酯	0.10
7	39.80	2-acetoxymethyl-5-methoxy-carbonyl-1h-Pyrrole-3,4-diacetic acid, dimethyl ester	2-乙酰氧基甲基-5-甲氧基羰基-1h-吡咯-3,4-二乙酸二甲酯	0.09
8	37.35	N-［10,11-dihydro-5-（2-methylamino-1-oxoethyl）-3-5H-dibenzo［b,f］azepinyl］-Carbamic acid, ethyl ester	氨基甲酸-N-［10,11-二氢-5-（2-甲胺-1-氧乙基）-3-5H-二苯并［b,f］氮杂卓]-乙酯	0.08
9	8.73	（Z）-4-Hexen-1-ol, acetate	（Z）-4-己烯-1-醇-乙酸酯	0.07
醛类				
1	1.75	2-methyl-Propanal	异丁醛	6.40
2	2.18	3-methyl-Butanal	异戊醛	2.75
3	14.54	2-ethylidene-6-methyl-3,5-Heptadienal	2-亚乙基-6-甲基-3,5-庚二烯醛	0.18
4	9.80	Benzeneacetaldehyde	苯乙醛	0.09

（续表）

种类（编号）	保留时间/min	英文名	中文名	相对含量/%
		酮类		
1	15.21	（Z）-2,6-Dimethylocta-2,5,7-trien-4-one	（Z）-2,6-二甲基辛-2,5,7-三烯-4-酮	51.75
2	6.48	trans,trans-3,5-Heptadien-2-one	反式,反式-3,5-庚二烯-2-酮	2.87
3	16.27	（S）-3-methyl-6-（1-methylethenyl）-2-Cyclohexen-1-one	（S）-3-甲基-6-（1-甲基乙烯基）-2-环己烯-1-酮	2.73
4	10.07	2,6-dimethyl-7-Octen-4-one	2,6-二甲基-7-辛烯-4-酮	0.65
5	3.76	3-Hexen-2-one	3-己烯-2-酮	0.55
6	39.63	3-（4-Nitrophenyl）-4H-1,2,4-oxadiazol-5-one	3-（4-硝基苯基）-4H-1,2,4-噁二唑-5-酮	0.18
7	16.90	2,6,6-trimethyl-2,4-Cycloheptadien-1-one	优葛缕酮	0.14
8	39.73	3,11β,18-triacetoxy-3,9β：14,15-Diepoxypregn-16-en-20-one	3,11β,18-三乙酰氧基-3,9β：14,15-二环氧孕烷-16-烯-20-酮	0.09
9	17.13	3,4,4a,5,6,7,8,9-octahydro-2H-Benzocyclohepten-2-one	3,4,4a,5,6,7,8,9-八氢-2H-苯并环庚烷-2-酮	0.07
10	14.75	1,3,3-trimethyl-2-Oxabicyclo[2.2.2]octan-6-one	1,3,3-三甲基-2-氧杂双环[2.2.2]辛烷-6-酮	0.06
11	8.05	3-Methyl-3-cyclohexen-1-one	3-甲基-3-环己烯-1-酮	0.05
		其他类		
1	1.60	（S）-methyl-Oxirane	（S）-环氧丙烷	7.53
2	13.20	（Z）-3-Undecen-5-yne	（Z）-3-十一烯-5-炔	0.46
3	2.48	Mexiletine	美西律	0.18
4	10.56	（E）-2,7-dimethyl-3-Octen-5-yne	（E）-2,7-二甲基-3-辛烯-5-炔	0.11
5	23.74	2-cyclopropyl-2-methyl-Spiro[2.2]pentane-1-carboxylic acid	2-环丙基-2-甲基-螺环[2.2]戊烷-1-羧酸	0.09
6	5.07	1-Methoxy-1,3-cyclohexadiene	1-甲氧基-1,3-环己二烯	0.09
7	24.29	Caryophyllene oxide	石竹素	0.09
8	39.96	Trinexapac-ethyl,TMS derivative	抗倒酯-TMS 衍生物	0.09
9	2.67	Cyclohexan-1,4,5-triol-3-one-1-carboxylic acid	环己烷-1,4,5-三醇-3-酮-1-羧酸	0.08
10	12.60	2,7-Diphenyl-1,6-dioxopyridazino[4,5：2',3']pyrrolo[4',5'-d]pyridazine	2,7-二苯基-1,6-二氧吡啶[4,5：2',3']吡咯并[4',5'-d]哒嗪	0.07

（续表）

种类 （编号）	保留时间/ min	英文名	中文名	相对含量/ %
11	26.53	trans-（Z）-α-Bisabolene ep- oxide	反式-（Z）-α-双酚烯环氧 化物	0.07
12	39.75	N,N-Dimethyl-4-nitroso- 3-（trimethylsilyl）aniline	N,N-二甲基-4-亚硝基-3- （三甲基硅基）苯胺	0.04
13	37.44	N-dimethyl-Adenosine-2-thi- ol	N-二甲基-腺苷-2-巯基	0.04

正离子模式下芳香万寿菊鲜花纯露的代谢物成分总离子流见图3-4，化学成分及其相对含量分析结果见表3-4。

芳香万寿菊鲜花纯露鉴定出代谢物成分55个，主要包括氨基酸类、单萜类、芳香类、酚类、酸类、酮类、酯类、醌类、生物碱类、甾体类成分，其中以酸类成分数量最多，达15种。芳香万寿菊鲜花纯露代谢物以酸类化合物为主，相对含量高达58.88%，其次是芳香类化合物，相对含量达12.22%。

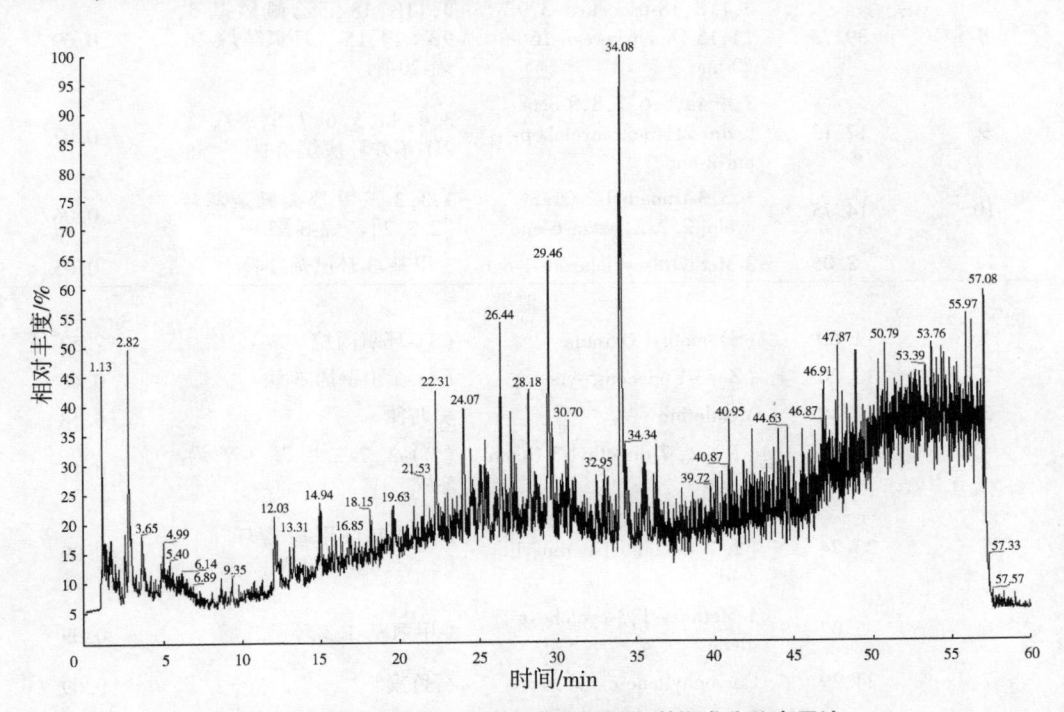

图3-4 正离子模式下芳香万寿菊纯露代谢物成分总离子流

芳香万寿菊鲜花纯露中相对含量较高的两种成分为15-脱氧-δ12,14-前列腺素A1和（±）5（6）-二羟基-[6Z,8E,10E,14Z]-二十碳四烯酸，相对含量分别为30.41%和16.70%。此外，芳香万寿菊鲜花纯露中还含有1.47%的DL-樟脑、1.34%的香芹酮和1.88%的茴香烯。DL-樟脑是左旋樟脑和右旋樟脑的混合物，其中左旋樟脑具有脑保护的作用[42]，能通过抑制自噬起到神经保护作用[43]。而右旋樟脑可能会抑制大肠杆菌氧化代谢及醌类物质恢复氧化酶活性[44]。香芹酮具有抗炎和抗过敏的作用，香芹酮还可通过环腺苷—磷酸（cAMP）途径抑制黑色素瘤细胞增殖，降低黑色素的含量[45]。此外，香芹酮对金黄色葡萄球菌具有抗菌和抗生物膜活性[46]，还具有抗真菌（念珠菌）活性和细胞毒性[47]，而且香芹酮具有较强的抗氧化活性，能有效清除超氧化物离子[48]。茴香烯对临床上白色念珠菌分离株表现出抑制作用[49]，并能抑制苹果轮纹病菌生长，起到杀菌作用[50]。而且茴香烯能调节肝细胞脂质代谢，具有预防非酒精性脂肪性肝病的潜能[51]，并能清除 DPPH 自由基，具有明显的抗氧化活性[52]，还能抑制醛糖还原酶，具有抗白内障作用和抗糖尿病作用[53]。

表 3-4 芳香万寿菊纯露的化学成分及其相对含量

种类（编号）	保留时间/min	质量电荷比（m/z）	分子式	成分名称	相对含量/%
			氨基酸类		
1	28.2	162.10433	$C_6H_{14}N_2O_3$	5-羟基赖氨酸 5-Hydroxylysine	3.07
2	13.766	276.13594	$C_{11}H_{20}N_2O_6$	L-酵母氨酸 L-Saccharopine	0.43
			单萜类		
1	16.851	152.12012	$C_{10}H_{16}O$	DL-樟脑 DL-Camphor	1.47
2	16.83	150.10439	$C_{10}H_{14}O$	香芹酮 Carvone	1.34
			芳香类		
1	12.226	150.06792	$C_9H_{10}O_2$	4-乙氧基苯甲醛 4-Ethoxybenzaldehyde	5.07
2	28.03	320.23489	$C_{20}H_{32}O_3$	5-（1,2,4a,5-四甲基-7-氧-1,2,3,4,4a,7,8,8a-八氢萘-1）-3-甲基戊酸 5-(1,2,4a,5-tetramethyl-7-oxo-1,2,3,4,4a,7,8,8a-octahydronaphthalen-1-yl)-3-Methylpentanoic acid	3.04
3	24.143	148.08873	$C_{10}H_{12}O$	茴香烯 trans-Anethole	1.88
4	31.152	316.20358	$C_{20}H_{30}O_4$	（2E）-2-[2-（1,2,4a,5-四甲基-1,2,3,4,4a,7,8,8a-八氢萘-1）乙基]丁-2-烯二酸 (2E)-2-[2-(1,2,4a,5-tetramethyl-1,2,3,4,4a,7,8,8a-octahydronaphthalen-1-yl)ethyl]but-2-Enedioic acid	1.20
5	1.426	240.09717	$C_{12}H_{16}O_5$	3-（3,4,5-三甲氧苯基）丙酸 3-(3,4,5-trimethoxyphenyl)Propanoic acid	0.57
6	9.283	180.07846	$C_{10}H_{12}O_3$	3′,4′-二甲氧基苯乙酮 3′,4′-Dimethoxyacetophenone	0.25

（续表）

种类（编号）	保留时间/min	质量电荷比（m/z）	分子式	成分名称	相对含量/%
7	14.99	204.07239	$C_{12}H_{14}O_4$	4-（2，3-二氢-1，4-苯并二氧-6）丁酸 4-（2,3-dihydro-1,4-benzodioxin-6-yl）Butanoic acid	0.20
酚类					
1	27.073	274.12026	$C_{16}H_{18}O_4$	3,4′-二羟基-5,5′-二甲氧基双苄基 3,4′-dihydroxy-5,5′-dime-Thoxybibenzyl	2.95
2	2.826	150.06792	$C_9H_{12}O_3$	1-（4-羟苯基）丙烷-1,2-二醇 1-（4-Hydroxyphenyl）propane-1,2-diol	1.47
3	26.231	250.15654	$C_{15}H_{22}O_3$	3,5-二叔丁基-4-羟基苯甲酸 3,5-di-tert-butyl-4-hydroxy-Benzoic acid	1.06
4	26.723	304.16695	$C_{18}H_{26}O_5$	α-赤霉醇 α-Zearalanol	0.97
5	31.496	358.2116	$C_{22}H_{30}O_4$	大麻二酚酸 Cannabidiolic acid	0.33
6	34.303	300.13359	$C_{18}H_{22}O_5$	玉米烯酮 Zearalenone	0.29
7	23.627	300.17027	$C_{19}H_{24}O_3$	2-甲基雌酮 2-Methoxyestrone	0.15
酸类					
1	34.066	300.20868	$C_{20}H_{30}O_3$	15-脱氧-δ12,14-前列腺素 A_1 15-deoxy-δ12,14-Prostaglandin A_1	30.41
2	28.198	318.21919	$C_{20}H_{32}O_4$	（±）5（6）-二羟基-（6Z,8E,10E,14Z）-二十碳四烯酸 （±）5（6）-dihydroxy-（6Z-8E,10E,14Z）-Eicosatetraenoic acid	16.70
3	29.678	314.18791	$C_{20}H_{28}O_4$	地诺前列酮 A_3 Prostaglandin A_3	3.24
4	35.464	302.22433	$C_{20}H_{32}O_3$	（5Z,8Z,11Z,14Z,16R）-16-羟基二十碳烷-5,8,11,14-四烯酸 （5Z,8Z,11Z,14Z,16R）-16-hydroxyicosa-5,8,11,14-Tetraenoic acid	3.10
5	24.501	348.19353	$C_{18}H_{30}O_5$	前列腺素 F_2 Prostaglandin F_2	0.91
6	10.212	184.10987	$C_{10}H_{18}O_4$	2-[5-（2-羟丙基）四氢呋喃-2]丙酸 2-[5-（2-hydroxypropyl）oxolan2-yl]Propanoic acid	0.90

（续表）

种类（编号）	保留时间/min	质量电荷比（m/z）	分子式	成分名称	相对含量/%
7	26.781	316.20357	$C_{18}H_{30}O_3$	(9Z,11E)-共轭亚油酸 (9Z,11E)-Conjugated linoleic acid	0.79
8	22.468	274.15663	$C_{15}H_{24}O_3$	2-[（2R,4aR,8R,8aR）-8-羟基-4a,8-二甲基-十氢萘-2]丙-2-烯酸 2-[（2R,4aR,8R,8aR）-8-hydroxy-4a,8-dimethyldecahydronaphthalen-2-yl]Prop-2-enoic acid	0.51
9	10.044	152.04721	$C_8H_{10}O_4$	青霉酸 Penicillic acid	0.43
10	22.814	250.15654	$C_{15}H_{22}O_3$	2-[（1S,2S,4aR,8aS）-1-羟基-4a-甲基-8-亚甲基-十氢化萘-2]丙-2-烯酸 2-[（1S,2S,4aR,8aS）-1-hydroxy-4a-methyl-8-methylidenedecahydronaphthalen-2-yl]Prop-2-enoic acid	0.40
11	16.337	210.12538	$C_{12}H_{18}O_3$	茉莉酸 Jasmonic acid	0.39
12	23.897	288.17226	$C_{16}H_{26}O_3$	四去甲-(5Z,8Z,10E,12S,14Z)-12-羟基二十碳烷-5,8,10,14-四烯酸 tetranor-(5Z,8Z,10E,12S,14Z)-12-hydroxyicosa-5,8,10,14-Tetraenoic acid	0.36
13	20.671	334.21395	$C_{20}H_{30}O_4$	13,14-二氢-15-酮基地诺前列酮 A_2 13,14-dihydro-15-keto Prostaglandin A_2	0.26
14	14.375	168.11496	$C_{10}H_{18}O_3$	10-羟基-2-癸烯酸 10-hydroxy-2-Decenoic acid	0.25
15	21.301	350.20915	$C_{20}H_{30}O_5$	前列腺素 K_2 Prostaglandin K_2	0.23
酮类					
1	15.683	249.13626	$C_{14}H_{19}NO_3$	N-乙基戊酮 N-Ethylpentylone	1.45
2	3.628	168.07601	$C_9H_{14}O_4$	5-(1-羟乙基)-3-(2-羟丙基)-2(5H)-呋喃酮 5-(1-hydroxyethyl)-3-(2-hydroxypropyl)-2(5H)-Furanone	0.59
3	26.879	304.16698	$C_{18}H_{24}O_4$	3,12-二羟基-13-甲氧基罗汉松烷-8,11,13-三烯-7-酮 3,12-dihydroxy-13-methoxy-Podocarpa-8,11,13-trien-7-one	0.54

（续表）

种类（编号）	保留时间/min	质量电荷比（m/z）	分子式	成分名称	相对含量/%
4	18. 907	266. 15156	$C_{15}H_{22}O_4$	4,8-二羟基-6,6,8-三甲基-1H,3H,4H,4aH,5H,6H,7H,7aH,8H,9H-甘菊环[5,6-c]呋喃-1-酮 4,8-dihydroxy-6,6,8-trimethyl-1H,3H,4H,4aH,5H,6H,7H,7aH,8H,9H-azuleno[5,6-c]Furan-1-one	0.51
5	19. 911	232. 14607	$C_{15}H_{22}O_3$	(3S,4aR,5R,6R)-3,6-二羟基-4a,5-二甲基-3-(丙基-1-烯-2)-2,3,4,4a,5,6,7,8-八氢萘-2-酮 (3S,4aR,5R,6R)-3,6-dihydroxy-4a,5-dimethyl-3-(prop-1-en-2-yl)-2,3,4,4a,5,6,7,8-Octahydronaphthalen-2-one	0.32
6	16. 591	262. 1541	$C_{16}H_{24}O_4$	(1S,6R,11aR,13R,14aS)-1,13-二羟基-6-甲基-1H,4H,6H,7H,8H,9H,11aH,12H,13H,14H,14aH-环戊烷[f]氧环十三碳烷-4-酮 (1S,6R,11aR,13R,14aS)-1,13-dihydroxy-6-methyl-1H,4H,6H,7H,8H,9H,11aH,12H,13H,14H,14aH-cyclopenta[f]Oxacyclotridecan-4-one	0.23
酯类					
1	34. 283	278. 15154	$C_{16}H_{22}O_4$	邻苯二甲酸二丁酯 Dibutyl phthalate	0.89
2	14. 657	268. 13094	$C_{14}H_{22}O_6$	甲基-2-乙基-4-[(3R,4R,5S)-5-羟基-4,5-二甲基-2-氧四氢呋喃-3]-2-甲基-3-氧代丁酸酯 methyl-2-ethyl-4-[(3R,4R,5S)-5-hydroxy-4,5-dimethyl-2-oxooxolan-3-yl]-2-methyl-3-Oxobutanoate	0.39
3	16. 365	176. 11983	$C_{12}H_{18}O_2$	新蛇麻内酯 Sedanolide	0.33
4	21. 595	236. 14105	$C_{14}H_{22}O_4$	(+/-)-反式-4-羧基-5-辛-3-甲基-丁内酯(+/-)-trans-etrahydro-4-methylene-2-octyl-5-oxo-3-Furancarboxylic acid	0.29

（续表）

种类 （编号）	保留时间/ min	质量电荷比 （m/z）	分子式	成分名称	相对含量/ %
5	12.951	224.1048	$C_{12}H_{16}O_4$	洋川芎内酯 H Senkyunolide H	0.18
醌类					
1	4.996	242.09175	$C_{15}H_{14}O_3$	α-拉杷醌　α-Lapachone	0.33
生物碱类					
1	9.348	197.10503	$C_{10}H_{15}NO_3$	DL-变肾上腺素 DL-Metanephrine	1.98
2	20.959	316.16734	$C_{13}H_{24}N_4O_3S$	噻吗洛尔　Timolol	1.73
3	23.334	224.1886	$C_{13}H_{24}N_2O$	N,N'-二环己基脲 N,N'-Dicyclohexylurea	0.46
4	47.869	111.07941	$C_5H_9N_3$	组胺　Histamine	0.33
5	11.232	208.10729	$C_{14}H_{12}N_2$	新铜试剂　Neocuproine	0.26
6	10.723	193.11037	$C_{11}H_{15}NO_2$	2-甲氧基甲卡西酮 2-Methoxymethcathinone	0.19
7	2.006	240.09717	$C_{14}H_{12}N_2O_2$	3-羟基-3-（2-吡啶基甲基）二氢吲哚-2-酮 3-hydroxy-3-(2-pyridylme-thyl)Indolin-2-one	0.17
甾体类					
1	19.088	334.17775	$C_{20}H_{27}ClO_2$	4-氯去氢甲基睾酮 Dehydrochloromethyl testosterone	3.17
2	26.097	304.20354	$C_{19}H_{28}O_3$	7α-羟基睾酮 7α-Hydroxytestosterone	0.58
3	14.963	408.15444	$C_{22}H_{29}ClO_5$	倍氯米松　Beclomethasone	0.43

第四章 茶树花

一、概述

茶树花［*Camellia sinensis*（Linn.）O. Kuntze］为山茶科山茶属茶树开的花。茶树花多为白色，少为浅黄和粉红色[54]。长期以来，中国一直是世界上最大的茶叶种植国，2013 年，福建茶园面积达 348.4 万亩、四川 426.4 万亩、浙江 277 万亩[55]。2017 年，全国 16 个茶叶主产区的茶园面积已达 4 468 万亩[56]。近几年，全国茶叶种植面积更是快速增加。茶产业是福建农业经济发展的支柱产业，福建福鼎、武夷山等地的茶园面积和茶叶价格也正迅猛增长。据统计，成龄茶园每亩可产鲜茶树花 200kg 以上，随着无性繁殖技术的推广应用，茶树花不但不再担负繁殖后代的任务，还变成了与茶树芽叶争水争肥的负担，为了保证翌年茶叶的产量和质量，茶农往往人为地抑制茶树花的繁殖生长。茶树花内含物有较强的抗氧化功能，可与世界公认的抗氧化植物迷迭香媲美[57]。茶树花提取物可以通过减少黑色生成等途径达到美白效果[58]。2013 年，国家卫生和计划生育委员会批准茶树花为新资源食品。因此，利用茶树花这一新资源，提取茶树花精油、纯露，应用于食品、化妆品等领域，开发出新产品，有利于发现并挖掘茶树花的新用途。本章所选用的茶树花为福鼎白茶品种'华茶 1 号'的花，花呈白色。

二、茶树花精油成分及功效

秋末初冬，一年的采茶工作结束，茶树进入开花结果阶段，采摘花瓣未完全展开，半开放状态的茶树花提取精油并分析，精油的挥发性成分总离子流见图 4-1，茶树花精油挥发性成分及其相对含量分析结果见表 4-1。

从茶树花精油中共分离、鉴定出 141 种挥发性成分，包括醇类、烯类、烷烃类、酯类、酮类和醛类等成分，总相对含量为 94.11%，其中醇类成分的相对含量较高，为 57.10%。从不同种类挥发性成分的数量上来看，以烯类成分最高，达 34 种，醇类成分次之，达 32 种。综合考虑挥发性成分的相对含量和数量，醇类成分对茶树花精油的香气贡献最大。

茶树花精油挥发性成分含量集中于（S）-α-甲基-苯甲醇、3-［（5-氨基-四唑-1-亚氨基）-甲基］-苯酚以及大牛儿烯 D 3 种化合物中，相对含量分别达到 56.08%、25.69%和 4.04%。而且（S）-α-甲基-苯甲醇和 3-［（5-氨基-四唑-1-亚氨基）-甲基］-苯酚在芳香类植物的挥发性成分中较为罕见，因此茶树花精油的气味也较为独特。

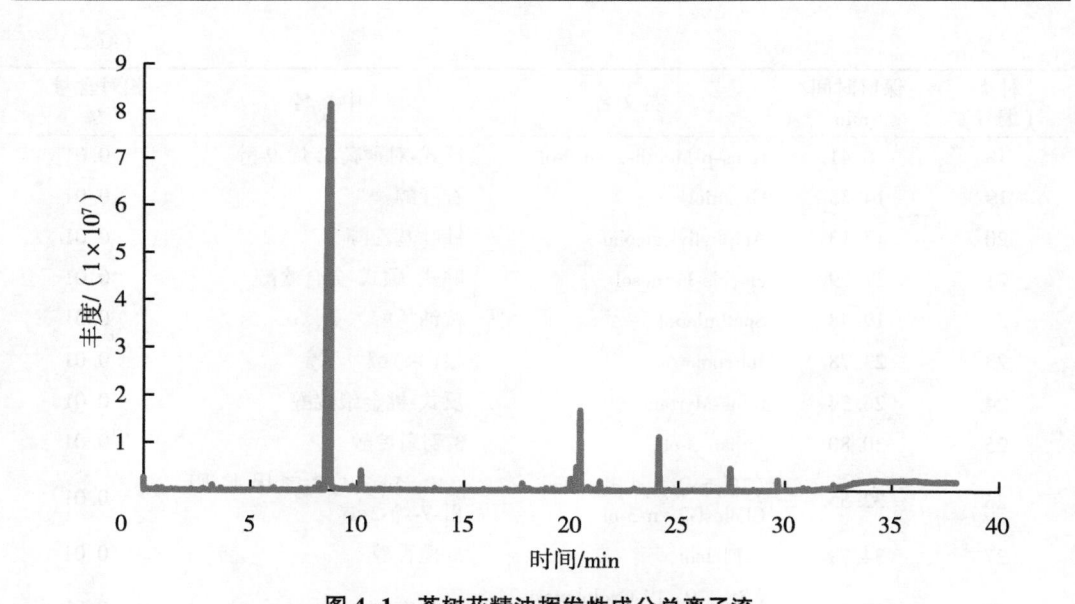

图 4-1 茶树花精油挥发性成分总离子流

表 4-1 茶树花精油挥发性成分及其相对含量

种类（编号）	保留时间/min	英文名	中文名	相对含量/%
醇类				
1	8.69	(S)-α-methyl-Benzenemethanol	(S)-α-甲基-苯甲醇	56.08
2	3.21	2-Heptanol	2-庚醇	0.26
3	9.76	Linalool	芳樟醇	0.15
4	2.24	1-Hexanol	1-己醇	0.07
5	24.55	α-Cadinol	α-毕橙茄醇	0.06
6	24.29	τ-Muurolol	依兰油醇	0.04
7	33.25	3-O-Acetyl-6-methoxy-cycloartenol	3-O-乙酰基-6-甲氧基-环阿屯醇	0.04
8	36.11	(3β,5α,6β)-6-methyl-Cholestan-3-ol	(3β,5α,6β)-6-甲基-胆甾烷-3-醇	0.04
9	33.66	Carotol	胡萝卜醇	0.04
10	5.52	1-Heptanol	1-庚醇	0.03
11	36.14	β-Decalol	β-萘烷醇	0.03
12	11.74	Lavandulol	薰衣草醇	0.02
13	12.66	α-Terpineol	α-松油醇	0.02
14	34.19	Viridiflorol	绿花白千层醇	0.02
15	35.45	Perillyl alcohol	紫苏醇	0.02
16	37.46	(3β,17ξ)-18,19-Secolupan-3-ol	(3β,17ξ)-18,19-Seco 羽扇烷-3-醇	0.02
17	1.84	(Z)-3-Hexen-1-ol	(Z)-3-己烯-1-醇	0.01

（续表）

种类 （编号）	保留时间/ min	英文名	中文名	相对含量/ %
18	6.41	trans-p-Menth-2-en-9-ol	反式-对薄荷-2-烯-9-醇	0.01
19	14.35	Geraniol	香叶醇	0.01
20	17.13	Aciphyllyl alcohol	针叶基乙醇	0.01
21	17.79	cis,cis-Farnesol	顺式,顺式-金合欢醇	0.01
22	19.48	Spathulenol	桉油烯醇	0.01
23	23.78	Junenol	桧（果）醇	0.01
24	26.34	trans-Myrtanol	反式-桃金娘烷醇	0.01
25	30.80	Lupan-3-ol	3-羽扇烷醇	0.01
26	32.55	（3β,5α）-4,4-dimethyl-Cholest-7-en-3-ol	（3β,5α）-4,4-二甲基-胆甾-7-烯-3-醇	0.01
27	34.79	α-Elemol	α-榄香醇	0.01
28	36.58	（3β）-9,19-Cyclolanost-24-en-3-ol	环阿屯醇	0.01
29	37.07	（5β）-14-hydroxy-17a-methylene-3-oxo-D（17a）-Homo-C,18-dinorcard-20（22）-en-olide	（5β）-14-羟基-17a-亚甲基-3-氧-D（17a）-高-C,18-二氮卡-20（22）-烯醇	0.01
30	37.10	α-Bisabolol oxide A	红没药醇氧化物 A	0.01
31	37.54	2,6,10,15,19,23-Hexamethyl-tetracosa-2,10,14,18,22-pentaene-6,7-diol	2,6,10,15,19,23-六甲基二十四碳-2,10,14,18,22-戊烯-6,7-二醇	0.01
32	37.75	Dihydrocarveol	二氢香芹醇	0.01
酯类				
1	8.21	Cyclopropanecarboxylic acid,nonyl ester	环丙烷羧酸壬酯	0.29
2	22.95	diethyl Phthalate	邻苯二甲酸二乙酯	0.24
3	12.02	Nonyl chloroformate	氯甲酸正壬基酯	0.05
4	33.62	Terpinyl butyrate	丁酸 1-甲基-1-(4-甲基-3-环己烯-1-基)乙酯	0.04
5	36.04	Pentadecanolide	环十五内酯	0.04
6	27.20	Benzoic acid,1-phenylethyl ester	苯甲酸 1-苯基乙酯	0.02
7	37.65	4,4,14-trimethyl-9,19-Cyclo-25,26-epoxyergostan-3-ol acetate	4,4,14-三甲基-9,19-环-25,26-环氧麦角甾-3-醇-乙酸酯	0.02
8	1.94	phenylethyl-Isothiocyanate	异硫氰酸苯乙酯	0.01
9	7.20	2-phenyl-Butyric acid,dec-2-yl ester	2-苯基-癸-2-丁酸酯	0.01

（续表）

种类（编号）	保留时间/min	英文名	中文名	相对含量/%
10	12.48	Gardenol	乙酸苏合香酯	0.01
11	23.36	Sulfurous acid, pentyl unde-cyl ester	亚硫酸戊基十一酯	0.01
12	27.02	Benzyl benzoate	苯甲酸苄酯	0.01
13	29.34	Oxalic acid, 6-ethyloct-3-yl heptyl ester	草酸-6-乙基辛-3-基庚酯	0.01
14	29.89	1,2-Benzenedicarboxylic acid, butyl 2-ethylhexyl ester	邻苯二甲酸丁基酯 2-乙基己基酯	0.01
15	32.11	(3β,23E)-9,19-Cyclolanost-23-ene-3,25-diol, 3-acetate	(3β,23E)-9,19-环羊毛甾-23-烯-3,25-二醇-3-乙酸酯	0.01
16	35.11	Linalyl acetate	乙酸芳樟酯	0.01
17	35.93	(3β)-3-[(6-deoxy-α-L-mannopyranosyl) oxy]-14-hydroxy-Carda-5,20(22)-dienolide	(3β)-3-[(6-脱氧-α-L-甘露吡喃基)氧基]-14-羟基卡达-5,20(22)-二烯内酯	0.01
18	35.95	Phthalic acid, dodec-9-yn-1-yl 3-methylphenyl ester	邻苯二甲酸十二烷基-9-炔-1-3-甲基苯基酯	0.01
19	37.31	16-hydroxy-Hexadec-6-enoic acid, ω-lactone	16-羟基-十六碳-6-烯酸-ω-内酯	0.01
酮类				
1	33.40	Nootkatone	圆柚酮	0.25
2	2.79	2-Heptanone	2-庚酮	0.16
3	33.09	α-allyl-Ionone	α-烯丙基-紫罗兰酮	0.07
4	11.11	(+)-2-Bornanone	(+)-2-冰片酮	0.05
5	33.48	(2R,3R,4aR,5S,8aS)-2-Hydroxy-4a,5-dimethy-l-3-(prop-1-en-2-yl)octahydro-naphthalen-1(2H)-one	(2R,3R,4aR,5S,8aS)-2-羟基-4a,5-二甲基-3-(丙-1-烯-2)八氢萘-1(2H)-酮	0.05
6	28.51	6,10,14-trimethyl-2-Pentadecanone	植酮	0.04
7	12.76	(E)-8-methyl-5-(1-methylethyl)-6,8-Nonadien-2-one	(E)-8-甲基-5-异丙基-6,8-壬二烯-2-酮	0.03
8	10.95	3-Nonen-2-one	3-壬烯-2-酮	0.02
9	11.53	4'-hydroxy-Acetophenone	对羟基苯乙酮	0.02
10	34.68	Menthalactone	5,6,7,7a-四氢-3,6-二甲基-2(4H)-苯呋喃酮	0.02
11	37.20	(3E,10Z)-Oxacyclotrideca-3,10-diene-2,7-dione	(3E,10Z)-氧杂环十三烷-3,10-二烯-2,7-二酮	0.02
12	0.44	2-Hexanone	2-己酮	0.01
13	2.94	Acetylbutyryl	2,3-己二酮	0.01

（续表）

种类（编号）	保留时间/min	英文名	中文名	相对含量/%
14	4.29	Oct-3（E）-en-2-one	辛-3（E）-烯-2-酮	0.01
15	14.87	Cholestan-22（26）-epoxy-3,16-dione	胆甾烷-22（26）-环氧-3,16-二酮	0.01
16	26.51	7-Isopropenyl-1,4a-dimethyl-4,4a,5,6,7,8hexahydro-3H-naphthalen-2-one	7-异丙烯基-1,4a-二甲基-4,4a,5,6,7,8-六氢-3H-萘-2-酮	0.01
17	34.32	5-α-Androst-16-en-3-one	雄烯酮	0.01
18	37.81	17-（1,5-Dimethylhexyl）-3,5-dihydroxy-10,13-dimethylhexadecahydrocyclopenta［a］phenanthren-6-one	17-（1,5-二甲基己基）-3,5-二羟基-10,13-二甲基十六水合环戊烯［a］菲-6-酮	0.01
烯类				
1	20.41	Germacrene D	大牛儿烯 D	4.04
2	21.35	δ-Cadinene	δ-杜松烯	0.43
3	17.71	α-Copaene	α-可巴烯	0.34
4	20.68	γ-Cadinene	γ-杜松烯	0.24
5	18.84	α-Caryophyllene	α-葎草烯	0.22
6	20.77	（1S,2E,6E,10R）-3,7,11,11-Tetramethylbicyclo［8.1.0］undeca-2,6-diene	（1S,2E,6E,10R）-3,7,11,11-四甲基双环［8.1.0］十一碳-2,6-二烯	0.2
7	17.92	β-Bourbonene	β-波旁烯	0.13
8	20.87	α-Muurolene	α-依兰油烯	0.13
9	8.01	（Z）-3,7-dimethyl-1,3,6-Octatriene	（Z）-3,7-二甲基-1,3,6-辛三烯	0.11
10	16.96	α-Cubebene	α-毕澄茄油烯	0.1
11	13.63	1,7,7-trimethyl-Bicyclo［2.2.1］hept-2-ene	1,7,7-三甲基-双环［2.2.1］庚-2-烯	0.09
12	33.71	β-Selinene	β-蛇麻烯	0.08
13	7.37	D-Limonene	双戊烯	0.06
14	20.60	［1S-（1α,7α,8aβ）］-1,2,3,5,6,7,8,8a-octahydro-1,4-dimethyl-7-（1-methylethenyl）-Azulene	α-布藜烯	0.05
15	30.70	（E,Z）-1,3,12-Nonadecatriene	（E,Z）-1,3,12-壬十三烯	0.05
16	0.02	3-oxiranyl-7-Oxabicyclo［4.1.0］heptane	3-环氧乙基-7-氧杂双环［4.1.0］庚烷	0.03
17	18.09	β-Elemene	β-榄香烯	0.03
18	21.45	Epizonarene	环芳烃	0.03
19	0.35	（Z）-3-methyl-1,3,5-Hexatriene	（Z）-3-甲基-1,3,5-己三烯	0.02

（续表）

种类（编号）	保留时间/min	英文名	中文名	相对含量/%
20	1.50	5-(1,1-dimethylethyl)-1,3-Cyclopentadiene	5-(1,1-二甲基乙基)-1,3-环戊二烯	0.02
21	3.35	Tricyclo[4.1.1.0(7,8)]oct-3-ene	三环[4.1.1.0(7,8)]辛-3-烯	0.02
22	7.67	trans-β-Ocimene	反式-β-罗勒烯	0.02
23	10.66	(E,E)-2,6-Dimethyl-1,3,5,7-octatetraene	(E,E)-2,6-二甲基-1,3,5,7-辛四烯	0.02
24	19.24	β-copaene	β-可巴烯	0.02
25	31.82	4-Oxatricyclo[20.8.0.0(7,16)]triaconta-1(20),7(16)-diene	4-氧杂三环[20.8.0.0(7,16)]三十烷-1(20),7(16)-二烯	0.02
26	4.16	Santolinatriene	绵杉菊三烯	0.01
27	5.61	4-methylene-1-(1-methylethyl)-Cyclohexene	4-亚甲基-1-(1-甲基乙基)-环己烯	0.01
28	12.31	1,3,8-p-Menthatriene	对薄荷-1,3,8-三烯	0.01
29	16.62	2,6,10,10-Tetramethylbicyclo[7.2.0]undeca-2,6-diene	2,6,10,10-四甲基双环[7.2.0]十一碳-2,6-二烯	0.01
30	18.91	β-Chamigrene	β-花柏烯	0.01
31	19.33	Isocaryophillene	异丁子香烯	0.01
32	19.51	Cadina-1(6),4-diene	1(6),4-依兰油二烯	0.01
33	22.39	α-Gurjunene	α-古芸烯	0.01
34	35.06	3-acetoxy-20-hydroxymethyl-4,4,14-trimethyl-8-Pregnene	3-乙酰氧基-20-羟甲基-4,4,14-三甲基-8-孕烯	0.01
醛类				
1	6.10	(E,E)-2,4-Nonadienal	(E,E)-2,4-壬二烯醛	0.12
2	9.90	Nonanal	正壬醛	0.09
3	1.27	Furfural	糠醛	0.04
4	5.12	Benzaldehyde	苯甲醛	0.03
5	1.35	(E)-2-Decenal	(E)-2-癸烯醛	0.01
6	6.57	Octanal	正辛醛	0.01
7	7.87	Benzeneacetaldehyde	苯乙醛	0.01
8	31.79	Lyral	新铃兰醛	0.01
9	34.46	β-Sinensal	β-甜橙醛	0.01

（续表）

种类 （编号）	保留时间/ min	英文名	中文名	相对含量/ %
10	35.67	3,7,11-trimethyl-2,16,10-Dodecatrienal	3,7,11-三甲基-2,6,10-十二烷三烯醛	0.01
11	35.84	10-Undecenal	10-十一烯醛	0.01
12	37.34	α-hexyl-Cinnamaldehyde	α-乙基肉桂醛	0.01
烷类				
1	19.97	2,6,10-Trimethyltridecane	2,6,10-三甲基十三烷	0.6
2	18.04	(1R,2S,6S,7S,8S)-8-Iso-propyl-1-methyl-3-methyle-netricyclo[4.4.0.02,7]decane-rel	(1R,2S,6S,7S,8S)-8-异丙基-1-甲基-3-亚甲基三环[4.4.0.02,7]癸烷	0.2
3	32.25	Pentacosane	二十五烷	0.11
4	0.62	2,4-dimethyl-Hexane	2,4-二甲基己烷	0.08
5	9.07	2-methyl-7-Oxabicyclo[4.1.0]heptane	2-甲基-环氧环己烷	0.03
6	9.52	2-ethenyl-1,1-dimethyl-3-methylene-Cyclohexane	2-乙烯基-1,1-二甲基-3-亚甲基-环己烷	0.03
7	21.05	[1S-(1α,2β,4β)]-1-eth-enyl-1-methyl-2,4-bis(1-methylethenyl)-Cyclohexane	[1S-(1α,2β,4β)]-1-乙烯基-1-甲基-2,4-双(1-甲基乙烯基)-环己烷	0.03
8	24.43	Tetracosane	正二十四烷	0.01
其他类				
1	8.74	3-[(5-Amino-tetrazol-1-yl-imino)-methyl]-phenol	3-[(5-氨基-四唑-1-亚氨基)-甲基]-苯酚	25.69
2	10.17	Neryl nitrile	橙花腈	0.84
3	33.20	Caryophyllene oxide	石竹素	0.25
4	3.62	Anisole	苯甲醚	0.1
5	33.54	Ambroxide	降龙涎香醚	0.06
6	32.90	2-(3-acetoxy-4,4,14-trime-thylandrost-8-en-17-yl)-Pro-panoic acid	2-(3-乙酰氧基-4,4,14-三甲基雄激素-8-烯-17)-丙酸	0.05
7	0.82	1-ethyl-1H-Pyrrole	N-乙吡啶	0.04
8	18.61	1,3,5-trimethoxy-Benzene	1,3,5-三甲氧基苯	0.04
9	19.87	α-Guaiene	α-愈创木烯	0.03
10	21.78	[1S-(1α,4aβ,8aα)]-1,2,4a,5,6,8a-hexahydro-4,7-dimethyl-1-(1-methylethyl)-Naphthalene	[1S-(1α,4aβ,8aα)]-1,2,4a,5,6,8a-六氢-4,7-二甲基-1-(1-甲基乙基)-萘	0.03

（续表）

种类（编号）	保留时间/min	英文名	中文名	相对含量/%
11	35.55	[1α,2Z(E),3α]-3-ethenyl-2-(3-pentenylidene)-N-phenyl-Cyclopentanecarboxamide	[1α,2Z(E),3α]-3-乙烯基-2-(3-亚戊烯基)-N-苯基-环戊烷甲酰胺	0.03
12	0.17	Toluene	甲苯	0.02
13	11.92	endo-Borneol	冰片	0.02
14	21.68	1,2,3,4,4a,7-hexahydro-1,6-dimethyl-4-(1-methylethyl)-Naphthalene	1,2,3,4,4a,7-六氢-1,6-二甲基-4-(1-甲基乙基)-萘	0.02
15	34.55	Juniper camphor	杜松脑	0.02
16	32.01	Daucol	叶黄素	0.02
17	23.46	Cedar camphor	柏木脑	0.02
18	21.89	3,3′,4,4′-tetradehydro-1′,2′-dihydro-1-hydroxy-1′-methoxy-Carotene	3,3′,4,4′-四氢-1′,2′-二氢-1-羟基-1′-甲氧基-胡萝卜素	0.01
19	23.09	2-(4-Fluoro-phenyl)-5-m-tolyloxymethyl-[1,3,4]oxadiazole	2-(4-氟苯基)-5-间甲苯氧甲基-[1,3,4]噁二唑	0.01
20	24.37	[1S-(1α,4α,4aβ,8aβ)]-1,2,3,4,4a,7,8,8a-octahydro-1,6-dimethyl-4-(1-methylethyl)-1-Naphthalenol	[1S-(1α,4α,4aβ,8aβ)]-1,2,3,4,4a,7,8,8a-八氢-1,6-二甲基-4-(1-甲基乙基)-1-萘酚	0.01
21	32.81	5-Cholesten-3β-ol-7-one,methyl ether	5-胆甾-3β-醇-7-酮-甲醚	0.01
22	37.00	2,6-diisopropyl-Phenol	丙泊酚	0.01
23	37.25	(Z)-13,16-Docosadienoic acid,TMS derivative	(Z)-13,16-二十二碳二烯酸 TMS 衍生物	0.01
24	37.73	(17α)-17-hydroxy-19-Norpregn-4-en-3-one,O-methyloxime	(17α)-17-羟基-19-去甲孕酮-4-烯-3-酮-O-甲基肟	0.01

三、茶树花纯露成分及功效

茶树花纯露的挥发性成分总离子流见图 4-2，茶树花纯露挥发性成分及其相对含量分析结果见表 4-2。

从茶树花纯露中共分离、鉴定出 32 种挥发性成分，包括烯类、酮类、醇类和醛类等成分，挥发性成分的相对总含量为 99.97%，其中烯类和酮类成分的相对含量较高，分别为 66.40% 和 31.75%。从不同种类挥发性成分的数量上来看，以烯类成分最高，达 13 种，酮类成分次之，达 7 种。因此烯类化合物对茶树花纯露的香气贡献最大。

茶树花纯露中，主要挥发性成分有两种，为 α-蒎烯和苯乙酮，相对含量分别为 52.34% 和 24.06%。α-蒎烯具有松木、松针叶及松树脂样的气息，具有抗肿瘤、抗炎、抑菌、抗氧化、抗过敏和抗溃疡等功效[59]；苯乙酮是一种很好的萃取剂和溶剂[60]。

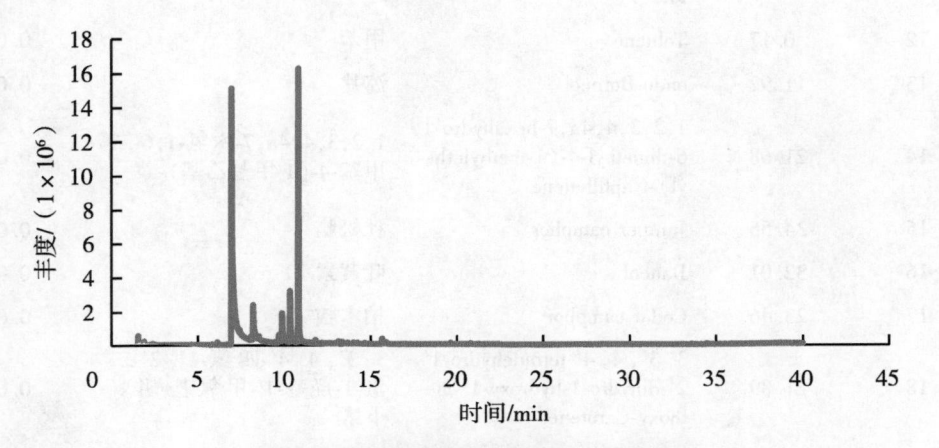

图 4-2　茶树花纯露挥发性成分总离子流

表 4-2　茶树花纯露挥发性成分及其相对含量

种类（编号）	保留时间/min	英文名	中文名	相对含量/%
		醇类		
1	1.55	Butanol	正丁醇	0.46
2	10.72	α-Phenylethanol	苏合香醇	0.31
3	11.81	Linalool	芳樟醇	0.27
4	6.13	2-Heptanol	2-庚醇	0.20
5	14.22	Terpinen-4-ol	4-松油醇	0.12
6	2.51	2-Pentanol	2-戊醇	0.06
		醛类		
1	5.81	Heptanal	正庚醛	0.05
2	2.16	Hexanal	正己醛	0.02
3	2.22	2-methyl-Butyraldehyde	2-甲基丁醛	0.01
		酮类		
1	10.83	Acetophenone	苯乙酮	24.06
2	10.35	2,6-dimethyl-7-Octen-4-one	2,6-二甲基-7-辛烯-4-酮	6.36
3	15.66	(Z)-2,6-Dimethylocta-2,5,7-trien-4-one	(Z)-2,6-二甲基-2,5,7-辛三烯-4-酮	0.64
4	15.89	(E)-2,6-Dimethylocta-2,5,7-trien-4-one	(E)-2,6-二甲基-2,5,7-辛三烯-4-酮	0.23

（续表）

种类 （编号）	保留时间/ min	英文名	中文名	相对含量/ %
5	13.35	(Z)-2,6-dimethyl-5,7-Octa-dien-4-one	(Z)-2,6-二甲基-5,7-辛二烯-4-酮	0.22
6	13.14	(E)-2,6-dimethyl-5,7-Oc-tadien-4-one	(E)-2,6-二甲基-5,7-辛二烯-4-酮	0.17
7	2.39	Propyl methyl ketone	2-戊酮	0.07
烯类				
1	6.96	α-Pinene	α-蒎烯	52.34
2	8.20	(-)-β-Pinene	(-)-β-蒎烯	6.15
3	9.88	trans-β-Ocimene	反式-β-罗勒烯	4.81
4	9.70	D-Limonene	双戊烯	1.09
5	8.52	β-Myrcene	β-月桂烯	0.74
6	8.06	4-methylene-1-(1-methyleth-yl)-Bicyclo[3.1.0]hexane	桧烯	0.43
7	7.41	Camphene	莰烯	0.30
8	9.57	o-Cymene	邻伞花烃	0.17
9	19.62	α-Copaene	α-可巴烯	0.13
10	12.97	β-Ocimene epoxide	β-罗勒烯环氧化物	0.09
11	20.78	α-Humulene	α-石竹烯	0.09
12	6.75	α-Thujene	α-侧柏烯	0.05
13	6.67	Tricyclene	三环烯	0.01
其他类				
1	1.90	ethyl-Piruvate	乙基丙酮酸酯	0.17
2	14.00	endo-Borneol	冰片	0.11
3	1.65	Methylene chloride	二氯甲烷	0.04

正离子模式下茶树花纯露的代谢物成分总离子流见图 4-3，化学成分及其相对含量分析结果见表 4-3。

茶树花纯露鉴定出代谢物成分 52 个，主要包括芳香类、醇类、酸类、酮类、酯类、生物碱类、甾体类等成分，其中以生物碱类成分数量最多，达 34 种。茶树花纯露主要成分包括生物碱类化合物和芳香类化合物，相对含量分别为 52.84% 和 22.76%。

茶树花纯露中相对含量较高的成分有氯[（氯甲氧基）甲氧基]甲烷和苯酐。苯酐具有变应原活性，人体吸入苯酐会致敏[61]。芳香类化合物中还含有邻苯二甲酸二丁酯，相对含量为 6.41%，邻苯二甲酸二丁酯具有选择性清除骨髓肿瘤细胞的药理活性[62]，还可清除白血病细胞以及对相关 casp 酶-3/CPP32 蛋白酶具有独立激活作用[63]。从茶树花纯露中只鉴定出 1 种甾体类成分氧甲氢龙，相对含量为 0.81%。氧甲氢龙可用于治疗艾滋病毒-1 感染患者的萎缩病，且不会减少淋巴细胞和巨噬细胞培养中脱氧核苷类似物的抗病毒活性[64]。

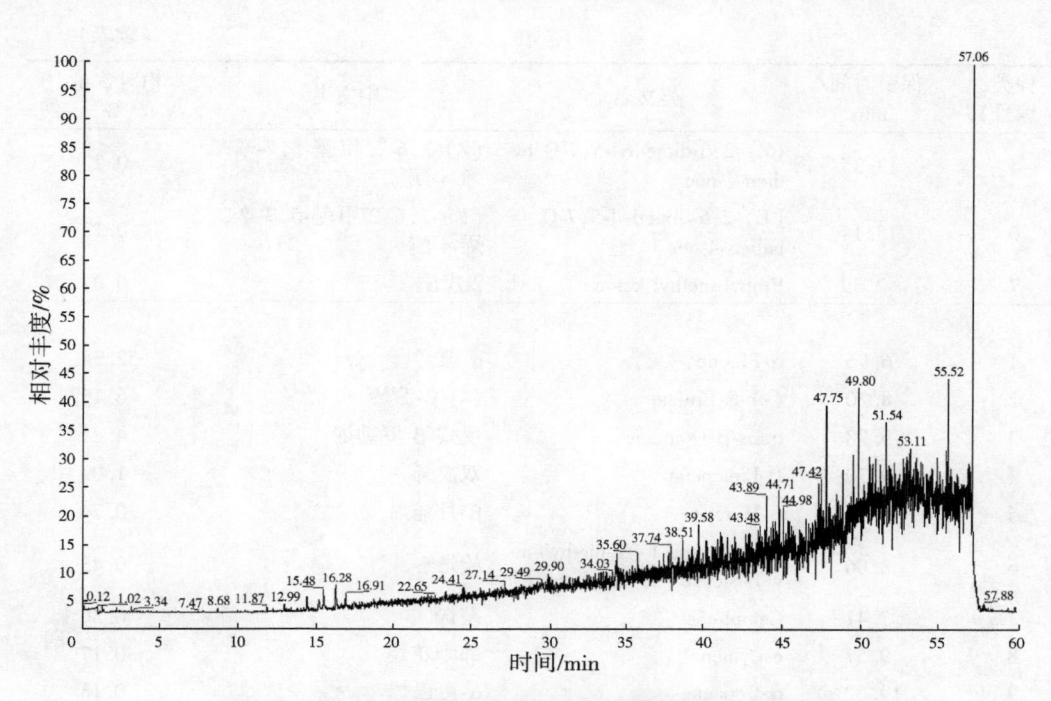

图 4-3　正离子模式下茶树花纯露代谢物成分总离子流

表 4-3　茶树花纯露的化学成分及其相对含量

种类（编号）	保留时间/min	质量电荷比（m/z）	分子式	成分名称	相对含量/%
			芳香类		
1	34.24	148.01637	$C_8H_4O_3$	苯酐　Phthalic anhydride	10.22
2	34.24	278.15255	$C_{16}H_{22}O_4$	邻苯二甲酸二丁酯 Dibutyl phthalate	6.41
3	36.24	338.24682	$C_{20}H_{34}O_4$	双叔丁基二氧基异丙基苯 Bis-T-butyldioxyisopropylbenzene	3.66
4	46.39	424.29892	$C_{28}H_{40}O_3$	甲基丁基苯酚癸氧基苯甲酸酯（2S）-Methylbutylphenyl decyloxybenzoate	0.76
5	11.89	166.06336	$C_9H_{10}O_3$	对羟基苯丙酸 Desaminotyrosine	0.53
6	2.43	134.0372	$C_8H_8O_3$	邻甲氧基苯甲酸 2-Anisic acid	0.49
7	8.15	150.06871	$C_9H_{10}O_2$	苯甲酸乙酯　Ethylbenzoate	0.35
8	9.94	136.05287	$C_8H_8O_2$	邻甲基苯甲酸 o-Toluic acid	0.34
			酚类		
1	30.85	324.23122	$C_{19}H_{32}O_4$	6-癸基泛醇 6-Decylubiquinol	0.46

（续表）

种类（编号）	保留时间/min	质量电荷比（m/z）	分子式	成分名称	相对含量/%
醇类					
1	28.15	414.20541	$C_{24}H_{30}O_6$	1,3：2,4-双（3,4-双甲基亚苄基)-D-山梨醇 1,3：2,4-bis（3,4-dimethylobenzylideno）Sorbitol（DMDBS）	0.47
酸类					
1	15.20	97.97698	H_3O_4P	磷酸 Phosphoric acid	3.81
2	36.24	320.23607	$C_{20}H_{32}O_3$	20-羟花生四烯酸 20-Hydroxyeicosatetraenoic acid	1.79
3	29.34	380.25719	$C_{22}H_{36}O_5$	利马前列素 Limaprost	0.45
酮类					
1	34.24	120.02136	$C_7H_4O_2$	6-氧亚甲基-2,4-环己二烯-1-酮 6-Oxomethylene-2,4-cyclohexadien-1-one	0.39
酯类					
1	15.21	182.07117	$C_6H_{15}O_4P$	磷酸三乙酯 Triethylphosphate	3.66
生物碱类					
1	47.35	311.3196	$C_{20}H_{41}NO$	N,N-二甲基硬脂酰胺 N,N-Dimethyloctadecanamide	6.53
2	43.83	283.28819	$C_{18}H_{37}NO$	硬脂酰胺 Stearamide	6.28
3	15.49	678.50591	$C_{36}H_{66}N_6O_6$	1,8,15,22,29,36-己偶氮基四十烷-2,9,16,23,30,37-异己酮 1,8,15,22,29,36-Hexaazacyclodotetracontane-2,9,16,23,30,37-hexone	5.93
4	23.31	224.18933	$C_{13}H_{24}N_2O$	N,N′-二环己基脲 N,N′-Dicyclohexylurea	3.71
5	55.52	80.03738	$C_4H_4N_2$	嘧啶 Pyrimidine	3.47
6	12.95	452.33707	$C_{24}H_{44}N_4O_4$	1,8,15,22-四氮杂环二十八烷-2,9,16,23-四酮 1,8,15,22-tetraazacyclooctacosane-2,9,16,23-Tetrone	2.25
7	40.93	335.28319	$C_{21}H_{37}NO_2$	2-氨基-2-[2-（4-癸基苯基)乙基]-1,3-丙二醇 2-amino-2-[2-（4-decylphenyl)ethyl]-1,3-Propanediol	2.01

（续表）

种类（编号）	保留时间/min	质量电荷比（m/z）	分子式	成分名称	相对含量/%
8	47.75	111.07975	$C_5H_9N_3$	组胺 Histamine	1.93
9	31.70	333.26766	$C_{21}H_{35}NO_2$	2-氨基-2-(6-辛基-1,2,3,4-四氢-2-萘乙烯基)-1,3-丙二醇 2-amino-2-(6-octyl-1,2,3,4-tetrahydro-2-naphthalenyl)-1,3-Propanediol	1.65
10	7.78	194.08089	$C_8H_{10}N_4O_2$	咖啡因 Caffeine	1.42
11	55.52	82.05303	$C_4H_6N_2$	4-甲基吡唑 Fomepizole	1.28
12	47.75	110.08467	$C_6H_{10}N_2$	1,3,5-三甲基吡唑 1,3,5-Trimethylpyrazole	1.16
13	30.85	346.21291	$C_{17}H_{26}N_6O_2$	2-{4-[4,6-二氨基-2,2-二甲基-1,3,5-三嗪-1(2H)]苯氧基}-N,N-二乙基乙酰胺 2-{4-[4,6-Diamino-2,2-dimethyl-1,3,5-triazin-1(2H)-yl]phenoxy}-N,N-diethylacetamide	1.14
14	48.59	337.33553	$C_{22}H_{43}NO$	芥酸酰胺 Erucic amide	1.13
15	45.23	309.30397	$C_{20}H_{39}NO$	油酰乙胺 Oleoyl ethylamide	1.11
16	55.71	611.17565	$C_{33}H_{30}ClN_5O_3S$	(5Z)-5-{[3-(3-氯-4-乙氧苯基)-1-苯基-1H-吡唑-4]亚甲基}-2-[4-(戊氧基)苯基][1,3]噻唑酮[3,2-b][1,2,4]三氮唑-6(5H)-酮 (5Z)-5-{[3-(3-chloro-4-ethoxyphenyl)-1-phenyl-1H-pyrazol-4-yl]methylene}-2-[4-(pentyloxy)phenyl][1,3]thiazolo[3,2-b][1,2,4]Triazol-6(5H)-one	1.10
17	41.82	307.28826	$C_{20}H_{37}NO$	甲基羟甲基油噁唑啉 2-(8-heptadecenyl)-Oxazoline	0.89
18	57.06	139.11139	$C_7H_{13}N_3$	三氮双环癸烯 Triazabicyclodecene	0.89
19	44.44	309.30406	$C_{20}H_{39}NO$	1-十六酰吡咯烷 1-Hexadecanoylpyrrolidine	0.88
20	48.82	365.36681	$C_{24}H_{47}NO$	1-(3,7,11,15-四甲基十六酰)吡咯烷 1-(3,7,11,15-tetramethyl-hexadecanoyl)Pyrrolidine	0.80

（续表）

种类 （编号）	保留时间/ min	质量电荷比 （m/z）	分子式	成分名称	相对含量/ %
21	47.75	96.06896	$C_5H_8N_2$	3,5-二甲基吡唑 3,5-Dimethylpyrazole	0.71
22	51.55	136.98048	$C_4H_5Cl_2N$	2,3-二氯-2-甲基丙烯腈 2,3-dichloro-2-methylpro- Panenitrile	0.71
23	36.24	383.30483	$C_{22}H_{41}NO_4$	十五烷基 N-[（烯丙氧基）羰基]丙氨酸酯 pentadecyl N-[（allyloxy） carbonyl]Alaninate	0.69
24	47.75	152.10669	$C_7H_{12}N_4$	3-乙基-5,6,7,8-四氢-1,2,4-三唑并[4,3-α]吡嗪 3-ethyl-5,6,7,8-tetrahydro- 1,2,4-Triazolo[4,3-a] pyrazine	0.66
25	10.45	339.25316	$C_{18}H_{33}N_3O_3$	2,4,6-三（3-甲基丁氧）-1,3,5-三嗪 2,4,6-tris（3-methylbuto- xy）-1,3,5-Triazine	0.64
26	50.28	339.35112	$C_{22}H_{45}NO$	二十二酰胺 Docosanamide	0.58
27	57.06	137.0957	$C_7H_{11}N_3$	3-环丙基-1-甲基-吡唑-5-胺 3-cyclopropyl-1-methyl-1H- pyrazol-5-Amine	0.50
28	19.88	276.17067	$C_{13}H_{20}N_6O$	N-(2H-[1,2,3]三唑酮[4,5-d]嘧啶-7)壬酰胺 N-(2H-[1,2,3]triazolo[4,5-d]pyrimidin-7-yl)Nonana- mide	0.46
29	42.26	361.29927	$C_{23}H_{39}NO_2$	（5E,8E,11E,14E）-N-(1-羟基-2-丙基)-5,8,11,14-二十碳烷四烯酰胺 （5E,8E,11E,14E）-N-(1-hydroxy-2-propanyl)-5,8, 11,14-Icosatetraenamide	0.44
30	40.83	269.27251	$C_{17}H_{35}NO$	N-(13-甲基十四烷基)醋胺石 Capsi-amide	0.40
31	1.05	133.11054	$C_6H_{15}NO_2$	氨基乙醛二乙基缩醛 Diethoxyethylamine	0.39
32	44.58	297.30385	$C_{19}H_{39}NO$	十三吗啉 Tridemorph	0.37
33	57.07	124.10026	$C_7H_{12}N_2$	1,5-二氮杂双环[4.3.0]壬-5-烯 1,5-Diazabicyclo [4.3.0]non-5-ene	0.37
34	1.69	129.07927	$C_6H_{11}NO_2$	氨己烯酸 Vigabatrin	0.36

（续表）

种类（编号）	保留时间/min	质量电荷比（m/z）	分子式	成分名称	相对含量/%
甾体类					
1	30.86	306.22032	$C_{19}H_{30}O_3$	氧甲氢龙　7-hydroxy-4a,6a,7-trimethyltetradecahydroindeno[4,5-h]Isochromen-2(1H)-one	0.81
其他类					
1	55.43	143.97518	$C_3H_6Cl_2O_2$	氯[（氯甲氧基）甲氧基]甲烷 chloro[（chloromethoxy）methoxy]Methane	10.60
2	51.56	145.97338	C_5H_7Br	1-溴环戊烯 1-Bromocyclopentene	1.95

第五章　柚花及柚皮

一、概述

柚 [*Citrus maxima*（Burm）Merr.]，为芸香科柑橘属植物。中国 2 000 多年前已开始种植柚，现在柚类种植在中国主要分布于 3 个中心产区，即福建、浙江、台湾形成的东南沿海柚区，广西、广东形成的华南柚区，四川、重庆、湖南、贵州形成的西南柚区[65]。2020 年，福建漳州的平和琯溪蜜柚种植面积达 65 万亩，年产量 120 多万 t，并创下了种植面积、产量、产值、市场份额、品牌价值、出口量 6 项全国第一[66]。平和县赢得了"世界柚乡、中国柚都"的美誉。柚花为芸香科植物柚的花或花蕾，福建柚花花期为 3—4 月，柚的花量大，每株树的花量达 8 500~15 600 朵[67]，由于柚的种植需要疏花处理，有叶花序仅留 1~2 朵，无叶花序全部疏除，全株仅留数百朵花，成果率仅占总花量的 1%~2%，因此柚花被大量的遗弃[67]。柚花单朵重量 1.3g 左右，每亩种植 40~50 株，每亩疏除的花量达 400~550kg。柚皮占整个果重的 25%~40%[68]，目前除少量用于提取果胶，同样被大量丢弃。然而柚花和柚皮都具有挥发性芳香物质，香气怡人，利用柚花和柚皮提取精油、纯露，是将被废弃的柚花和柚皮重新利用的有效途径之一。本章所用的柚花和柚皮为平和白肉琯溪蜜柚的花和柚果的外皮，柚花白色，柚皮黄色。

二、柚花精油化学成分及功效

于晴天露水干后采摘刚刚开放的平和白肉琯溪蜜柚花提取精油，精油的挥发性成分总离子流见图 5-1，精油挥发性成分及其相对含量分析结果见表 5-1。

从琯溪蜜柚花精油中共分离、鉴定出 80 种挥发性成分，包括烯炔类、烷烃类、醇类、酯类、醛类和酮类等成分，总相对含量为 99.91%，其中烯炔类和烷烃类成分的相对含量较高，分别为 34.12% 和 33.32%。从不同种类挥发性成分的数量上来看，以烯炔类成分最高，达 23 种，醇类成分次之，达 20 种。综合考虑挥发性成分的相对含量和数量，烯炔类成分对琯溪蜜柚花精油的香气贡献最大。

琯溪蜜柚花精油的主要成分为 7,7-二甲基-2-亚甲基-双环[2.2.1]庚烷、蒽紫红素、(E)-2,7-二甲基-3-辛烯-5-炔、(1R)-(+)-反式-异柠檬烯，相对含量分别为 33.25%、21.76%、16.85%、11.63%。其中 (1R)-(+)-反式-异柠檬烯具有类似柠檬的香味，具有良好的镇咳、祛痰、抑菌作用[69]。琯溪蜜柚花精油的烯炔类成分中含有桧烯，相对含量为 1.83%，具有抗氧化[70]、抗菌[71]功效。琯溪蜜柚花精油中，橙花叔醇的相对含量为 4.04%，橙花叔醇呈弱的甜清柔美的橙花气息，带有像玫瑰、铃兰和苹果花的气息，具有抗疟疾、抗溃疡、抗氧化、抗菌和抗肿瘤等多种生物学活性[72]。

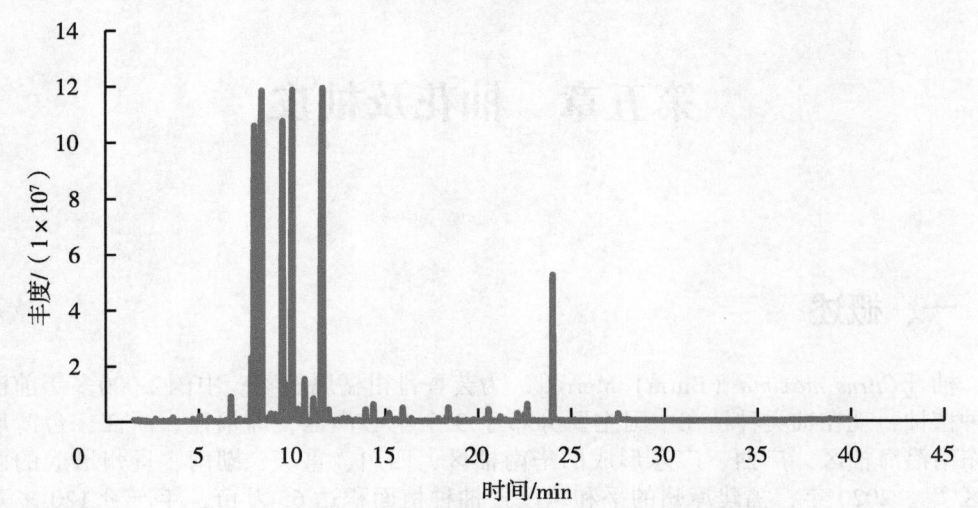

图 5-1　琯溪蜜柚花精油挥发性成分总离子流

表 5-1　琯溪蜜柚花精油挥发性成分及其相对含量

种类（编号）	保留时间/min	英文名	中文名	相对含量/%
		醇类		
1	23.99	Nerolidol	橙花叔醇	4.04
2	10.68	trans-Linalool oxide	反式-氧化芳樟醇	0.99
3	11.15	cis-5-ethenyltetrahydro-α,α,5-trimethyl-2-Furanmethanol	顺式-5-乙烯基四氢 α,α,5-三甲基-2-2 呋喃甲醇	0.67
4	14.36	α-Terpineol	α-松油醇	0.49
5	27.51	3,7,11-trimethyl-2,6,10-Dodecatrien-1-ol	法尼醇	0.49
6	15.92	Geraniol	香叶醇	0.38
7	13.94	Terpinen-4-ol	4-萜烯醇	0.32
8	15.20	（Z）-3,7-dimethyl-2,6-Octadien-1-ol	橙花醇	0.21
9	5.04	1-Hexanol	1-己醇	0.15
10	15.25	Citronellol	香茅醇	0.09
11	2.67	3-methyl-1-Butanol	异戊醇	0.05
12	2.71	（S）-2-methyl-1-Butanol	（S）-2-甲基-1-丁醇	0.04
13	12.15	Fenchyl alcohol	（+）-小茴香醇	0.03
14	4.97	（E）-2-Hexen-1-ol	（E）-2-己烯-1-醇	0.02
15	1.72	2-methyl-3-Buten-2-ol	2-甲基-3-丁烯-2-醇	0.02
16	12.29	trans-1-methyl-4-（1-methylethyl）-2-Cyclohexen-1-ol	反式-1-甲基-4-（1-甲基乙基）-2-环己烯-1-醇	0.02
17	1.79	2-methyl-1-Propanol	异丁醇	0.02

（续表）

种类（编号）	保留时间/min	英文名	中文名	相对含量/%
18	2.00	1-Butanol	1-丁醇	0.01
19	3.09	1-Pentanol	1-戊醇	0.01
20	14.73	（E,E）-2,6-dimethyl-3,5,7-Octatriene-2-ol	（E,E）-2,6-二甲基-3,5,7-辛三烯-2-醇	0.01
酯类				
1	18.39	Methyl anthranilate	氨茴酸甲酯	0.56
2	11.70	（Z）-Butanoic acid,3-hexenyl ester	丁酸叶醇酯	0.17
3	17.87	（E）-Geranic acid methyl ester	（E）-3,7-二甲基-2,6-辛二烯酸甲酯	0.08
4	20.33	2-amino-Benzoic acid,ethyl ester	2-氨基苯甲酸乙酯	0.06
5	18.86	Neryl acetate	（Z）-3,7-二甲基-2,6-辛烯-1-醇乙酸酯	0.05
6	19.38	Geranyl acetate	乙酸香叶酯	0.02
7	6.42	3-methyl-2-Butenoic acid,ethyl ester	3-甲基-2-丁烯酸乙酯	0.02
8	15.50	2-methyl-Butanoic acid,hexyl ester	异戊酸己酯	0.02
醛类				
1	12.75	Lilac aldehyde B	丁香醛 B	0.23
2	14.99	α,4-dimethyl-3-Cyclohexene-1-acetaldehyde	α,4-二甲基-3-环己烯-1-乙醛	0.10
3	16.40	（E）-3,7-dimethyl-2,6-Octadienal	（E）-3,7-二甲基-2,6-辛二烯醛	0.09
4	3.62	Hexanal	正己醛	0.08
5	15.57	（Z）-3,7-dimethyl-2,6-Octadienal	（Z）-3,7-二甲基-2,6-辛二烯醛	0.07
6	4.68	（E）-2-Hexenal	（E）-2-己烯醛	0.06
7	9.84	Benzeneacetaldehyde	苯乙醛	0.05
8	13.08	（R）-3,7-dimethyl-6-Octenal	香茅醛	0.03
9	22.77	Tridecanal	正十三醛	0.03
10	25.20	Tetradecanal	十四醛三聚物	0.02
11	1.94	2-Butenal	巴豆醛	0.02
12	12.05	1-methyl-3-Cyclohexene-1-carboxaldehyde	1-甲基-3-环己烯-1-吡咯甲醛	0.02
13	4.24	Furfural	糠醛	0.02
14	7.48	Benzaldehyde	苯甲醛	0.01

（续表）

种类（编号）	保留时间/min	英文名	中文名	相对含量/%
		烯炔类		
1	10.03	（E）-2,7-dimethyl-3-Octen-5-yne	（E）-2,7-二甲基-3-辛烯-5-炔	16.85
2	9.50	（1R）-（+）-trans-Isolimonene	（1R）-（+）-反式-异柠檬烯	11.63
3	7.82	4-methylene-1-（1-methylethyl）-Bicyclo［3.1.0］hexane	桧烯	1.83
4	9.65	trans-β-Ocimene	反式-β-罗勒烯	0.90
5	6.71	α-Pinene	α-蒎烯	0.56
6	22.28	α-Farnesene	α-法尼烯	0.50
7	20.54	Caryophyllene	葎草烯	0.35
8	10.33	γ-Terpinene	γ-松油烯	0.28
9	22.09	Germacrene D	大牛儿烯 D	0.20
10	22.46	Bicyclogermacrene	双环大牛儿烯	0.19
11	8.86	3-Carene	3-蒈烯	0.16
12	9.09	α-Terpinene	α-松油烯	0.16
13	18.30	δ-Elemene	δ-榄香烯	0.10
14	5.60	Styrene	苯乙烯	0.09
15	10.11	2,3,6-trimethyl-1,5-Heptadiene	2,3,6-三甲基-1,5-庚二烯	0.08
16	7.16	Camphene	莰烯	0.06
17	12.44	（E,E）-2,6-dimethyl-1,3,5,7-Octatetraene	（E,E）-2,6-二甲基-1,3,5,7-辛四烯	0.05
18	6.51	α-Thujene	α-侧柏烯	0.03
19	8.56	2-methyl-6-methylene-2-Octene	2-甲基-6-亚甲基-2-辛烯	0.03
20	10.78	1-（3-methylbutyl）-Cyclopentene	1-（3-甲基丁基）-环戊烯	0.02
21	21.33	（E）-β-Farnesene	（E）-β-法尼烯	0.02
22	12.55	（Z,Z）-2,7-dimethyl-3,5-Octadiene	（Z,Z）-2,7-二甲基-3,5-辛二烯	0.02
23	12.20	p-Mentha-1,5,8-triene	对薄荷-1,5,8-三烯	0.01
		烷类		
1	8.39	7,7-dimethyl-2-methylene-Bicyclo［2.2.1］heptane	7,7-二甲基-2-亚甲基-双环［2.2.1］庚烷	33.25
2	19.75	［1S-（1α,2β,4β）］-1-ethenyl-1-methyl-2,4-bis（1-methylethenyl）-Cyclohexane	［1S-（1α,2β,4β）］-1-乙烯基-1-甲基-2,4-双（1-甲基乙烯基）-环己烷	0.03

（续表）

种类（编号）	保留时间/min	英文名	中文名	相对含量/%
3	11.41	2,7,7-trimethyl-3-Oxatricyclo[4.1.1.0(2,4)]octane	α-环氧蒎烷	0.03
4	2.62	2,2-dimethyl-Oxetane	2,2-二甲基氧杂环丁烷	0.01
酮类				
1	8.14	6-methyl-5-Hepten-2-one	甲基庚烯酮	0.17
2	21.18	6,10-dimethyl-5,9-Undecadien-2-one	6,10-二甲基-5,9-十一双烯-2-酮	0.13
3	3.41	3-Hepten-2-one	3-庚烯-2-酮	0.02
4	27.38	(E,E)-3-[3,5-decadienyl]-Cyclopentanone	(E,E)-3-[3,5-癸二烯基]-环戊酮	0.02
其他类				
1	11.66	4-methyl-1-(1-methylethyl)-Bicyclo[3.1.0]hexan-3-ol	蒽紫红素	21.76
2	11.96	Neryl nitrile	橙花腈	0.29
3	8.74	(2R,5S)-2-methyl-5-(prop-1-en-2-yl)-2-vinyltetrahydro-Furan	(2R,5S)-2-甲基-5-(丙-1-烯-2)-2-乙烯基四氢呋喃	0.11
4	9.31	p-Cymene	4-异丙基甲苯	0.05
5	11.31	3-methyl-2-(2-methyl-2-butenyl)-Furan	3-甲基-2-(2-甲基-2-丁烯基)-呋喃	0.03
6	23.00	δ-Cadinene	δ-杜松萜烯	0.01
7	12.63	2-methyl-Benzonitrile	邻甲基苯腈	0.01

三、柚皮精油化学成分及功效

利用压榨法取得平和白肉琯溪蜜柚果皮液体，然后进行离心分离，得到柚皮精油。柚皮精油的挥发性成分总离子流见图5-2，精油挥发性成分及其相对含量分析结果见表5-2。

从琯溪蜜柚皮精油中共分离、鉴定出102种挥发性成分，包括烯类、酮类、醇类、酯类、醛类、烷类和酸类等成分，总相对含量为99.83%，其中烯类和酮类成分的相对含量较高，分别为39.66%和25.43%。从不同种类挥发性成分的数量上来看，以烯类成分最高，达36种，醇类和酯类成分次之，达14种。综合考虑挥发性成分的相对含量和数量，烯类成分对琯溪蜜柚皮精油的香气贡献最大。

琯溪蜜柚皮精油的主要成分为2,7,7-三甲基-双环[3.1.1]庚-2-烯-6-酮和D-柠檬烯，相对含量分别为12.10%、11.56%。D-柠檬烯具有新鲜橙子香气及柠檬样香气，具有消炎、抑菌、抗癌、抑制胆固醇合成和溶解胆固醇结石等功效[73]。此外，琯溪蜜柚皮精油中α-蒎烯的相对含量为7.21%，α-蒎烯具有松木、松针叶及松树脂样的气息，具有抗肿瘤、抗炎、抑菌、抗氧化、抗过敏和抗溃疡等功效[59]；琯溪蜜柚皮精油中，乙酸冰片酯相对含量为1.19%，乙酸冰片酯具有抗氧化[74]、抗炎[75]、抗肿瘤[76]等功效；莰酮相对含量为1.22%，莰酮具有樟木气味，在医药上用作神经兴奋剂和局部刺激剂，可用于清凉降暑药中，也可用作防腐剂、防蛀及增塑剂；桧烯相对含量为2.21%，桧烯具有抗氧化[70]、抑菌[71]功效；桉油精相对含量为1.78%，桉油精具有与樟脑相似的气味，具有解热、消炎、抗菌[39]、抗肿瘤[40]、防腐、平喘及镇痛作用。

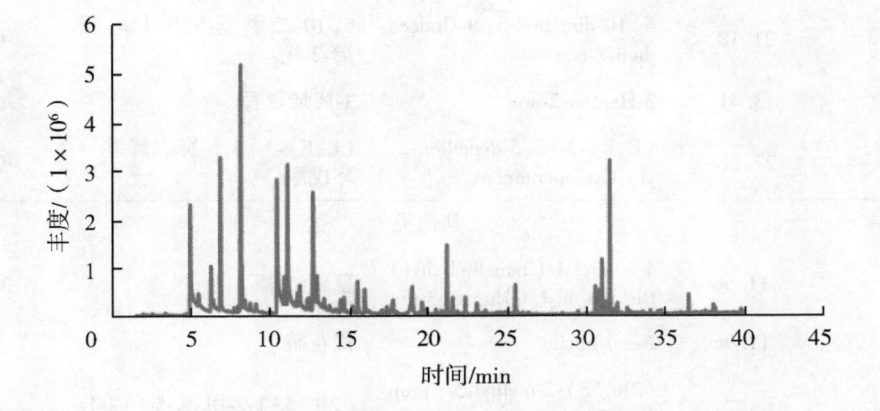

图 5-2　琯溪蜜柚皮精油挥发性成分总离子流

表 5-2　琯溪蜜柚皮精油挥发性成分及其相对含量

种类（编号）	保留时间/min	英文名	中文名	相对含量/%
		醇类		
1	12.70	endo-Borneol	冰片	7.06
2	12.94	（R）-4-methyl-1-（1-methyl-ethyl）-3-Cyclohexen-1-ol	（R）-4-萜品醇	2.32
3	25.54	（1S,4aS,7R,8aS）-1,4a-Dimethyl-7-（prop-1-en-2-yl）decahydronaphthalen-1-ol	（1S,4aS,7R,8aS）-1,4a-二甲基-7-（丙-1-烯-2）十氢萘-1-醇	1.32
4	11.70	[1S-（1α,3α,5α）]-6,6-dimethyl-2-methylene-Bicyclo[3.1.1]heptan-3-ol	(-)-反式-松香芹醇	0.85
5	14.42	[1S-（1α,5α,6β）]-2,7,7-trimethyl-Bicyclo[3.1.1]hept-2-en-6-ol	[1S-（1α,5α,6β）]-2,7,7-三甲基-双环[3.1.1]庚-2-烯-6-醇	0.83
6	13.40	α-Terpineol	α-松油醇	0.37
7	14.52	cis-Carveol	顺式-香芹醇	0.13
8	25.65	1-（1,5-dimethyl-4-hexenyl）-4-methyl-3-Cyclohexen-1-ol	1-（1,5-二甲基-4-己烯基）-4-甲基-3-环己烯-1-醇	0.13
9	36.91	1-Hydroxymethyladamantan-2-ol	1-羟甲基金刚烷-2-醇	0.10

（续表）

种类（编号）	保留时间/min	英文名	中文名	相对含量/%
10	14.12	cis-2-methyl-5-（1-methylethenyl）-2-Cyclohexen-1-ol	顺式-2-甲基-5-（1-甲基乙烯基）-2-环己烯-1-醇	0.09
11	26.00	α-Bisabolol	红没药醇	0.07
12	23.52	2-Methyl-6-（p-tolyl）hept-2-en-4-ol	2-甲基-6-（对甲苯基）庚-2-烯-4-醇	0.07
13	13.82	trans-3-methyl-6-（1-methylethyl）-2-Cyclohexen-1-ol	反式-3-甲基-6-（1-甲基乙基）-2-环己烯-1-醇	0.05
14	37.85	2,4a-β,5,6,7,8,9,9a-β-octahydro-3,5,5,9-β-tetramethyl-1H-Benzocyclohept-en-9-ol	2,4a-β,5,6,7,8,9,9a-β-八羟基-3,5,5,9-β-四甲基-1H-苯环庚烷-9-醇	0.03
酯类				
1	15.96	Bornyl acetate	乙酸龙脑酯	1.19
2	10.72	1-Octen-1-ol,acetate	1-辛烯-1-醇-乙酸酯	1.11
3	31.25	［1S-（1α,5α,6β）］-2,7,7-trimethyl-Bicyclo［3.1.1］hept-2-en-6-ol,acetate	［1S-（1α,5α,6β）］-2,7,7-三甲基-双环［3.1.1］庚-2-烯-6-醇乙酸酯	0.39
4	31.45	3-methylene-Cyclopentane-carboxylic acid,1,7,7-trimethylbicyclo［2.2.1］hept-2-yl ester	3-亚甲基-环戊烷羧酸-1,7,7-三甲基双环［2.2.1］庚-2-酯	0.42
5	23.63	Bornyl tiglate	惕各酸龙脑酯	0.17
6	38.21	Isobornyl laureate	异冰片基月桂酸酯	0.13
7	34.11	2-methoxy-4-（1-propenyl）-Phenol,acetate	乙酸异丁香酚酯	0.08
8	21.39	phenethyl-Isovalerate	异戊酸苯乙酯	0.05
9	33.17	4-Isopropyl-5-methyl-hexa-2,4-dienoic acid,methyl ester	4-异丙基-5-甲基-己-2,4-二烯酸甲基酯	0.05
10	32.20	Methyl Camphorsulfonates	樟脑磺酸甲酯	0.04
11	33.51	Ethyl chrysanthemate	菊酸乙酯	0.04
12	20.31	Citronellyl formate	甲酸香草酯	0.03
13	32.85	（E,Z）-3,4-diethyl-2,4-Hexadienedioic acid,dimethyl ester	（E,Z）-2,4-己二烯二酸3,4-二甲基-二甲酯	0.02
14	22.04	exo-3-methyl-Butanoic acid,1,7,7-trimethylbicyclo［2.2.1］hept-2-yl ester	外-3-甲基日丁酸-1,7,7-三甲基-双环［2.2.1］庚-2-基酯	0.02
酮类				
1	11.10	2,7,7-trimethyl-Bicyclo［3.1.1］hept-2-en-6-one	2,7,7-三甲基-双环［3.1.1］庚-2-烯-6-酮	12.1

（续表）

种类（编号）	保留时间/min	英文名	中文名	相对含量/%
2	10.43	2,6,6-Trimethylbicyclo[3.2.0]hept-2-en-7-one	2,6,6-三甲基双环[3.2.0]庚-2-烯-7-酮	8.72
3	18.99	4,7,7-Trimethylbicyclo[4.1.0]hept-3-en-2-one	4,7,7-三甲基二环[4.1.0]庚-3-烯-2-酮	2.13
4	11.86	(+)-2-Bornanone	(+)-2-冰片酮	1.22
5	12.34	Pinocarvone	松香芹酮	0.46
6	13.21	(-)-Carvone	(-)-香芹酮	0.29
7	17.07	Menthalactone	5,6,7,7A-四氢-3,6-二甲基-2(4H)-苯呋喃酮	0.15
8	17.44	3-methyl-6-(1-methylethylidene)-2-Cyclohexen-1-one	3-甲基-6-(1-甲基亚乙基)-2-环己烯-1-酮	0.09
9	6.67	6-methyl-5-Hepten-2-one	甲基-庚烯酮	0.08
10	17.18	5-hydroxy-4,7,7-trimethyl-Bicyclo[2.2.1]heptan-2-one	5-羟基-4,7,7-三甲基-双环[2.2.1]庚-2-酮	0.08
11	16.17	cis-5-ethenyl-5-methyl-4-(1-methylethenyl)-2-(1-methylethylidene)-Cyclohexanone	顺式-5-乙烯基-5-甲基-4-(1-甲基乙烯基)-2-(1-甲基亚乙基)-环己酮	0.06
12	28.51	Nootkatone	圆柚酮	0.05
烯类				
1	8.14	D-Limonene	双戊烯	11.56
2	4.92	α-Pinene	α-蒎烯	7.21
3	6.83	β-Myrcene	β-月桂烯	6.03
4	21.19	Germacrene D	大牛儿烯 D	2.56
5	6.23	4-methylene-1-(1-methylethyl)-Bicyclo[3.1.0]hexane	桧烯	2.21
6	15.51	(E)-3,7-dimethyl-2,6-Octadienal	(E)-3,7-二甲基-2,6-辛二烯	1.37
7	21.54	(1S,5S)-2-Methyl-5-[(R)-6-methylhept-5-en-2-yl]bicyclo[3.1.0]hex-2-ene	(1S,5S)-2-甲基-5-[(R)-6-甲基庚-5-烯-2-]双环[3.1.0]己-2-烯	0.80
8	19.61	α-Caryophyllene	α-葎草烯	0.79
9	14.65	(Z)-3,7-dimethyl-2,6-Octadienal	(Z)-3,7-二甲基-2,6-辛二烯	0.71
10	30.86	m-Camphorene	m-樟脑烯	0.69
11	6.36	(-)-β-Pinene	(-)-β-蒎烯	0.66
12	23.08	Germacrene B	大牛儿烯 B	0.63
13	5.44	Camphene	莰烯	0.55

（续表）

种类（编号）	保留时间/min	英文名	中文名	相对含量/%
14	30.05	p-Camphorene	4-(5-甲基-1-亚甲基-4-己烯基)-1-(4-甲基-3-戊烯基)环己烯	0.45
15	8.39	trans-β-Ocimene	反式-β-罗勒烯	0.44
16	18.85	β-Elemene	β-榄香烯	0.36
17	9.08	γ-Terpinene	γ-松油烯	0.28
18	7.97	p-Cymene	对伞花烃	0.27
19	8.73	(Z)-3,7-dimethyl-1,3,6-Octatriene	(Z)-3,7-二甲基-1,3,6-辛三烯	0.24
20	5.16	α-Phellandrene	α-水芹烯	0.22
21	17.38	δ-Elemene	δ-榄香烯	0.22
22	19.88	γ-Cadinene	γ-杜松萜烯	0.21
23	7.71	α-Terpinene	α-松油烯	0.17
24	18.68	β-Bourbonene	β-波旁烯	0.15
25	23.01	(1R,3E,7E,11R)-1,5,5,8-Tetramethyl-12-oxabicyclo[9.1.0]dodeca-3,7-diene	环氧化蛇麻烯Ⅱ	0.13
26	9.96	2-Carene	2-蒈烯	0.10
27	12.02	Santene	檀烯	0.09
28	24.54	Caryophyllene oxide	石竹素	0.09
29	24.37	trans-Sesquisabinene hydrate	反式-倍半香桧烯水合物	0.08
30	34.56	(Z)-9-Tricosene	(Z)-9-二十三烯	0.07
31	30.93	(E)-2-(Hepta-2,4-diyn-1-ylidene)-1,6-dioxaspiro[4.4]non-3-ene	(E)-2-(庚-2,4-二炔-1-亚甲基)-1,6-二氧杂螺[4.4]壬-3-烯	0.07
32	4.69	α-Thujene	α-侧柏烯	0.06
33	21.64	α-Muurolene	α-依兰油烯	0.05
34	32.08	2-Azidomethyl-1,3,3-trimethyl-cyclohexene	2-叠氮甲基-1,3,3-三甲基-环己烯	0.05
35	21.76	α-Farnesene	α-法尼烯	0.05
36	32.91	1,2-Dihydrothujopsene-(I1)	1,2-二羟基罗汉柏烯-(I1)	0.04
烷类				
1	34.79	Hexatriacontane	正三十六烷	0.82
2	31.99	2-Bromomethyl-1-isopropenyl-3-methyl-cyclopentane	2-溴甲基-1-异丙烯基-3-甲基-环戊烷	0.33

（续表）

种类 （编号）	保留时间/ min	英文名	中文名	相对含量/ %
3	20.48	(1S,5S)-4-methylene-1-[（R）-6-methylhept-5-en-2-yl]Bicyclo[3.1.0]hexane	(1S,5S)-4-亚甲基-1-[（R）-6-甲基庚-5-烯-2]双环[3.1.0]己烷	0.26
4	39.84	2-Methyltetracosane	2-甲基二十四烷	0.16
5	21.84	[1S-(1α,2β,4β)]-1-ethenyl-1-methyl-2,4-bis(1-methylethenyl)-Cyclohexane	[1s-(1α,2β,4β)]-1-乙烯基-1-甲基-2,4-双（1-甲基乙烯基)-环己烷	0.11
6	21.03	6-methylene-Spiro[4.5]decane	6-亚甲基-螺[4.5]癸烷	0.10
7	32.76	2-butyloxycarbonyloxy-1,1,10-trimethyl-6,9-epidioxy-Decalin	2-丁氧基羰基氧基-1,1,10-三甲基-6,9-环二氧萘烷	0.10
8	37.58	Tetrapentacontane	正五十四烷	0.08
醛类				
1	30.60	2,6,6-trimethyl-1-Cyclohexene-1-acetaldehyde	2,6,6-三甲基-1-环己烯基乙醛	2.69
2	13.72	Decanal	正癸醛	0.16
3	18.00	Citral	柠檬醛	0.11
4	19.37	Dodecanal	正十二醛	0.05
酸类				
1	17.78	(1R-trans)-2,2-dimethyl-3-(2-methyl-1-propenyl)-Cyclopropanecarboxylic acid	(1R-反式)-2,2-二甲基-3-(2-甲基-1-丙烯基)-环丙烷羧酸	1.22
2	31.73	3-(2-butenyl)-2-methyl-4-oxo-2-cyclopenten-3-(3-methoxy-2-methyl-3-oxo-1-propenyl)-2,2-dimethyl-Cyclopropanecarboxylic acid	3-(2-丁烯基)-2-甲基-4-氧-2-环戊烯-3-(3-甲氧基-2-甲基-3-氧代-1-丙烯基)-2,2-二甲基-环丙烷羧酸	0.24
3	26.36	(1,4,4-trimethyl-cyclohex-2-enyl)-Acetic acid	(1,4,4-三甲基-环己基-2-烯基)-乙酸	0.09
其他类				
1	31.52	(1,7,7-trimethylbicyclo[2.2.1]hept-2-yl)-Phosphonous dichloride	(1,7,7-三甲基双环[2.2.1]庚-2)-二氯膦	4.88
2	10.89	cis-Chrysanthenol	顺式-菊烯醇	2.90
3	8.20	Eucalyptol	桉油精	1.78
4	22.36	dicyclohexyl-Propanedinitrile	二环己基-丙二腈	0.67
5	11.56	trans-Chrysanthenol	反式-菊酚	0.17
6	20.82	dehydro-Sesquicineole	脱氢-倍半桉油脑	0.15
7	11.78	Bois de Rose oxide	玫瑰木油氧化物	0.15

（续表）

种类（编号）	保留时间/min	英文名	中文名	相对含量/%
8	25.04	[1R-(1α,7β,8aα)]-1,2,3,5,6,7,8,8a-octahydro-1,8a-dimethyl-7-(1-methylethenyl)-Naphthalene	[1R-(1α,7β,8aα)]-1,2,3,5,6,7,8,8a-八氢基-1,8a-二甲基-7-(1-甲基乙烯基)-萘	0.11
9	20.75	1,2,3,4,4a,5,6,7-octahydro-4a-methyl-Naphthalene	1,2,3,4,4a,5,6,7-八氢-4a-甲基-萘	0.11
10	3.33	Geranyl nitrile	3,7-二甲基-2,6-辛二烯腈	0.10
11	33.65	(3R,3aS,6S,7aS)-1,2,3,6,7,7a-hexahydro-3a,6-ethano-3,5,7,7-tetramethyl-3aH-Indene	(3R,3aS,6S,7aS)-1,2,3,6,7,7a-六氢-3,5,7,7-四甲基-3a,6-乙醇-3aH-茚	0.04

四、柚花纯露化学成分及功效

珰溪蜜柚花纯露的挥发性成分总离子流见图5-3，珰溪蜜柚花纯露挥发性成分及其相对含量分析结果见表5-3。

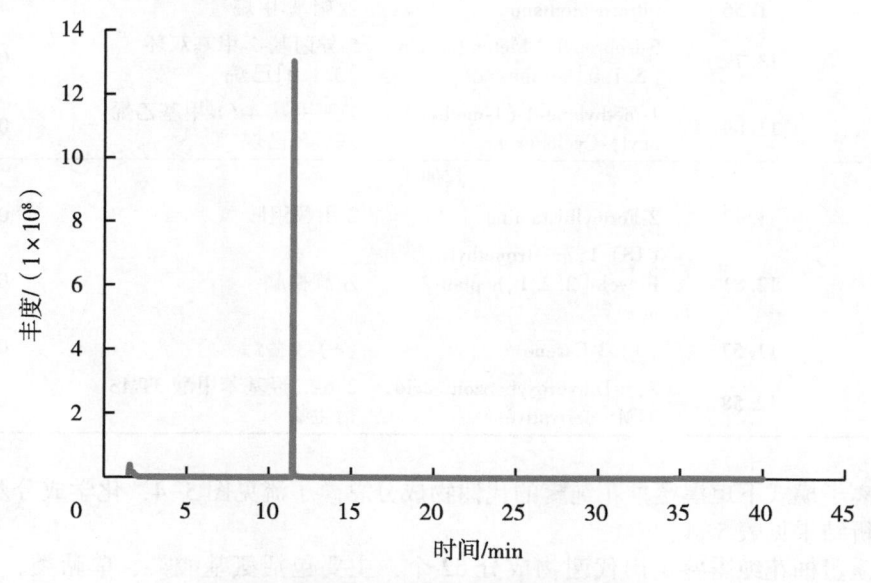

图5-3　珰溪蜜柚花纯露挥发性成分总离子流

从珰溪蜜柚花纯露中共分离、鉴定出17种挥发性成分，包括醇类、酯类和烷烃类等成分。总相对含量为99.99%，其中醇类成分的相对含量最高，为94.08%。可见珰溪蜜柚花纯露香味层次感较弱，气味较单一。

珰溪蜜柚花纯露中芳樟醇的相对含量达93.85%，芳樟醇具有铃兰香气，且拥有抑菌[10]、抗氧化、抗皮肤衰老等活性[11]。

表 5-3 琯溪蜜柚花纯露挥发性成分及其相对含量

种类（编号）	保留时间/min	英文名	中文名	相对含量/%
		醇类		
1	11.46	Linalool	芳樟醇	93.85
2	14.20	α-Terpineol	α-松油醇	0.08
3	9.48	Eucalyptol	桉叶油醇	0.05
4	10.60	α-methyl-α-[4-methyl-3-pentenyl]Oxiranemethanol	α-甲基-α-[4-甲基-3-戊烯基]缩水甘油	0.04
5	2.46	Cyclopentanol	环戊醇	0.03
6	8.10	exo-2-Hydroxycineole	外-2-羟基桉醇	0.03
7	11.65	Linalyl acetate	乙酸芳樟酯	0.00
		酯类		
1	18.17	Methyl anthranilate	氨茴酸甲酯	0.05
2	13.54	Isobornyl formate	甲酸异莰酯	0.02
3	15.03	(E)-3,7-dimethyl-2,6-octadien-1-yl Propionate	(E)-3,7-二甲基-2,6-辛二烯-1-丙酸酯	0.02
		烷类		
1	1.56	nitroso-Methane	亚硝基-甲烷	4.81
2	13.79	5-isopropyl-2-Methylbicyclo[3.1.0]hexane	5-异丙基-2-甲基双环[3.1.0]己烷	0.09
3	11.89	1-methylene-4-(1-methylethenyl)-Cyclohexane	1-亚甲基-4-(1-甲基乙烯基)-环己烷	0.01
		其他类		
1	1.73	2-Formylhistamine	2-甲酰组胺	0.74
2	12.81	(1S)-1,7,7-trimethyl-Bicyclo[2.2.1]heptan-2-one	左旋樟脑	0.12
3	11.57	(+)-3-Carene	(+)-3-蒈烯	0.05
4	12.58	2,6-Dihydroxybenzoic acid, 3TMS derivative	2,6-二羟基苯甲酸 3TMS 衍生物	0.01

正离子模式下琯溪蜜柚花纯露的代谢物成分总离子流见图 5-4，化学成分及其相对含量分析结果见表 5-4。

琯溪蜜柚花纯露鉴定出代谢物成分 62 个，主要包括氨基酸类、单萜类、芳香类、酮类、酯类、香豆素类、黄酮类、生物碱类、肽类等成分，其中以生物碱类成分数量最多，达 49 种。琯溪蜜柚花纯露代谢物以生物碱类化合物为主，相对含量高达 77.45%，其次是芳香类化合物，相对含量达 15.94%。

柚子花纯露中相对含量较高的成分有苯酐、3,5-双[(3-甲基丁酰基)氨基]-N-(2-甲基-2-丙酰基)苯甲酰胺、1,2-二氢-2-异丁氧基喹啉-1-甲酸异丁酯、1,8,15,22,29,36-己偶氮基四十烷-2,9,16,23,30,37-异己酮、苯并噁唑、肼屈嗪、邻苯二甲酸二丁酯，相对含量分别达到了 10.38%、8.13%、7.55%、7.08%、6.40%、5.40%、5.27%。苯酐具有变应原活性，在动物模型中会致敏[77]。苯并噁唑是药物合成中的重要骨架，可用于合成具有多种重要生物活性的苯并噁唑类药物，如抗病毒、镇痛、抗癌、抗炎等[78-80]。肼屈嗪是一种血管扩张剂和呼吸兴奋剂，对缺氧心肺反应有一定的影响[81]。邻苯二甲酸二丁酯具有选择性清除骨髓肿瘤细胞的药理活性[62]，还可清除白血病细胞以及对相关 Casp-3/CPP32 蛋白酶具有独立激活作用[63]。此外，柚子花纯露中含奈福泮，相对含量为 2.1%，奈福泮是一种有效的镇痛药物，具有减少神经病性疼痛的作用[82]，还具有抗惊厥作用[83]。

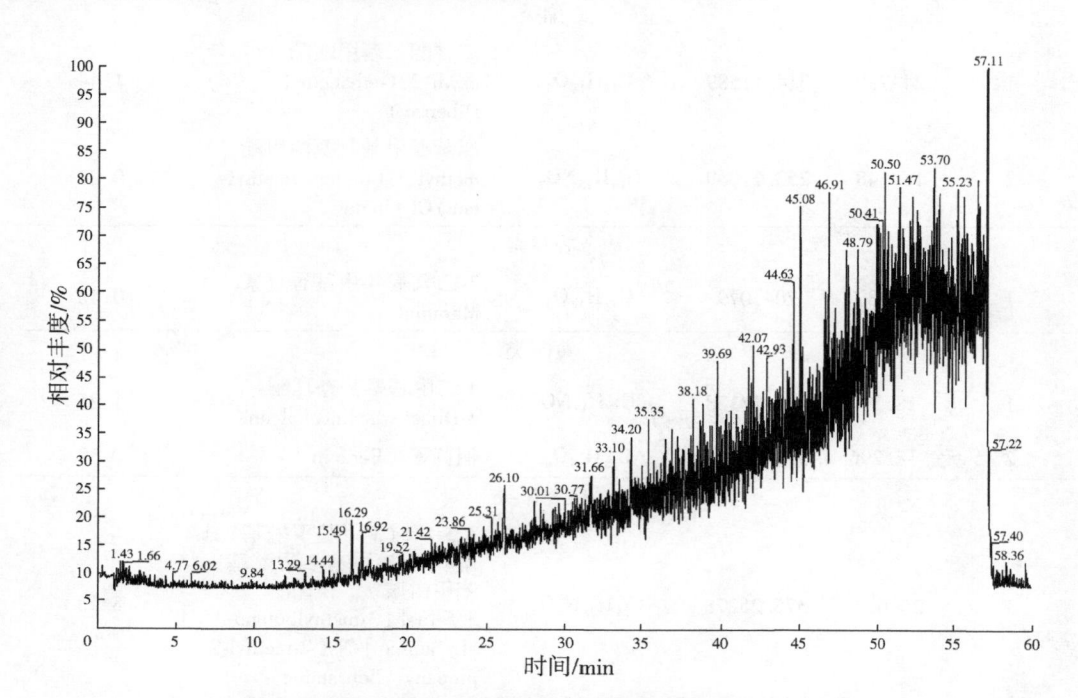

图 5-4　正离子模式下琯溪蜜柚花纯露代谢物成分总离子流

表 5-4　琯溪蜜柚花纯露的化学成分及其相对含量

种类（编号）	保留时间/min	质量电荷比（m/z）	分子式	成分名称		相对含量/%
氨基酸类						
1	1.742	208.08502	$C_{10}H_{12}N_2O_3$	L-犬尿氨酸	L-Kynurenine	0.46
2	1.155	131.09465	$C_6H_{13}NO_2$	L-正亮氨酸	L-Norleucine	0.25
单萜类						
1	14.995	136.12529	$C_{10}H_{16}$	3-蒈烯	3-Carene	0.26
芳香类						
1	34.235	148.01622	$C_8H_4O_3$	苯酐　Phthalic anhydride		10.38
2	34.234	278.15226	$C_{16}H_{22}O_4$	邻苯二甲酸二丁酯 Dibutyl phthalate		5.27

（续表）

种类（编号）	保留时间/min	质量电荷比（m/z）	分子式	成分名称	相对含量/%
3	1.426	134.03691	$C_8H_6O_2$	苯甲酰甲醛　Phenylglyoxal	0.29
酮类					
1	34.234	120.0212	$C_7H_4O_2$	6-(氧亚甲基)-2,4-环己二烯-1-酮　6-(oxomethylene)-2,4-Cyclohexadien-1-one	0.41
酯类					
1	24.799	314.11589	$C_{18}H_{18}O_5$	二甘醇二苯甲酸酯 oxydi-2,1-ethanediyl Dibenzoate	1.44
2	16.548	253.11069	$C_{16}H_{15}NO_2$	二苯亚甲基甘氨酸甲酯 methyl N-(diphenylmethylene) Glycinate	0.27
香豆素					
1	34.237	204.079	$C_{12}H_{12}O_3$	7-乙氧基-4-甲基香豆素 Maraniol	0.46
黄酮类					
1	18.31	251.13138	$C_{17}H_{17}NO$	4-二甲基氨基查耳酮 4-Dimethylaminochalcone	1.25
2	18.296	330.11095	$C_{18}H_{18}O_6$	柄苣素　Pedicin	0.39
生物碱类					
1	26.069	375.25278	$C_{21}H_{33}N_3O_3$	3,5-双[(3-甲基丁酰基)氨基]-N-(2-甲基-2-丙酰基)苯甲酰胺 3,5-bis[(3-methylbutanoyl) amino]-N-(2-methyl-2-propanyl) Benzamide	8.13
2	31.609	303.18392	$C_{18}H_{25}NO_3$	1,2-二氢-2-异丁氧基喹啉-1-甲酸异丁酯　1,2-Dihydro-2-isobutoxy-1-quinolinecarboxylic acid Isobuty ester	7.55
3	15.496	678.50516	$C_{36}H_{66}N_6O_6$	1,8,15,22,29,36-己偶氮基四十烷-2,9,16,23,30,37-异己酮 1,8,15,22,29,36-hexaazacyclodotetracontane-2,9,16,23,30,37-Hexone	7.08
4	2.706	119.03716	C_7H_5NO	苯并噁唑　Benzoxazole	6.40
5	56.861	160.0752	$C_8H_8N_4$	肼屈嗪　Hydralazine	5.40
6	56.724	95.06084	$C_5H_7N_2$	1-氨基吡啶-1-鎓 1-Aminopyridinium	4.94
7	52.552	80.03733	$C_4H_4N_2$	嘧啶　Pyrimidine	3.65

（续表）

种类（编号）	保留时间/min	质量电荷比（m/z）	分子式	成分名称	相对含量/%
8	2.699	137.04782	$C_7H_7NO_2$	2-吡啶基乙酸 2-Pyridylacetic acid	3.38
9	18.303	269.14198	$C_{17}H_{19}NO_2$	6,7-二甲氧基-1-苯基-1,2,3,4-四氢异喹啉 6,7-dimethoxy-1-phenyl-1,2,3,4-Tetrahydroisoquinoline	2.47
10	23.314	224.18909	$C_{13}H_{24}N_2O$	N,N′-二环己基脲 N,N′-Dicyclohexylurea	2.46
11	31.605	253.14702	$C_{17}H_{19}NO$	奈福泮　Nefopam	2.10
12	57.112	216.11279	$C_{10}H_{12}N_6$	（乙烯二硝替隆）四乙腈 (ethylenedinitrilo) Tetraace-tonitrile	1.63
13	21.603	248.05881	$C_{12}H_{12}N_2O_2S$	5-[（二甲氨基）亚甲基]-3-苯基-1,3-噻唑烷-2,4-二酮 5-[(dimethylamino) methyli-dene]-3-phenyl-1,3-Thiazo-lane-2,4-dione	1.60
14	47.955	111.07968	$C_5H_9N_3$	组胺　Histamine	1.35
15	3.996	105.05787	C_7H_7N	2-乙烯基吡啶 2-Vinylpyridine	1.31
16	31.605	285.17336	$C_{18}H_{23}NO_2$	叔丁基-1′H-螺[茚-1,4′-哌啶]-1′-羧酸酯 tert-butyl-1′H-spiro[inden-1,4′-piperidin]-1′-Carboxyl-ate	1.22
17	22.141	250.11101	$C_{16}H_{14}N_2O$	甲喹酮　Methaqualone	1.22
18	14.87	278.10582	$C_{12}H_{14}N_4O_4$	二乙基 7-氨基吡唑[1,5-a]嘧啶-3,6-二羧酸酯 diethyl 7-aminopyrazolo[1,5-a]pyrimidine-3,6-Dicar-boxylate	1.18
19	29.39	143.07361	$C_{10}H_9N$	2-萘胺 Naphthalen-2-amine	0.90
20	45.085	110.08441	$C_6H_{10}N_2$	1,3,5-三甲基吡唑 1,3,5-Trimethylpyrazole	0.90
21	39.694	82.053	$C_4H_6N_2$	4-甲基吡唑　Fomepizole	0.77
22	23.393	278.1862	$C_{13}H_{22}N_6O$	2-{[4,6-二（1-吡咯烷基）-1,3,5-三嗪-2]氨基}乙醇 2-{[4,6-di(1-pyrrolidin-yl)-1,3,5-triazin-2-yl]amino}Ethanol	0.73
23	22.612	304.12169	$C_{19}H_{16}N_2O_2$	利非西呱　Lificiguat	0.62
24	40.266	86.08432	$C_4H_{10}N_2$	3-哒嗪酮　3-Hydropyridazine	0.61

（续表）

种类（编号）	保留时间/min	质量电荷比（m/z）	分子式	成分名称	相对含量/%
25	1.34	101.02652	C_7H_3N	2,3,4,5,6-庚戊烯腈 2,3,4,5,6-Heptapentaenen-itrile	0.60
26	1.764	145.05289	C_9H_7NO	4-羟基异喹啉 4-Isoquinolinol	0.60
27	16.971	292.12151	$C_{18}H_{16}N_2O_2$	布雷他汀 Blebbistatin	0.58
28	14.869	250.11093	$C_{16}H_{14}N_2O$	6-苯基-1,2,3,4-四氢-2,5-苯二氮唑嗪-1-酮 6-phenyl-1,2,3,4-tetrahydro-2,5-Benzodiazocin-1-one	0.52
29	23.391	321.19441	$C_{18}H_{27}NO_4$	N-叔丁氧羰基-L-4-叔丁基苯丙氨酸 Boc-4-tert-butyl-Phe-OH	0.50
30	21.853	423.34685	$C_{24}H_{45}N_3O_3$	加拉碘铵 Gallamine	0.48
31	12.313	203.09477	$C_{12}H_{13}NO_2$	3-吲哚丁酸 Indole-3-butyric acid	0.47
32	20.629	209.10538	$C_{11}H_{15}NO_3$	3-乙酰基-2,4-二甲基-5-乙氧羰基吡咯 3-acetyl-2,4-dimethyl-5-Carbethoxypyrrole	0.47
33	25.62	289.16823	$C_{17}H_{23}NO_3$	氢溴酸天仙子胺 8-methyl-8-azabicyclo[3.2.1]oct-3-yl Tropate	0.44
34	29.395	244.10051	$C_{17}H_{12}N_2$	2-苯基咪唑[2,1-a]异喹啉 2-phenylimidazo[2,1-a]Isoquinoline	0.44
35	26.577	246.07967	$C_9H_{12}N_4O_3$	甲基-4-[2-（氨基羰基）碳肼单氨酰基]-1-甲基-1H-吡咯-2-羧酸酯 methyl-4-[2-(aminocarbonyl)carbohydrazonoyl]-1-methyl-1H-pyrrole-2-Carboxylate	0.41
36	24.743	275.18883	$C_{17}H_{25}NO_2$	氨茴酸甲酯 menthyl Anthranilate	0.40
37	10.914	159.06865	$C_{10}H_{11}NO_2$	2-甲基-2,3,4,5-四氢-1,5-苯并氮杂卓-4-酮 2-methyl-2,3,4,5-tetrahydro-1,5-benz-Oxazepin-4-one	0.39
38	46.561	113.09532	$C_5H_{11}N_3$	1-吡咯烷卡昔酰胺 1-Pyrrolidinecarboximidamide	0.36

（续表）

种类（编号）	保留时间/min	质量电荷比（m/z）	分子式	成分名称	相对含量/%
39	10.761	279.05358	$C_{16}H_9NO_4$	2-（2-硝基-苄叉）-二氢化茚-1,3-二酮 2-（2-nitro-benzylidene）-indan-1,3-Dione	0.33
40	56.507	203.11753	$C_{10}H_{13}N_5$	N6-异戊烯基腺嘌呤 Enadenine	0.31
41	57.04	314.1978	$C_{15}H_{22}N_8$	6-{2-[（1E）-3,3-二丙基-1-三氮烯-1]苯基}-1,3,5-三嗪-2,4-二胺 6-{2-[（1E）-3,3-dipropyl-1-triazen-1-yl]phenyl}-1,3,5-triazine-2,4-Diamine	0.31
42	13.254	185.04782	$C_{11}H_7NO_2$	N-丙炔基邻苯二甲酸胺 N-Propargylphthalimide	0.30
43	22.248	310.26241	$C_{18}H_{34}N_2O_2$	N-[3-（4-吗啉基）丙基]-10-十一烯酰胺 N-[3-（4-morpholinyl）propyl]-10-Undecenamide	0.30
44	29.387	258.11601	$C_{18}H_{14}N_2$	2-（1-萘甲基）-1H-苯并咪唑 2-（1-naphthylmethyl）-1H-Benzimidazole	0.29
45	22.66	223.12102	$C_{12}H_{17}NO_3$	DL-浅蓝菌素 DL-Cerulenin	0.28
46	47.453	337.33489	$C_{22}H_{43}NO$	芥酸酰胺　Erucic amide	0.28
47	1.131	120.03234	$C_6H_4N_2O$	3-氰基-2-吡啶酮 3-cyano-2-Pyridone	0.28
48	1.131	138.04296	$C_6H_6N_2O_2$	尿刊酸　Urocanic acid	0.26
49	31.611	301.16838	$C_{18}H_{23}NO_3$	多巴酚丁胺　Dobutamine	0.25
肽类					
1	14.429	565.42111	$C_{30}H_{55}N_5O_5$	环（异亮氨酰-亮氨酰-异亮氨酰-亮氨酰-亮氨酰） Cyclo（Isoleucyl-Leucyl-Isoleucyl-Leucyl-Leucyl）	1.42

第六章 龙眼花

一、概述

龙眼（*Dimocarpus longan* Lour.），属于无患子科龙眼属多年生木本植物，原产于中国，是我国南方的特色水果，也是我国具有重要经济价值的名特优果树[84]，是国家卫生部第一批公布的药食同源的水果。我国是世界上龙眼种植面积最大、产量最高的国家，主要集中在海南、广东、广西、福建、四川和云南等省（自治区）[85]。据统计，2018 年我国龙眼种植面积约 470 万亩、产量 203 万 t。福建是中国龙眼主产区之一[86]。2010 年福建龙眼种植面积为 105.3 万亩[87]。龙眼花是无患子科龙眼属龙眼的花。龙眼在生长过程中为了减少养分消耗，提高开花质量和结果率，必须进行疏花处理。一般在龙眼的花穗成长到 10cm 左右和花蕾成熟之前进行疏花。将主穗的花蕾疏除，保留 5 条左右的侧穗[88]。果实绿豆大时进行疏果处理，根据穗的大小，每穗保留 20~70 粒果[88]。可见，龙眼在生长过程中有大量的花和花蕾被遗弃。现代研究表明，龙眼花含挥发油等化学成分[89]。因此利用被疏除的龙眼花提取精油和纯露是合理利用龙眼废弃物、有效利用农业资源的有效途径。据不完全统计，我国有 400 多个龙眼品种[90]，本章取种植于福建的'红核子'品种的龙眼花作为提取原料，'红核子'龙眼花的花色为白色。

二、龙眼花精油化学成分及功效

将龙眼花从穗条上分离出来提取精油，龙眼花精油的挥发性成分总离子流见图 6-1，精油挥发性成分及其相对含量分析结果见表 6-1。

从龙眼花精油中共分离、鉴定出 95 种挥发性成分，包括烷烃、烯烃类、芳香烃、醇类、酯类、醛类和酮类等成分，总相对含量为 100%，其中烷烃、烯烃类和芳香烃成分的相对含量较高，分别为 42.35% 和 40.3%。从不同种类挥发性成分的数量上来看，以烷烃、烯烃类成分最高，达 27 种，醇类成分次之，达 24 种。

龙眼花精油的主要成分为石竹烯、[1aR-(1aα,4α,4aβ,7bα)]-1a,2,3,4,4a,5,6,7b-八氢化-1,1,4,7-四甲基-1H-环丙[e]甘菊环和 1,2,4a,5,6,8a-六氢化-4,7-二甲基-1-(1-甲基乙基)-萘，相对含量分别为 18.35%、15.48%、9.15%。石竹烯具有平喘和抗菌活性[91]。此外，龙眼花精油还含绿花白千层醇，相对含量 5.15%，绿花白千层醇是倍半萜烯醇类化合物，具有较好的抗菌能力。

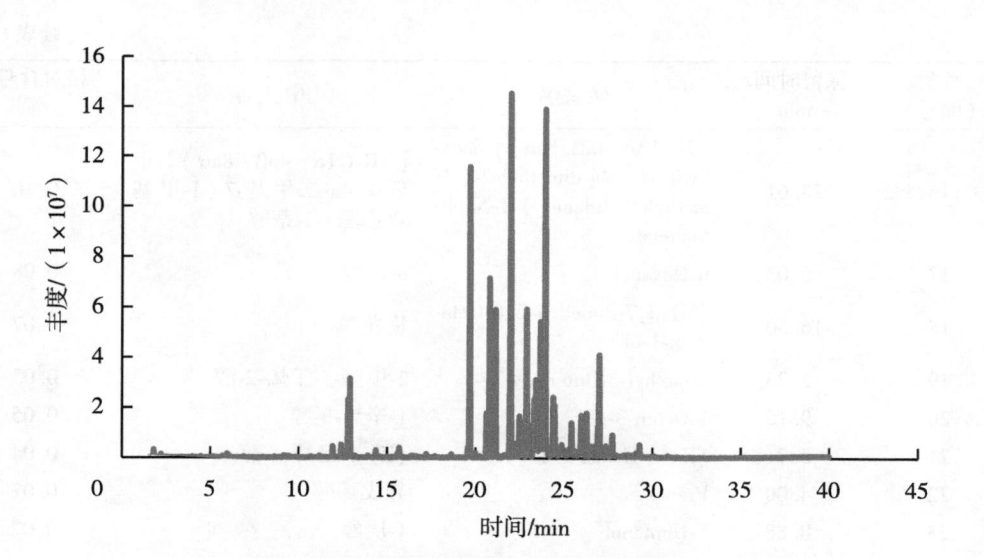

图 6-1　龙眼花精油挥发性成分总离子流

表 6-1　龙眼花精油挥发性成分及其相对含量

种类（编号）	保留时间/min	英文名	中文名	相对含量/%
		醇类		
1	27.00	Viridiflorol	绿花白千层醇	5.15
2	12.90	3,7-dimethyl-1,5,7-Octatrien-3-ol	二氢芳樟醇	2.22
3	12.80	Linalool	芳樟醇	1.58
4	26.92	Selin-6-en-4α-ol	6-蛇床烯-4α-醇	0.84
5	27.37	τ-Cadinol	τ-毕橙茄醇	0.64
6	27.64	α-Cadinol	α-毕橙茄醇	0.38
7	11.92	cis-5-ethenyltetrahydro-α,α,5-trimethyl-2-Furanmethanol	顺式-5-2乙烯基四氢-α,α,5-三甲基-2-呋喃甲醇	0.35
8	25.33	Nerolidol	橙花叔醇	0.31
9	15.68	α-Terpineol	α-松油醇	0.30
10	26.07	(-)-Globulol	蓝桉醇	0.28
11	27.13	γ-Eudesmol	γ-桉叶油醇	0.13
12	17.22	Geraniol	香叶醇	0.13
13	28.85	trans-Geranylgeraniol	反式-香叶龙胆醇	0.13
14	25.70	decahydro-1,1,4,7-tetramethyl-4aH-cycloprop[e]azulen-4a-ol	十氢-1,1,4,7-四甲基-4aH-环丙基[e]甘菊环-4a-醇	0.11
15	5.95	(E)-2-Hexen-1-ol	(E)-2-己烯-1-醇	0.10

（续表）

种类 （编号）	保留时间/ min	英文名	中文名	相对含量/ %
16	28.61	［1R-（1α,4aβ,8aα）］-deca-hydro-1,4a-dimethyl-7-（1-methylethylidene）-1-Naph-thalenol	［1R-（1α,4aβ,8aα）］-十氢-1,4a-二甲基-7-（1-甲基亚乙基）-1-萘醇	0.10
17	6.03	n-Hexanol	n-己醇	0.08
18	16.50	（Z）-3,7-dimethyl-2,6-Octa-dien-1-ol	橙花醇	0.07
19	2.23	2-methyl-3-Buten-2-ol	2-甲基-3-丁烯-2-醇	0.05
20	9.15	1-Octen-3-ol	1-辛烯-3-醇	0.05
21	5.71	（Z）-3-Hexen-1-ol	（Z）-3-己烯-1-醇	0.04
22	4.00	Prenol	异戊烯醇	0.02
23	8.88	1-Heptanol	1-庚醇	0.02
24	1.75	Ethanol	乙醇	0.01
醛类				
1	30.86	（E）-2-［（8R,8aS）-8,8a-Dimethyl-3,4,6,7,8,8a-hexahydronaphthalen-2（1H）-ylidene］propanal	（E）-2-［（8R,8aS）-8,8a-二甲基-3,4,6,7,8,8a-六氢萘-2（1H）-亚基］丙醛	0.05
2	17.71	Citral	柠檬醛	0.04
3	13.20	7-methyl-3-methylene-6-Oc-tenal	7-甲基-3-亚甲基-6-辛烯醛	0.04
4	15.78	Safranal	2,3-二氢-2,2,6-三甲基苯甲醛	0.04
5	14.59	（E）-2-Nonenal	（E）-2-壬烯醛	0.03
6	8.66	Benzaldehyde	苯甲醛	0.03
7	6.89	Heptanal	正庚醛	0.02
8	5.18	Furfural	糠醛	0.02
9	5.66	（E）-2-Hexenal	（E）-2-己烯醛	0.02
10	16.87	（Z）-3,7-dimethyl-2,6-Octa-dienal	（Z）-3,7-二甲基-2,6-辛二烯醛	0.02
11	11.08	Benzeneacetaldehyde	苯乙醛	0.02
12	14.93	（E）-2-Nonenal	（E）-2-壬醛	0.01
13	4.19	3-methyl-2-Butenal	3-甲基-2-丁烯醛	0.01
14	15.94	Decanal	正癸醛	0.01
15	11.52	（E）-2-Octenal	（E）-2-辛烯醛	0.01
酯类				
1	26.53	Guaiacwood acetate	（3S）-1,2,3,4,5,6,7,8-八氢-3,8-四甲基-5-奥甲醇乙酸酯	0.48
2	15.59	Methyl salicylate	水杨酸甲酯	0.13

（续表）

种类（编号）	保留时间/min	英文名	中文名	相对含量/%
		酮类		
1	25.13	1-（5,6,7,8-tetrahydro-2,8,8-trimethyl-4H-cyclohepta[b]furan-5-yl)-Ethanone	1-（5,6,7,8-四氢-2,8,8-三甲基-4H-环庚烷[b]呋喃-5)-乙酮	0.14
2	9.27	6-methyl-5-Hepten-2-one	甲基庚烯酮	0.05
3	30.16	Isolongifolen-5-one	5-异长叶烯酮	0.03
4	30.98	6,10,14-trimethyl-2-Pentadecanone	植酮	0.02
5	2.55	Propyl methyl ketone	2-戊酮	0.01
6	3.43	Methyl isobutyl ketone	4-甲基-2-戊酮	0.01
		烷烃、烯烃类		
1	21.99	Caryophyllene	石竹烯	18.35
2	20.79	α-Copaene	α-可巴烯	5.17
3	21.13	[1S-(1α,2β,4β)]-1-ethenyl-1-methyl-2,4-bis(1-methylethenyl)-Cyclohexane	[1S-(1α,2β,4β)]-1-乙烯基-1-甲基-2,4-双（1-甲基乙烯基）-环己烷	4.95
4	23.41	α-Gurjunene	α-古芸烯	2.61
5	24.40	δ-Cadinene	δ-杜松萜烯	1.82
6	24.48	(-)-α-Panasinsen	(-)-α-人参烯	1.78
7	25.43	Germacrene B	大牛儿烯B	1.32
8	20.62	[1S-(1α,2α,3aβ,4α,5α,7aβ)]-octahydro-1,7a-dimethyl-5-(1-methylethyl)-1,2,4-Metheno-1H-indene	(+)-环苜蓿烯	1.32
9	24.88	β-Guaiene	β-愈创木烯	1.17
10	23.00	(1R,9R,E)-4,11,11-Trimethyl-8-methylenebicyclo[7.2.0]undec-4-ene	(1R,9R,E)-4,11,11-三甲基-8-亚甲基双环[7.2.0]十一碳-4-烯	1.01
11	22.21	(1R,2S,6S,7S,8S)-8-Isopropyl-1-methyl-3-methylenetricyclo[4.4.0.02,7]decane-rel	(1R,2S,6S,7S,8S)-8-异丙基-1-甲基-3-亚甲基三环[4.4.0.02,7]癸烷	0.45
12	23.51	Germacrene D	大牛儿烯D	0.41
13	25.01	Selina-3,7(11)-diene	3,7(11)-蛇麻二烯	0.33
14	26.63	(1R,3E,7E,11R)-1,5,5,8-Tetramethyl-12-oxabicyclo[9.1.0]dodeca-3,7-diene	环氧化蛇麻烯Ⅱ	0.32
15	24.29	γ-Cadinene	γ-杜松萜烯	0.30
16	19.57	δ-Elemene	δ-榄香烯	0.27

（续表）

种类（编号）	保留时间/min	英文名	中文名	相对含量/%
17	22.15	Elemene	榄香烯	0.18
18	19.99	α-Cubebene	α-毕澄茄油烯	0.13
19	18.64	Tridecane	十三烷	0.12
20	26.73	Cadina-1(10),6,8-triene	1(10),6,8-杜松三烯	0.12
21	11.17	(Z)-3,7-dimethyl-1,3,6-Octatriene	(Z)-3,7-二甲基-1,3,6-辛三烯	0.05
22	16.68	1,7,7-trimethyl-Bicyclo[2.2.1]hept-2-ene	1,7,7-三甲基-双环[2.2.1]-庚-2-烯	0.04
23	9.45	β-Myrcene	β-月桂烯	0.04
24	29.94	Valerena-4,7(11)-diene	缬草-4,7(11)二烯	0.04
25	4.47	Nonane	正壬烷	0.02
26	10.68	D-Limonene	双戊烯	0.02
27	20.12	Tricyclo[4.4.1.0(1,6)]undecane	三环[4.4.1.0(1,6)]十一烷	0.02
芳香烃类				
1	23.95	[1aR-(1aα,4α,4aβ,7bα)]-1a,2,3,4,4a,5,6,7b-octahydro-1,1,4,7-tetramethyl-1H-Cycloprop[e]azulene	[1aR-(1aα,4α,4aβ,7bα)]-1a,2,3,4,4a,5,6,7b-八氢化-1,1,4,7-四甲基-1H-环丙[e]甘菊环	15.48
2	19.68	1,2,4a,5,6,8a-hexahydro-4,7-dimethyl-1-(1-methylethyl)-Naphthalene	1,2,4a,5,6,8a-六氢化-4,7-二甲基-1-(1-甲基乙基)-萘	9.15
3	23.66	(1α,4aβ,8aα)-(+/-)-1,2,4a,5,8,8a-hexahydro-4,7-dimethyl-1-(1-methylethyl)-Naphthalene	(1α,4aβ,8aα)-(+/-)-1,2,4a,5,8,8a-六氢-4,7-二甲基-1-(1-甲基乙基)-萘	5.05
4	23.73	[4aR-(4aα,7α,8aβ)]-decahydro-4a-methyl-1-methylene-7-(1-methylethenyl)-Naphthalene	[4aR-(4aα,7α,8aβ)]-十氢-4a-甲基-1-亚甲基-7-(1-甲基乙烯基)-萘	4.15
5	23.32	4a,8-dimethyl-2-(prop-1-en-2-yl)-1,2,3,4,4a,5,6,7-Octahydronaphthalene	4a,8-二甲基-2-(丙-1-烯-2)-1,2,3,4,4a,5,6,7-八氢萘	2.40
6	22.48	(1R,3aS,8aS)-7-isopropyl-1,4-dimethyl-1,2,3,3a,6,8a-Hexahydroazulene	六氢甘菊环	1.33
7	27.73	Neointermedeol	十氢二甲基甲乙烯基萘酚	1.11
8	22.62	(1S,4S,4aS)-1-isopropyl-4,7-dimethyl-1,2,3,4,4a,5-Hexahydronaphthalene	(1S,4S,4aS)-1-异丙基-4,7-二甲基-1,2,3,4,4a,5-六氢萘	1.03
9	22.32	α-Guaiene	α-愈创木烯	0.22

（续表）

种类（编号）	保留时间/min	英文名	中文名	相对含量/%
10	25.59	1,1,7,7a-tetramethyl-1a,2,6,7,7a,7b-hexahydro-1H-cyclopropa[a]Naphthalene	1,9-马兜铃二烯	0.19
11	21.63	［1S-(1α,4α,7α)］-1,2,3,4,5,6,7,8-octahydro-1,4,9,9-tetramethyl-4,7-Methanoazulene	［1S-(1α,4α,7α)］-1,2,3,4,5,6,7,8-八氢-1,4,9,9-四甲基-亚甲基甘菊环	0.07
12	30.04	1,4-dimethyl-7-(1-methylethyl)-Azulene	愈创甘菊环	0.07
13	21.38	［1aS-(1aα,3aα,7aβ,7bα)］-decahydro-1,1,3a-trimethyl-7-methylene-1H-cyclopropa[a]Naphthalene	［1aS-(1aα,3aα,7aβ,7bα)］-十氢-1,1,3a-三甲基-7-亚甲基-环丙基[a]萘	0.04
		其他类		
1	25.98	Caryophyllene oxide	石竹素	1.87
2	29.27	4-(2,6,6-trimethyl-cyclohex-1-enyl)-Butyric acid	4-(2,6,6-三甲基-环己烯-1-烯基)-丁酸	0.41
3	12.41	trans-Linalool oxide(furanoid)	反式-芳樟醇氧化物(呋喃)	0.35
4	14.36	3,6-dihydro-4-methyl-2-(2-methyl-1-propenyl)-2H-Pyran	3,6-二氢-4-甲基-2-(2-甲基-1-丙烯基)-2H-吡喃	0.20
5	1.81	1-methylethyl-Hydroperoxide	1-甲基乙基过氧化氢	0.16
6	13.91	Benzyl nitrile	氰化苄	0.07
7	1.62	(S)-L-Alanine ethylamide	(S)-L-丙氨酸乙基胺	0.01
8	2.51	2-methyl-2-Propenoic acid, 2-aminoethyl ester, hydrochloride	甲基丙烯酸-2-氨基乙基酯盐酸盐	0.01

三、龙眼花纯露化学成分及功效

龙眼花纯露的挥发性成分总离子流见图6-2，龙眼花纯露挥发性成分及其相对含量分析结果见表6-2。

从龙眼花纯露中共分离、鉴定出20种挥发性成分，包括苯乙胺类、酯类和醇类等成分。其中3-氟-β,5-二羟基-N-甲基-苯乙胺相对含量高达60.74%，3-氟-β,5-二羟基-N-甲基-苯乙胺可以抑制多巴胺神经活化，治疗抑郁症。

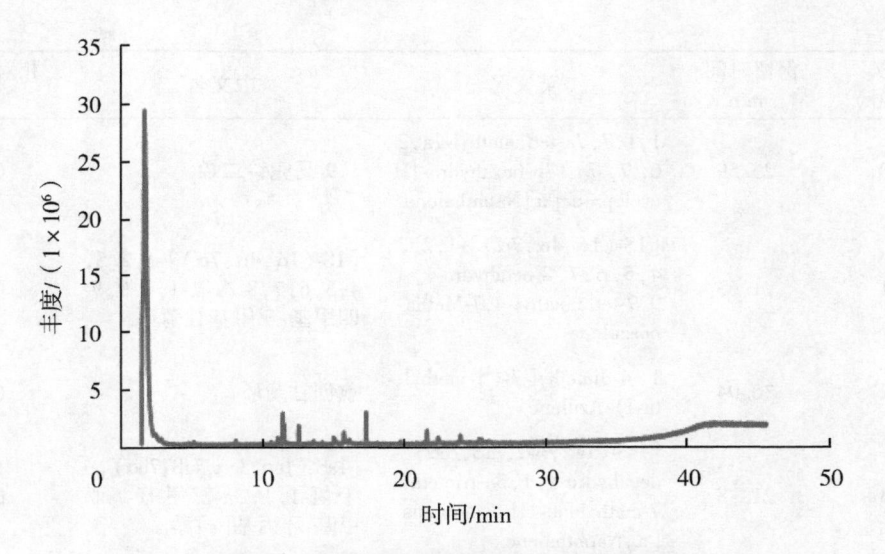

图 6-2　龙眼花纯露挥发性成分总离子流

表 6-2　龙眼花纯露挥发性成分及其相对含量

种类（编号）	保留时间/min	英文名	中文名	相对含量/%
1	1.71	3-fluoro-β,5-dihydroxy-N-methyl-Benzeneethanamine	3-氟-β,5-二羟基-N-甲基-苯乙胺	60.74
2	11.44	3,7-dimethyl-1,6-Octadien-3-ol,formate	3,7-二甲基-1,6-辛二烯-3-醇甲酸酯	3.05
3	11.53	Hotrienol	脱氢芳樟醇	2.04
4	15.02	（R）-5-methyl-2-（1-methylethenyl）-4-Hexen-1-ol,acetate	醋酸奥曲肽杂质	1.81
5	23.95	3-Hexen-1-ol benzoate	3-己烯-1-醇-苯甲酸酯	0.78
6	22.38	(Z,E)-3,7,11-trimethyl-1,3,6,10-Dodecatetraene	(Z,E)-3,7,11-三甲基-1,3,6,10-十二碳四烯	0.64
7	11.09	α-methyl-α-[4-methyl-3-pentenyl]Oxiranemethanol	α-甲基-α-[4-甲基-3-戊烯基]缩水甘油	0.56
8	15.09	4-（2,2-dimethyl-6-methylenecyclohexyl）Butanal	4-(2,2-二甲基-6-亚甲基环己基)丁醛	0.39
9	25.27	5,8,11,14,17-Eicosapentaenoic acid	5,8,11,14,17-二十碳五烯酸	0.27
10	10.63	Paromomycin	巴龙霉素	0.27
11	2.85	2-amino-5-[（2-carboxy）vinyl]-Imidazole	2-氨基-5-[（2-羧基）乙烯基]-咪唑	0.27
12	8.14	5-methyl-3-Heptanone	5-甲基-3-庚酮	0.24
13	16.13	3,5-Dimethoxytoluene	3,5-二甲氧基甲苯	0.22
14	2.42	2-fluoro-β,5-dihydroxy-N-methyl-Benzeneethanamine	2-氟-β,5-二羟基-N-甲基-苯乙胺	0.13

（续表）

种类（编号）	保留时间/min	英文名	中文名	相对含量/%
15	5.16	5,6,7,8-tetrahydro-6,7-dimethyl-Tetrazolo［1,5-b］1,2,4-triazine	5,6,7,8-四氢-6,7-二甲基-四唑[1,5-b]1,2,4-三嗪	0.13
16	19.72	N-[（N-cyanomethylpropanamide）-2-yl]-Carbamic acid, 1-methyl-1-（3,5-dimethoxyphenyl）ethyl ester	N-[（N-氰甲基丙胺）-2-基]-1-甲基-1-氨基甲酸-1-甲基-1-（3,5-二甲氧基苯基）乙酯	0.09
17	2.44	2-fluoro-β,3-dihydroxy-N-methyl-Benzeneethanamine	2-氟-β,3-二羟基-N-甲基-苯乙胺	0.04
18	14.20	（E）-3,7-dimethyl-2,6-octadien-1-yl Propionate	（E）-3,7-二甲基-2,6-辛二烯-1-丙酸酯	0.03
19	25.92	Methyl 4,7,10,13-hexadecatetraenoate	4,7,10,13-十六碳四烯酸甲酯	0.02
20	13.47	2,5-difluoro-β,3,4-trihydroxy-N-methyl-Benzeneethanamine	2,5-二氟-β,3,4-三羟基-N-甲基-苯乙胺	0.02

正离子模式下龙眼花纯露的代谢物成分总离子流见图6-3，化学成分及其相对含量分析结果见表6-3。

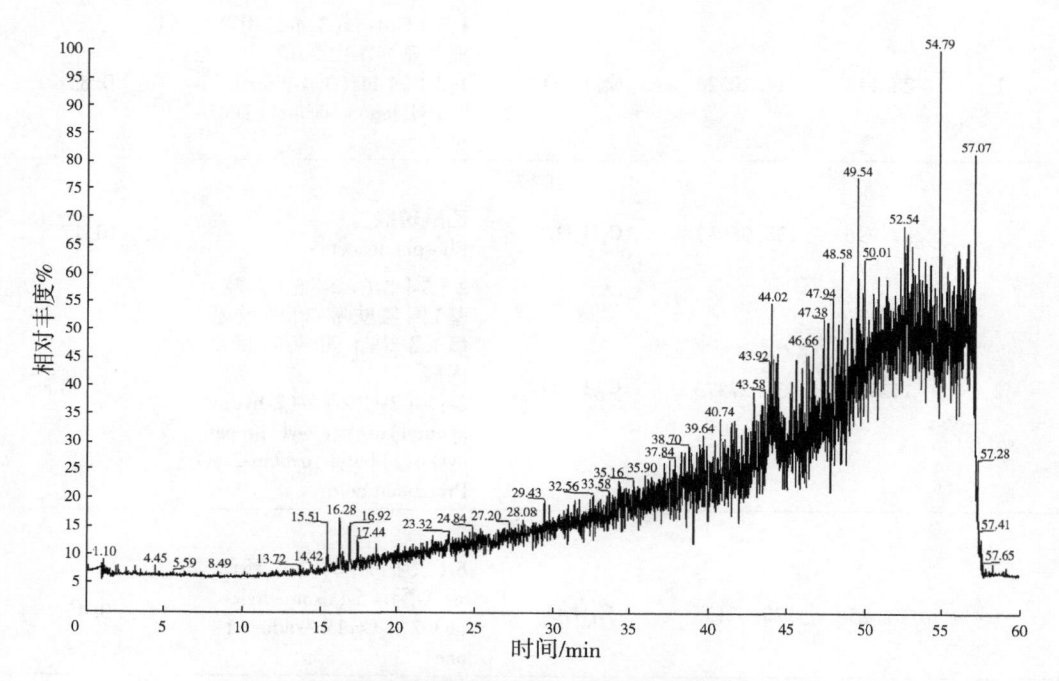

图6-3 正离子模式下龙眼花纯露代谢物成分总离子流

龙眼花纯露鉴定出代谢物成分53个，主要包括芳香类、酚类、醇类、酸类、酮类、香豆素类、生物碱类、肽类成分，其中以生物碱类成分数量最多，达43种。龙眼花纯露代谢物以生物碱类化合物为主，相对含量高达68.58%，其次是芳香类和酸类化合物，相对含量分别达15.90%、10.56%。

龙眼花纯露中相对含量较高的成分有苯酐、1,8,15,22,29,36-己偶氮基四十烷-2,9,16,23,30,37-异己酮、乙酰磷酸，含量为12.65%、11.42%、10.17%。苯酐具有变应原活性，人体吸入苯酐会致敏[77]。乙酰磷酸是一种选择性的抗疱疹病毒药物，能抑制单纯疱疹病毒2型的复制[92]。此外，龙眼花纯露中含苯并噁唑，相对含量为5.58%，苯并噁唑是药物合成中的重要骨架，可用于合成具有多种重要生物活性的苯并噁唑类药物，如抗病毒、镇痛、抗癌、抗炎等[78-80]。

表6-3 龙眼花纯露的化学成分及其相对含量

种类（编号）	保留时间/min	质量电荷比（m/z）	分子式	成分名称	相对含量/%
芳香类					
1	34.253	148.01625	$C_8H_4O_3$	苯酐 Phthalic anhydride	12.65
2	34.251	278.15236	$C_{16}H_{22}O_4$	邻苯二甲酸二丁酯 Dibutyl phthalate	3.25
酚类					
1	56.62	100.0624	$[13]C_6H_6O$	苯酚-13C_6 Phenol-13C_6	0.15
醇类					
1	28.148	414.20526	$C_{24}H_{30}O_6$	1,3：2,4-二(3,4-二甲基亚苄基)-D-山梨醇 1,3：24-bis(3,4-dimethylo-benzylideno)Sorbitol(DMD-BS)	0.85
酸类					
1	57.296	138.98087	$C_2H_4O_5P$	乙酰磷酸 Phosphonoacetate	10.17
2	11.986	431.27373	$C_{22}H_{38}O_7$	2-{5-[2-({2-[5-(2-羟丁基)四氢呋喃-2]丙酰基}氧)丁基]四氢呋喃-2}丙酸 2-{5-[2-({2-[5-(2-hydro-xybutyl)oxolan-2-yl]propan-oyl}oxy)butyl]oxolan-2-yl}Propanoic acid	0.40
酮类					
1	34.25	120.02133	$C_7H_4O_2$	6-(氧亚甲基)-2,4-环己二烯-1-酮 6-(oxomethyle-ne)-2,4-Cyclohexadien-1-one	0.45
香豆素类					
1	34.259	204.07912	$C_{12}H_{12}O_3$	7-乙氧基-4-甲基香豆素 Maraniol	0.53

（续表）

种类（编号）	保留时间/min	质量电荷比（m/z）	分子式	成分名称	相对含量/%
			生物碱类		
1	15.501	678.506	$C_{36}H_{66}N_6O_6$	1,8,15,22,29,36-己偶氮基四十烷-2,9,16,23,30,37-异己酮 1,8,15,22,29,36-hexaazacyclodotetracontane-2,9,16,23,30,37-Hexone	11.42
2	23.318	224.18921	$C_{13}H_{24}N_2O$	N,N'-二环己基脲 N,N'-Dicyclohexylurea	8.19
3	3.146	119.03726	C_7H_5NO	苯并噁唑 Benzoxazole	5.58
4	56.765	148.07515	$C_7H_8N_4$	2-肼基-1H-苯并咪唑 2-hydrazino-1H-Benzimidazole	4.42
5	49.533	111.07975	$C_5H_9N_3$	组胺 Histamine	3.33
6	34.227	300.13432	$C_{14}H_{16}N_6O_2$	阿巴卡韦羧酸酯 Abacavir carboxylate	3.30
7	3.141	137.04791	$C_7H_7NO_2$	2-吡啶基乙酸 2-Pyridylacetic acid	2.52
8	49.533	127.11112	$C_6H_{13}N_3$	1-咪胺醇哌啶 1-Amidinopiperidine	2.34
9	49.537	86.08441	$C_4H_{10}N_2$	3-哒嗪酮 3-Hydropyridazine	2.25
10	49.537	125.09548	$C_6H_{11}N_3$	（2R）-1-（1H-咪唑-4）-2-丙胺 （2R）-1-（1H-imidazol-4-yl）-2-Propanamine	1.98
11	56.631	164.10646	$C_8H_{12}N_4$	（E）-偶氮双（异丁腈） （E）-Azobis（isobutyronitrile）	1.81
12	22.486	245.19936	$C_{13}H_{27}NO_3$	N,N-双（2-羟乙基）壬酰胺 N,N-bis（2-hydroxyethyl）Nonanamide	1.76
13	43.847	283.28783	$C_{18}H_{37}NO$	硬脂酰胺 Stearamide	1.69
14	47.345	311.31951	$C_{20}H_{41}NO$	N,N-二甲基硬脂酰胺 N,N-Dimethyloctadecanamide	1.67
15	20.011	278.18624	$C_{13}H_{22}N_6O$	2-{[4,6-二（1-吡咯烷基）-1,3,5-三嗪-2]氨基}乙醇 2-{[4,6-di（1-pyrrolidinyl）-1,3,5-triazin-2-yl]amino}Ethanol	1.20
16	1.875	213.07955	$C_{13}H_{11}NO_2$	N-苯基邻氨基苯甲酸 Fenamic acid	1.06

（续表）

种类（编号）	保留时间/min	质量电荷比（m/z）	分子式	成分名称	相对含量/%
17	27.136	299.15282	$C_{18}H_{21}NO_3$	可待因　(-)-Codeine	1.05
18	28.139	459.26326	$C_{26}H_{37}NO_6$	糖基脱氢胆酸 Glycodehydrocholic acid	1.04
19	49.537	113.0954	$C_5H_{11}N_3$	1-吡咯烷卡昔酰胺 1-Pyrrolidinecarboximidamide	0.95
20	49.536	152.10651	$C_7H_{12}N_4$	3-乙基-5,6,7,8-四氢[1,2,4]三唑并[4,3-a]吡嗪 3-ethyl-5, 6, 7, 8-tetrahydro[1,2,4]triazolo[4,3-a]Pyrazine	0.92
21	40.602	281.27266	$C_{18}H_{35}NO$	油酸酰胺 9-Octadecenamide	0.68
22	18.601	296.21083	$C_{16}H_{28}N_2O_3$	4-十二烷酰-2,6-哌嗪二酮 4-dodecanoyl-2, 6-Piperazinedione	0.63
23	17.835	201.11586	$C_{13}H_{15}NO$	3-异丙基-二甲基苄基异氰酸酯 3-isopropenyl-N-Isopropylidenebenzamide	0.62
24	4.026	105.05794	C_7H_7N	2-乙烯基吡啶 2-Vinylpyridine	0.60
25	47.462	337.33534	$C_{22}H_{43}NO$	芥酸酰胺　Erucic amide	0.59
26	54.8	139.11121	$C_7H_{13}N_3$	三氮双环癸烯 Triazabicyclodecene	0.57
27	12.959	452.33769	$C_{24}H_{44}N_4O_4$	1,8,15,22-四氮杂环二十八烷-2,9,16,23-四酮 1, 8, 15, 22-tetraazacyclooctacosane-2,9,16,23-Tetrone	0.56
28	27.136	267.12615	$C_{17}H_{17}NO_2$	阿扑吗啡　Apomorphine	0.52
29	21.859	423.34719	$C_{24}H_{45}N_3O_3$	加拉碘铵　Gallamine	0.51
30	49.537	154.12213	$C_7H_{14}N_4$	7-氨基-1,3,5-三氮杂金刚烷 7-Amino-1,3,5-triazaadamantane	0.49
31	49.533	166.12219	$C_8H_{14}N_4$	3-环己基-1H-1,2,4-三氮唑-5-胺 3-cyclohexyl-1H-1,2,4-triazol-5-Amine	0.46
32	36.967	451.38872	$C_{25}H_{49}N_5O_2$	N-[1-(十八烷氧基)-4-(1H-戊四唑-5)-2-丁基]乙酰胺 N-[1-(octadecyloxy)-4-(1H-tetrazol-5-yl)-2-butanyl]Acetamide	0.39

（续表）

种类 （编号）	保留时间/ min	质量电荷比 （m/z）	分子式	成分名称	相对含量/ %
33	20.096	276.17079	$C_{13}H_{20}N_6O$	N-（2H-[1,2,3]三唑酮[4,5-d]嘧啶-7)壬酰胺 N-（2H-[1,2,3]triazolo[4,5-d]pyrimidin-7-yl）Nonanamide	0.38
34	43.96	143.10614	$C_6H_{13}N_3O$	2-哌嗪-1-乙酰胺 2-piperazin-1-Ylacetamide	0.37
35	45.241	309.30361	$C_{20}H_{39}NO$	1-十六酰吡咯烷 1-Hexadecanoylpyrrolidine	0.35
36	54.807	177.10193	$C_8H_{11}N_5$	双胍　Biguanide	0.34
37	54.815	191.11768	$C_9H_{13}N_5$	2-甲苯基双胍 2-Tolylbiguanide	0.33
38	22.251	310.26271	$C_{18}H_{34}N_2O_2$	N-[3-（4-吗啉基）丙基]-10-十一烯酰胺 N-[3-（4-morpholinyl)propyl]-10-Undecenamide	0.32
39	12.228	129.05815	C_9H_7N	异喹啉　Leucoline	0.30
40	49.534	126.09073	$C_5H_{10}N_4$	5-异丙基-1H-1,2,4-三氮唑-3-胺 5-isopropyl-1H-1,2,4-triazol-3-Amine	0.29
41	54.792	119.04843	$C_6H_5N_3$	苯并三氮唑 1,2,3-Benzotriazole	0.26
42	49.537	168.10149	$C_7H_{12}N_4O$	2-（3,5-二甲基-1H-吡唑-1)乙酰 2-（3,5-dimethyl-1H-pyrazol-1-yl）Acetohydrazide	0.25
43	16.926	475.36809	$C_{26}H_{53}NO_4S$	N-二十四酰牛磺酸 N-Lignoceroyl Taurine	0.24
肽类					
1	14.428	565.42134	$C_{30}H_{55}N_5O_5$	环（异亮氨酰-亮氨酰-异亮氨酰-亮氨酰-亮氨酰） Cyclo（Isoleucyl-Leucyl-Isoleucyl-Leucyl-Leucyl）	2.66
2	13.27	547.35826	$C_{26}H_{45}N_9O_4$	L-苯丙氨酰基-N~5-（二氨基亚甲基）-L-鸟氨酰-L-赖氨酰-L-缬氨酸酰胺 L-Phenylalanyl-N~5-（diaminomethylene）-L-Ornithyl-L-Lysyl-L-Valinamide	0.31

第七章　百香果

一、概述

百香果（*Passiflora edulis* Sims.）是西番莲科西番莲属热带或亚热带多年生常绿藤本植物，因其果汁可散发出 10 多种水果的浓郁香味而称为百香果[93]。原产于美国夏威夷[93]，1936 年由夏威夷传入我国[94]。百香果全国种植面积约 54 000hm²[95]，规模化种植主要分布在海南、台湾、广西、福建、广东等地[96]。全球百香果已知品种有 160 多个，一般分为黄金果和紫果[97]。本章所选用品种'福建百香果 1 号'果皮紫红色，2017—2019 年在福建省示范推广种植 10 000hm² 以上，福建单产 1 444.44 ~ 1 524.12kg/亩[95]。百香果除鲜食外，主要加工成饮料、果酒、果醋，而果皮通常被作为废弃物处理掉[98]。果皮占鲜果重 50% ~ 55%[99]，目前少量果皮用于加工百香果果冻、果脯及饲料，但百香果果皮同样具有香味，利用百香果果皮提取精油和纯露，并作为添加剂应用于食品、饮料中，在丰富香料市场的同时，也可使百香果果皮废弃物资源重新得以利用。

二、百香果果皮精油成分及功效

将百香果挖去果瓤剩余百香果皮，用百香果皮提取精油，百香果皮精油的挥发性成分总离子流见图 7-1，精油挥发性成分及其相对含量分析结果见表 7-1。

从百香果果皮精油中共分离、鉴定出 254 种挥发性成分，包括烃类、酯类、酸类、醇类、醛类、芳香烃类和酮类等成分。总相对含量为 99.72%，其中烃类和酯类成分的相对含量较高，分别为 31.41% 和 30.25%。从不同种类挥发性成分的数量上来看，以酯类成分最高，达 81 种，烃类成分次之，达 56 种。综合考虑挥发性成分的相对含量和数量，酯类和烃类成分对百香果果皮精油的香气贡献最大。

百香果果皮精油的主要成分为棕榈酸和正五十四烷，相对含量分别为 16.10%、14.69%。棕榈酸主要用作沉淀剂、乳化剂和防水剂。百香果皮精油中含有的角鲨烯具有增强机体免疫、延缓皮肤衰老、防癌等功效[100]。百香果皮精油中己酸己酯具有水果香气和嫩荚青刀豆样香气[101]；己酸叶醇酯具有苹果-梨样香气[102]；丁酸辛酯具有类橙子气味、欧芹和甜瓜样香气；丁酸叶醇酯有水果-玫瑰香味；水杨酸己酯有青草香味；苯甲酸苄酯具有清淡的类似杏仁的香气；月桂酸乙酯具有花果香气；癸酸乙酯有果香和酒香香气，有梨和白兰地似的香韵；双戊烯有柠檬香味；苯甲醛具有苦杏仁、樱桃及坚果香[103]；十四醛三聚物具有鸢尾似桃子香气；2-十一烯醛具有蜡香、柑橘香、清香；2-十三烷酮呈蜡香、壤香、乳品和椰子香气，带坚果和药草气味；香茅醇具有甜玫瑰香[104]；橙花叔醇具有甜清柔美的橙花香气[105]，而且持久性好，有一定的协调性能和定香作用；薄荷醇具有薄荷香气。因此可以看出，百香果果皮不仅具有苹果、梨、橙子、甜瓜、柠檬、桃子、樱桃、柑橘、椰子等多种水果的香气，还具有多种草香、花香、坚果香、酒香和药香等香气成分。因此，百香果堪称名副其实的"百香"果。

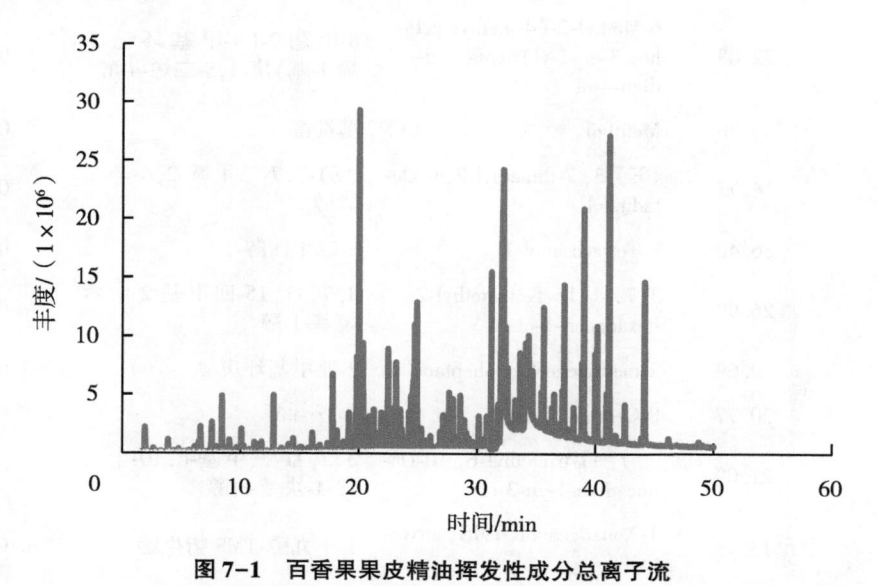

图7-1 百香果果皮精油挥发性成分总离子流

表7-1 百香果果皮精油挥发性成分及其相对含量

种类（编号）	保留时间/min	英文名	中文名	相对含量/%
		醇类		
1	24.60	Cyclohexanepropanol-	环己烷丙醇	1.92
2	27.95	Citronellol	香茅醇	0.96
3	24.41	(E)-Nerolidol	(E)-橙花叔醇	0.87
4	35.45	1-Hexacosanol	二十六碳醇	0.58
5	37.14	1-Pentacosanol	二十五烷醇	0.48
6	34.67	Nerolidol	橙花叔醇	0.42
7	21.36	4-propyl-4-Heptanol	4-正丙基-4-庚醇	0.27
8	40.39	(all-E)-(+/-)-2,6,10,15,19,23-hexamethyl-1,6,10,14,18,22-Tetracosahexaen-3-ol	(全-E)-(+/-)-2,6,10,15,19,23-六甲基-1,6,10,14,18,22-四环素-3-醇	0.24
9	19.66	6-Methyl-hept-2-en-4-ol	6-甲基-乙酰-2-烯-4-醇	0.19
10	43.89	Heptadecyl alcohol	十七烷醇	0.17
11	24.12	α,2-dimethyl-2-(4-methyl-3-pentenyl)-[1α(R*),2α]-Cyclopropanemethanol	α-2-二甲基-2-(4-甲基-3-戊二酰基)-[1α(R*),2α]-环丙环乙醇	0.15

（续表）

种类（编号）	保留时间/min	英文名	中文名	相对含量/%
12	11.77	6-Methylenebicyclo［3.2.0］hept-3-en-2-ol	6-甲基双环-［3.2.0］乙酰-3-烯-2-醇	0.14
13	22.08	6-Methyl-2-（4-methylcyclo-hex-3-en-1-yl）hepta-1,5-dien-4-ol	6-甲基-2-（4-甲基环己-3-烯 1-基）庚-1,5-二烯-4-醇	0.13
14	35.70	Menthol	薄荷醇	0.11
15	16.71	（E)-3,7-dimethyl-2,6-Oc-tadienol	（E)-3,7-二甲基-2,6-辛二烯醇	0.09
16	36.40	n-Tetracosanol-1	n-二十四醇-1	0.09
17	26.99	3,7,11,15-Tetramethyl-2-hexadecen-1-ol	3,7,11,15-四甲基-2-十六烷基-1-醇	0.09
18	9.69	2-methylene-Cycloheptanol	2-亚甲基环庚醇	0.08
19	20.77	8-Cedren-13-ol	雪松烯醇	0.07
20	21.09	3,7,11-trimethyl-6,10-Do-decadien-1-yn-3-ol	3,7,11-三甲基-6,10-十二烯-1-炔基-3-醇	0.06
21	15.75	1-Nonadecanol, TMS deriva-tive	1-十九醇-TMS 衍生物	0.06
22	6.00	2-methylene-Cyclopen-tanepropanol	2-亚甲基-环戊烷丙醇	0.04
23	33.75	Phytol	叶绿醇	0.04
24	26.51	α-Bisabolol oxide A	红没药醇氧化物 A	0.03
25	25.74	trans-Geranylgeraniol	反式-香叶龙胆醇	0.03
26	9.28	Benzyl alcohol	苯甲醇	0.02
27	3.26	1-Hexanol	1-己醇	0.02
28	7.36	1-Octen-3-ol	1-辛烯-3-醇	0.02
29	19.25	2-methyl-2-propyl-1,3-Pro-panediol	2-甲基-2-丙基-1,3-丙二醇	0.02
30	39.76	cis,cis-Farnesol	顺式,顺式-金合欢醇	0.01
31	11.53	Linalool	芳樟醇	0.01
32	38.38	Peucelinendiol	白花紫杉醇	0.01
33	10.58	1-Octanol	1-辛醇	0.01
酯类				
1	20.01	Hexanoic acid, hexylester	己酸己酯	6.50
2	24.89	octyl-Caprylate	辛酸辛酯	3.42
3	24.73	3-Octenoic acid, dodecyl ester	3-辛烯酸-十二烷基酯	2.23
4	19.82	（3Z)-hexenyl-Caproate	己酸叶醇酯	1.25

（续表）

种类（编号）	保留时间/min	英文名	中文名	相对含量/%
5	20.07	octyl-Butyrate	丁酸辛酯	1.24
6	34.35	Octadecanoic acid	硬脂酸	1.19
7	24.67	(Z)-3-Hexen-1-ol, benzoate	苯甲酸叶醇酯	1.16
8	38.86	Eicosyl trifluoroacetate	三氟乙酸酯	0.79
9	32.40	Hexadecanoic acid, ethyl ester	棕榈酸乙酯	0.78
10	23.52	Citronellyl butyrate	3,7-二甲基-6-辛烯醇丁酸酯	0.75
11	24.47	Hexanoic acid, dodec-9-ynyl ester	己酸十二烯-9-炔酯	0.75
12	28.57	6,10-dimethyl-5,9-Undeca-dien-2-ol, acetate	6,10-二甲基-5,9-十一烷二烯-2-醇乙酸酯	0.62
13	19.73	Phytol acetate	(R,R,R,E)-3,7,11,15-四甲基-2-十六烯-1-醇乙酸酯	0.61
14	24.25	Geranyl butyrate	丁酸香叶酯	0.61
15	23.64	cis-Carvyl tiglate	顺式-丁基甲硫酸酯	0.59
16	27.12	n-Hexyl salicylate	水杨酸己酯	0.50
17	32.58	Farnesyl butanoate	丁酸法尼酯	0.46
18	34.11	Ethyl Oleate	油酸乙酯	0.42
19	22.25	Butanoic acid, undec-2-enyl ester	丁烯酸-2-烯基酯	0.37
20	26.87	Hexanoic acid, undec-2-enyl ester	己酸-2-烯基酯	0.35
21	2.62	Carbamic acid, phenyl ester	苯氨基甲酸甲酯	0.35
22	30.13	Farnesol, acetate	金合欢醇乙酸酯	0.31
23	28.63	(E)-Hexanoic acid, 3,7-dimethyl-2,6-octadienyl ester	(E)-己酸香叶酯	0.29
24	34.19	(Z)-18-Octadec-9-enolide	(Z)-18-十八碳-烯内酯	0.29
25	31.51	Hexadecanoicacid, methyl ester	棕榈酸甲酯	0.27
26	31.65	Oxacyclohexadecan-2-one	环十五内酯	0.25
27	29.04	Benzyl Benzoate	苯甲酸苄酯	0.24
28	36.32	Pentadecanolide	环己基-十六环酸酯	0.22
29	29.09	Nona-(2E,6Z)dienol acetate	(2E,6Z)-壬二烯醇醋酸酯	0.20
30	14.45	2-methyl-Propanoic acid, hexyl ester	异丁酸己酯	0.20

（续表）

种类（编号）	保留时间/min	英文名	中文名	相对含量/%
31	20.45	Butanoic acid,1-methyloctyl ester	1-甲基辛酸丁酯	0.19
32	25.16	Dodecanoic acid,ethyl ester	月桂酸乙酯	0.19
33	20.21	ethyl-Decanoate	癸酸乙酯	0.18
34	28.13	Glutaric acid,3-chlorophenyl neryl ester	戊二酸-3-氯苯基橙花酯	0.16
35	34.26	Linoleic acid ethyl ester	亚油酸乙酯	0.16
36	17.49	Hexanoic acid,3-tridecyl ester	己酸-3-三烯丙酯	0.14
37	25.11	Hexanoic acid,3-pentyl ester	己酸-3-戊酯	0.12
38	20.58	Octanoic acid,2-pentadecyl ester	辛酸-2-十五烷基酯	0.12
39	17.35	octyl-Butyrate	丁酸辛酯	0.11
40	26.11	Bifenthrin	联苯菊酯	0.11
41	19.61	Succinic acid,di(2,4-dimethylpent-3-yl)ester	琥珀酸-二(2,4-二甲基-3)酯	0.10
42	21.20	(Z,Z)-3-Hexenyl-3-hexenoate	(Z,Z)-3-己烯酸-3-己烯酯	0.08
43	39.09	Citronellyloleate	油酸香茅酯	0.07
44	27.45	Oxalic acid,2-isopropylphenyl pentyl ester	草酸-2-异丙基苯基戊酯	0.07
45	26.27	N-Hexanoylhomoserine lactone	正己基高丝氨酸内酯	0.06
46	37.62	Bis(2-ethylhexyl)phthalate	邻苯二甲酸二(2-乙基己)酯	0.06
47	29.22	Decanoic acid,decyl ester	正癸酸正癸酯	0.06
48	15.03	Butanoic acid,1-methylhexyl ester	丁酸-1-甲基己基酯	0.06
49	33.90	Methyl stearate	硬脂酸甲酯	0.06
50	18.99	Citronellyl acetate	乙酸香茅酯	0.06
51	37.79	trans-9-Octadecenoic acid,pentyl ester	反式-9-十八烯酸戊酯	0.05
52	31.04	Butyl cinnamate	肉桂酸丁酯	0.05
53	29.47	Tetradecanoic acid,ethyl ester	十四酸乙酯	0.05
54	11.62	3,3,5-trimethylcyclohexyl 2-(pentafluoropropionyloxy)Benzoate	3,3,5-三甲基环己基 2-(五氟丙氧基)苯甲酸酯	0.05
55	14.59	ethyl-Octanoate	辛酸乙酯	0.05

（续表）

种类 （编号）	保留时间/ min	英文名	中文名	相对含量/ %
56	17.19	Acetic acid,1,7,7-trimethyl-bicyclo[2.2.1]hept-2-yl ester	乙酸,1,7,7-三甲基双环[2.2.1]-2-庚基酯	0.04
57	20.69	Pentylallyl butyrate	丁酸五烯丙基酯	0.04
58	18.92	Ethyl Acetate	乙酸乙酯	0.04
59	30.54	Phthalic acid, butyl 2-methylbenzyl ester	邻苯二甲酸丁基-2-甲基苄基酯	0.04
60	38.01	Hexadecanoic acid, phenylmethyl ester	十六酸苯甲酯	0.04
61	16.78	Non-(2E)-enoic acid, ester	非-(2E)-烯酸甲基酯	0.04
62	37.75	trans,trans-9,12-Octadecadienoic acid,propyl ester	反式,反式-亚油酸丙酯	0.04
63	36.08	4,8,12,16-Tetramethylheptadecan-4-olide	4,8,12,16-四甲基庚二胺-4-内酯	0.04
64	26.81	(3E,6E)-Nona-3,6-dienyl 2-methylbutanoate	(3E,6E)-壬基-3,6-二烯基-2-甲基丁酸酯	0.04
65	14.35	Methyl 1-cyclohexene-1-carboxylate	1-环己烯基-1-甲酸甲酯	0.02
66	19.50	Decanoic acid	正癸酯	0.02
67	15.95	2-Butenoic acid,hexyl ester	2-丁烯酸己酯	0.02
68	11.03	3-methyl-6-(1-methylethyl)-2-Cyclohexen-1-ol,acetate	3-甲基-6-(1-甲基乙基)-2-环己烯-1-醇乙酸酯	0.02
69	36.15	cis-9-Hexadecenoic acid, heptyl ester	顺式-9-十六烯酸庚酯	0.02
70	30.34	Phthalic acid, octyl-2-phenylethyl ester	邻苯二甲酸辛基-2-苯乙醇酯	0.02
71	39.42	1,3-Benzenedicarboxylic acid,bis(2-ethylhexyl)ester	间苯二甲酸二辛酯	0.02
72	30.85	(E)-6-Octadecen-1-ol acetate	(E)-6-十八碳-1-醇乙酸酯	0.02
73	39.63	2,6,11,15,19-pentamethyl-2,6,10,14,19-Eicosapentaenoic acid,ethyl ester	2,6,11,15,19-戊甲基-2,6,10,14,19-二十碳五烯酸乙酯	0.02
74	38.62	(2E,6E)-3,7,11-Trimethyldodeca-2,6,10-trien-1-yl stearate	(2E,6E)-3,7,11-三甲基十二烷-2,6,10-三烯-1-硬脂酸酯	0.01
75	15.39	2-ethyl-2-propyl-Hexanoic acid,methylester	己酸-2-甲基-2-丙基苯酯	0.01
76	42.24	Fumaric acid, 2-isopropylphenyl pentadecyl ester	丁烯二酸 2-异丙基苯基十五酯	0.01
77	16.40	(1R,5S,6R)-2,7,7-Trimethylbicyclo[3.1.1]hept-2-en-6-yl acetate	(1R,5S,6R)-2,7,7-三甲基双环[3.1.1]庚-2-烯-6-乙酸酯	0.01

（续表）

种类（编号）	保留时间/min	英文名	中文名	相对含量/%
78	30.00	(12S)-methyl-Tetradec-anoic acid, methyl ester	(12S)-甲基十四酸甲酯	0.01
79	36.93	Malonic acid, 2,4-dimethyl-pent-3-yl tridecyl ester	丙二酸 2,4-二甲基-3-十三酯	0.01
80	4.35	3-Methylcyclopentyl acetate	3-甲基环戊酯	0.01
81	39.29	α-Cyclogeraniol acetate	α-环香醇乙酸酯	0.01
醛类				
1	8.44	(E,E)-2,4-Heptadienal	(E,E)-2,4-庚二烯醛	0.92
2	1.91	3-Furaldehyde	3-糠醛	0.47
3	6.60	Benzaldehyde	苯甲醛	0.39
4	18.15	(E,E)-2,4-Decadienal	(E,E)-2,4-癸二烯醛	0.39
5	10.09	(E)-2-Octenal	(E)-2-辛烯醛	0.31
6	28.41	(E,E)-3,7,11-trimethyl-2,6,10-Dodecatrienal	金合欢醛	0.24
7	25.63	Tetradecanal	十四醛三聚物	0.18
8	6.45	(Z)-2-Heptenal	(Z)-2-庚醛	0.12
9	19.41	2-Undecenal	2-十一烯醛	0.12
10	28.23	(Z)-9-Octadecenal	(Z)-9-十八(烷)醛	0.07
11	30.97	(Z)-9,17-Octadecadienal	(Z)-9,17-十八(烷)醛	0.07
12	15.17	(E,E)-2,4-Nonadienal	(E,E)-2,4-壬二烯醛	0.07
13	16.54	(E)-2-Decenal	(E)-2-癸烯醛	0.06
14	13.45	(E)-2-Nonenal	(E)-2-壬烯醛	0.04
15	11.66	Nonanal	正壬醛	0.04
16	9.55	Benzeneacetaldehyde	苯乙醛	0.04
17	36.78	Henicosanal	绞股蓝醛	0.03
18	11.85	Octa-(2E,4E)-dienal	(2E,4E)-辛二烯醛	0.02
19	2.75	2-ethyl-Butanal	2-乙基丁醛	0.02
20	14.88	Decanal	正癸醛	0.02
21	11.42	10-Undecenal	10-十一烯醛	0.02
22	17.02	cis-4,5-Epoxy-(E)-2-decenal	顺式-4,5-环氧-(E)-2-癸烯醛	0.02
23	31.44	Octadecanal	正十八醛	0.02
24	9.19	(E)-4-Oxohex-2-enal	(E)-2-己烯-4-氧代-醛	0.02
25	4.40	Heptanal	正庚醛	0.02
26	29.89	Hexadecanal	棕榈醛	0.02
27	17.85	Undecanal	正十一醛	0.01
28	8.16	Octanal	正辛醛	0.01

（续表）

种类 （编号）	保留时间/ min	英文名	中文名	相对含量/ %
		烃类		
1	41.15	Tetrapentacontane	正五十四烷	14.69
2	31.18	Eicosane	正二十烷	2.64
3	37.35	Hexatriacontane	正三十六烷	2.55
4	40.14	Squalene	角鲨烯	1.42
5	23.15	β-Bisabolene	β-红没药烯	1.25
6	27.63	Heneicosane	正二十一烷	0.85
7	22.95	Heptadecane	正十七烷	0.83
8	40.93	Nonacos-1-ene	二十九烯	0.71
9	21.91	(3S,4aS,8aR)-1,1,3,6-Tetramethyl-3-vinyl-3,4,4a,7,8,8a-hexahydro-1H-isochromene	(3S,4aS,8aR)-1,1,3,6-四甲基-3-乙烯基-3,4,4a,7,8,8a-六氢-1H-异铬烯	0.65
10	22.35	(3S,4aR,8aS)-1,1,3,6-Tetramethyl-3-vinyl-3,4,4a,7,8,8a-hexahydro-1H-isochromene	(3S,4aR,8aS)-1,1,3,6-四甲基-3-乙烯基-3,4,4a,7,8,8a-六氢-1H-异铬烯	0.59
11	20.91	α-Santalene	α-檀香花烯	0.56
12	21.27	cis-α-Bergamotene	顺式-α-香柠檬烯	0.56
13	30.79	1-Nonadecene	1-十九烯	0.38
14	25.28	3-pentyl-Cyclohexene	3-戊基-环己烯	0.35
15	25.02	heptadecyl-Oxirane	十七烷基环氧乙烷	0.34
16	36.51	Tetracosane	正二十四烷	0.30
17	33.22	Kaur-16-ene	贝壳杉-16-烯	0.28
18	26.73	2-Tridecylfuran	2-三丁基呋喃	0.20
19	21.73	(E)-β-Farnesene	(E)-β 法尼烯	0.15
20	9.07	D-Limonene	双戊烯	0.14
21	24.19	1,9,12,15-Octadecatetraene,1-methoxy	1-甲氧基-1,9,12,15-八碳四烯	0.13
22	18.69	8-methyl-1-Undecene	8-甲基-1-十一烯	0.12
23	17.63	2,6,10,10-tetramethyl-1-Oxaspiro[4.5]dec-6-ene	2,6,10,10-四甲基-1-氧杂螺[4.5]癸-6-烯	0.12
24	11.17	(2-methyl-1-propenyl)-Benzene	2-甲基-1-苯基丙烯	0.12
25	23.91	1-methyl-4-(phenylmethyl)-Benzene	4-甲基二苯甲烷	0.12

（续表）

种类（编号）	保留时间/min	英文名	中文名	相对含量/%
26	20.51	2，3，4，5-tetramethyl-1-（4-pentenyl）-1，3-Cyclopentadiene	2，3，4，5-四甲基-1-（4-戊烯基）-1，3-环戊二烯	0.10
27	6.10	Bicyclo［3.3.1］nonane	［3.3.1］-双环壬烷	0.09
28	23.99	α-Calacorene	α-二去氢菖蒲烯	0.09
29	11.32	2-butyltetrahydro-Furan	2-丁基四氢-呋喃	0.09
30	27.83	（1R，2R，5R，E）-7-ethylidene-1，2，8，8-tetramethylbicyclo［3.2.1］Octane	（1R，2R，5R，E）-7-亚乙基-1，2，8，8-四甲基双环［3.2.1］辛烷	0.09
31	21.46	（3S，4aS，8aS）-1，1，3，6-tetramethyl-3-vinyl-3，4，4a，7，8，8a-hexahydro-1H-Isochromene	（3S，4aS，8aS）-1，1，3，6-四甲基-3-乙烯基-3，4，4a，7，8，8a-六氢-1H-异铬烯	0.08
32	22.57	［S-（R*，S*）]-3-（1，5-dimethyl-4-hexenyl）-6-methylene-Cyclohexene	［S-（R*，S*）]-3-（1，5-二甲基-4-己烯基）-6-亚甲基-环己烯	0.07
33	28.76	（1α，3α，5α）-1，5-diethenyl-3-methyl-2-methylene-Cyclohexane	（1α，3α，5α）-1，5-二乙烯基-3-甲基-2-亚甲基-环己烷	0.07
34	7.69	2-pentyl-Furan	2-戊基-呋喃	0.07
35	42.06	2，2-dimethyl-3-（3，7，16，20-tetramethyl-heneicosa-3，7，11，15，19-pentaenyl）-Oxirane	2，2-二甲基-3-（3，7，16，20-四甲基-二十二碳六烯酸，3，7，11，15，19-戊烯基）-环氧乙烷	0.06
36	30.42	1-（1-cyclopenten-1-yl）-Pyrrolidine	1-（1-吡咯烷）环戊烯	0.06
37	29.72	2-Methyltetracosane	2-甲基二十四烷	0.05
38	16.27	4-ethenyl-3-（1-methyl-1-propenyl）-Cyclohexene	4-乙烯-3-（1-甲基-1-丙烯基）-环己烯	0.05
39	29.17	2-cyclohexyl-Dodecane	2-环己基-十二烷	0.05
40	10.00	2-Nonyne	2-壬炔	0.05
41	15.29	（1R，2S，6S，7S，8S）-8-Isopropyl-1-methyl-3-methylenetricyclo［4.4.0.02,7］decane-rel	（1R，2S，6S，7S，8S）-8-异丙基-1-甲基-3-亚甲基三环［4.4.0.02,7］癸烷	0.05
42	41.54	（all-E）-2，2-dimethyl-3-（3，7，12，16，20-pentamethyl-3，7，11，15，19-heneicosapentaenyl）-Oxirane	环氧角鲨烯	0.04
43	26.42	Octadecane	正十八烷	0.03
44	25.97	2，2-Dimethyl-3-vinyl-bicyclo［2.2.1］heptane	2，2-二甲基-3-乙烯基-双环［2.2.1］庚烷	0.03

（续表）

种类（编号）	保留时间/min	英文名	中文名	相对含量/%
45	28.32	1-bromo-3,5-dimethyl-Tricyclo[3.3.1.1(3,7)]decane	1-溴-3,5-二甲基金刚烷	0.03
46	15.60	2-Carene	2-蒈烯	0.02
47	12.23	Phthalan	1,3-二氢异苯并呋喃	0.02
48	15.84	(Z)-3,7-dimethyl-2,6-Butadiene	(Z)-3,7-二甲基-2,6-丁二烯	0.02
49	12.62	(E,Z)-2,7-dimethyl-3,5-Octadiene	(E,Z)-2,7-二甲基-3,5-辛二烯	0.01
50	18.85	2-Heptylfuran	2-庚基呋喃	0.01
51	37.85	5-cyclohexyl-Decane	5-环己基-癸烷	0.01
52	8.97	1-ethenyl-2-methyl-Benzene	2-甲基苯乙烯	0.01
53	9.34	α-Pinene	α-蒎烯	0.01
54	38.67	2-Methylhexacosane	异构二十七烷	0.01
55	18.36	tris (trimethylsilyl)-(p-methoxybenzoyl)Silane	三(三甲基硅基)-(对甲氧基苯甲酰)硅烷	0.01
56	14.74	Dodecane	正十二烷	0.01
芳香烃类				
1	22.48	1-(1,5-dimethyl-4-hexenyl)-4-methyl-Benzene	1-(1,5-二甲基-4-己基)-4-甲基-苯	1.89
2	19.15	1,2-dihydro-1,1,6-trimethyl-Naphthalene	1,2 二氢-1,1,6 三甲基-萘	0.55
3	22.72	[4aR-(4aα,7α,8aβ)]-decahydro-4a-methyl-1-methylene-7-(1-methylethenyl)-Naphthalene	[4aR-(4aα,7α,8aβ)]-十氢-4a-甲基-1-亚甲基-7-(1-甲基乙烯基)-萘	0.26
4	27.07	1,6-dimethyl-4-(1-methylethyl)-Naphthalene	1,6-二甲基-4-(1-甲基乙基)-萘	0.20
5	27.74	2,2′,5,5′-tetramethyl-1,1′-Biphenyl	2,2′,5,5′-四甲基-1,1′-联苯	0.18
6	27.28	3,4-diethyl-1,1′-Biphenyl	3,4-二乙基-1,1′-联苯	0.11
7	23.31	(1α,4aβ,8aα)-1,2,3,4,4a,5,6,8a-octahydro-7-methyl-4-methylene-1-(1-methylethyl)-Naphthalene	(1α,4aβ,8aα)-1,2,3,4,4a,5,6,8a-八氢-7-甲基-4-亚甲基-1-(1-甲基乙基)-萘	0.09
8	25.51	1,1,5,6-Tetramethyl-1,2,3,4-tetrahydronaphthalene	1,1,5,6-四甲基-1,2,3,4-四氢化萘	0.06

（续表）

种类 （编号）	保留时间/ min	英文名	中文名	相对含量/ %
9	24.05	1-Isopropenylnaphthalene	1-异丙苯基萘	0.05
10	8.90	p-Cymene	4-异丙基甲苯	0.05
11	21.00	2,6-dimethyl-Naphthalene	2,6-二甲基萘	0.05
12	25.89	1-methyl-4-(1-methylpropyl)-Benzene	1-甲基-4-(1-甲基丙基)-苯	0.04
13	37.94	1-(1-hydroxyheptyl)-3-[1-(tetrahydropyran-2-yloxy)heptyl]-Benzene	1-(1-羟庚基)-3-[1-(四氢吡喃-2-氧)庚基]-苯	0.02
14	17.95	2-methyl-Naphthalene	2-甲基萘	0.02
15	30.20	1-(1-decylundecyl)decahydro-Naphthalene	1-(1-十烷基十一烷基)十氢-萘	0.01
酸类				
1	32.22	Palmitic acid	棕榈酸	16.10
2	28.90	Pentadecanoic acid	十五烷酸	1.17
3	31.78	(8Z,11Z,14Z)-Eicosatrienoic acid	(8Z,11Z,14Z)-二十碳三烯酸	1.16
4	34.04	(Z,Z)-9,12-Octadecadienoic acid	亚油酸	0.83
5	14.06	Octanoic acid	辛酸	0.19
6	33.26	3,4-Dihydroxymandelic acid,4TMS derivative	3,4-二羟基杏仁酸,4TMS衍生物	0.09
7	34.15	(E)-9-Octadecenoic acid	(E)-油酸	0.09
8	7.64	Hexanoic acid	己酸	0.04
9	10.85	Heptanoic acid	庚酸	0.01
10	5.26	allyl-Isovalerate	烯丙(基)-异戊酸	0.01
酮类				
1	21.58	(E)-6,10-dimethyl-5,9-Undecadien-2-one	香叶基丙酮	0.36
2	22.79	2-Tridecanone	2-十三烷酮	0.22
3	27.56	2-Pentadecanone	2-十五烷酮	0.17
4	11.28	(E,E)-3,5-Octadien-2-one	(E,E)-3,5-辛二烯醇-2-酮	0.10
5	30.28	6,10,14-trimethyl-2-Pentadecanone	植酮	0.10
6	7.50	6-methyl-5-Hepten-2-one	甲基庚烯酮	0.09
7	10.27	2-methyl-6-Methyleneoct-7-en-4-one	2-甲基-6-亚甲基-7-辛烯-4-酮	0.09
8	14.23	1-(4-methylphenyl)-Ethanone	对甲基苯乙酮	0.07

（续表）

种类（编号）	保留时间/min	英文名	中文名	相对含量/%
9	16.19	6-hydroxy-5-methyl-6-vinyl-Bicyclo［3.2.0］heptan-2-one	6-羟基-5-甲基-6-乙烯基-双环［3.2.0］庚烷-2-酮	0.05
10	33.68	2-Nonadecanone	2-十九烷酮	0.04
11	23.35	cis-hexahydro-8a-methy-l-1,8（2H,5H）-Naphthalenedione	顺式-六氢-8a-甲基-1,8（2H,5H）-萘二酮	0.04
12	31.31	（E,E）-6,10,14-trimethyl-5,9,13-Pentadecatrien-2-one	法尼基丙酮	0.04
13	18.28	octahydro-8a-methyl-1（2H）-Naphthalenone	八氢-8a-甲基-1（2H）-萘酮	0.03
14	10.79	5,6-dihydro-2H-Pyran-2-one	5,6-二氢-2H-吡喃-2-酮	0.03
15	17.08	3,4,4a,5,6,7-hexahydro-1,1,4a-trimethyl-2（1H）-Naphthalenone	3,4,4a,5,6,7-六氢-1,1,4a-三甲基-2（1H）-萘酮	0.03
16	17.42	Nonyl methyl ketone	甲基壬基甲酮	0.02
17	2.86	5-methyl-2(5H)-Furanone	5-甲基-2(5H)-呋喃酮	0.02
18	16.34	4,6-Dimethyloctane-3,5-dione	4,6-二甲基辛烷-3,5-二酮	0.01
19	10.49	3,5-Octadien-2-one	3,5-辛二烯-2-酮	0.01
20	12.50	4-Acetyl-1-methylcyclohexene	4-甲基-3-环己烯-1-酮	0.01
其他类				
1	22.63	（+）-Borneol	（+）-冰片	0.26
2	16.07	Undecanoyl chloride	十一烷酰氯	0.26
3	34.49	4,4′-（1-methylethylidene）bis-Phenol	4,4′-（1-甲基亚乙荃）双-苯酚	0.17
4	20.13	［1s-（1α,2β,4β）］-1-ethenyl-1-methyl-2,4-bis（1-methylethenyl）-Cyclohexane	［1s-（1α,2β,4β）］-1-乙烯基-1-甲基-2,4-双（1-甲基乙基）-环己烷	0.08
5	25.82	Caryophyllene oxide	石竹素	0.04
6	11.97	Geranyl nitrile	3,7-二甲基-2,6-辛二烯腈	0.02
7	29.52	Pentyl octadecylether	戊基十八烷基醚	0.02
8	37.67	Triphenylphosphine oxide	三苯基氧膦	0.01
9	8.02	2,5-dimethyl-Thiophene	2,5-二甲基-噻吩	0.01
10	16.47	16-Methyl-heptadecane-1,2-diol,trimethylsilyl ether	16-甲基-庚烷-1,2-二醇三甲基水飞蓟醚	0.01

三、百香果果皮纯露成分及功效

百香果果皮纯露的挥发性成分总离子流见图7-2，百香果果皮纯露挥发性成分及其相对含量分析结果见表7-2。

从百香果果皮纯露中共分离、鉴定出208种挥发性成分，包括醇类、酯类、醛类、烯烃类、酮类和烷烃类等成分，总相对含量为93.35%，其中醇类、酯类和醛类成分的相对含量较高，分别为33.00%、25.63%和22.40%。从不同种类挥发性成分的数量上来看，以酯类成分最高，达68种，醇类成分次之，达46种。综合考虑挥发性成分的相对含量和数量，酯类和醇类成分对百香果果皮纯露的香气贡献最大。

百香果果皮纯露中挥发性成分相对含量较高的成分有芳樟醇和苯甲醛，相对含量分别为19.72%、15.04%。芳樟醇具有铃兰香气，且拥有抑菌[10]、抗氧化、抗皮肤衰老等活性[11]；百香果果皮纯露中挥发性成分中还包含水杨酸甲酯，相对含量为3.32%，水杨酸甲酯具有强烈的冬青油香气，具有抗氧化[26]、抗炎镇痛[27]等作用；α-松油醇的相对含量为2.34%，α-松油醇有似海桐花的清香，甜的紫丁香、铃兰气息，具有抑菌[22]作用。1-己醇的相对含量为3.01%，1-己醇能抑制果实呼吸速率，延缓果实维生素C含量的下降，延缓果实衰老。

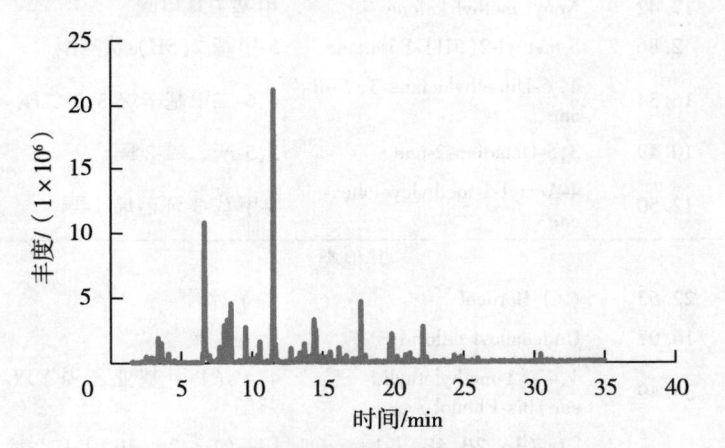

图7-2 百香果果皮纯露挥发性成分总离子流

表7-2 百香果果皮纯露挥发性成分及其相对含量

种类（编号）	保留时间/min	英文名	中文名	相对含量/%
		醇类		
1	11.52	Linalool	芳樟醇	19.72
2	3.36	1-Hexanol	1-己醇	3.01
3	14.53	α-Terpineol	α-松油醇	2.34
4	10.56	1-Octanol	1-辛醇	1.81
5	16.17	Geraniol	香叶醇	1
6	13.81	1-Nonanol	1-壬醇	0.5

（续表）

种类（编号）	保留时间/min	英文名	中文名	相对含量/%
7	24.35	(E)-Nerolidol	(E)-橙花叔醇	0.41
8	15.41	(Z)-3,7-dimethyl-2,6-Octadien-1-ol	橙花醇	0.37
9	14.07	(R)-4-methyl-1-(1-methylethyl)-3-Cyclohexen-1-ol	(R)-4-萜品醇	0.36
10	2.89	(Z)-3-Hexen-1-ol	(Z)-3-己烯-1-醇	0.34
11	9.79	(Z)-3-Octen-1-ol	(Z)-3-辛-1-醇	0.32
12	10.09	2-Octyn-1-ol	2-辛炔-1-醇	0.29
13	15.48	Citronellol	香茅醇	0.22
14	9.29	Benzyl alcohol	苯甲醇	0.19
15	4.52	5-methyl-2-Hexanol	5-甲基-2-己醇	0.18
16	21.44	4-(2,6,6-Trimethyl-cyclohex-1-enyl)-β-2-ol	二氢-β-紫罗兰醇	0.17
17	23.60	Perillyl alcohol	紫苏醇	0.17
18	13.23	(Z)-3-Nonen-1-ol	(Z)-3-壬烯-1-醇	0.16
19	21.62	6,10-dimethyl-5,9-Undecadien-2-ol	6,10-二甲基-5,9-十一烷二烯-2-醇	0.15
20	2.65	(Z)-4-Hexen-1-ol	(Z)-4-己烯-1-醇	0.13
21	9.17	Eucalyptol	桉叶油醇	0.12
22	4.37	2-Ethyl-2-methyl-1,3-propanediol	2-乙基-2-甲基-1,3-丙二醇	0.09
23	21.30	4-propyl-4-Heptanol	4-正丙基-4-庚醇	0.08
24	13.66	(Z)-2-Nonen-1-ol	(Z)-2-壬烯-1-醇	0.08
25	7.86	3,4-Dimethylcyclohexanol	3,4-二甲基环己醇	0.07
26	13.59	2,6-dimethyl-5,7-Octadien-2-ol	2,6-二甲基-5,7-辛二烯-2-醇	0.07
27	9.98	3-Octen-1-ol	3-辛烯-2-醇	0.06
28	8.76	1-allyl-2-methylene-Cycloheptanol	1-烯丙基-2-亚甲基-环庚醇	0.06
29	12.48	(1α,2α,5α)-2-methyl-5-(1-methylethyl)-Bicyclo[3.1.0]hex-3-en-2-ol	(1α,2α,5α)-2-甲基-5-(1-甲基乙基)-双环[3.1.0]己-3-烯-2-醇	0.06
30	7.06	1-Heptanol	1-正庚醇	0.05
31	16.82	Decyl alcohol	癸醇	0.05
32	25.11	Tricyclo[4.4.0.0(2,8)]decan-4-ol	三环[4.4.0.0(2,8)]癸-4-醇	0.05
33	8.84	(S)-3-Ethyl-4-methylpentanol	(S)-3-乙基-4-甲基戊醇	0.04

（续表）

种类 （编号）	保留时间/ min	英文名	中文名	相对含量/ %
34	12.18	2-methyl-6-methylene-7-Octen-2-ol	月桂烯醇	0.04
35	10.25	Oct-（5Z）-enol	（5Z）-辛烯醇	0.03
36	2.74	Hex-（3E）-enol	（3E）-己烯-1-醇	0.03
37	9.40	Pelargol	3,7-二甲基-1-辛醇	0.03
38	27.78	3-Isopropyl-6,7-dimethyltricyclo［4.4.0.0（2,8）］decane-9,10-diol	3-异丙基-6,7-二甲基三环［4.4.0.0（2,8）］癸烷-9,10-二醇	0.03
39	26.60	1-Heptatriacotanol	1-三十七醇	0.02
40	18.64	2-（2-Benzyloxy-4-methyl-cyclohex-3-enyl）-propan-2-ol	2-（2-苄氧基-4-甲基-环己-3-烯基）-丙-2-醇	0.02
41	22.58	3,3-dimethyl-Cyclohexanol	3,3-二甲基-环己醇	0.02
42	12.13	trans,para-Mentha-2,8-dien-1-ol	（1S,4S）-1-甲基-4-（1-甲基乙烯基）-环己-2-烯-1-醇	0.02
43	10.75	4-ethyl-1-Octyn-3-ol	4-乙基-1-辛炔-3-醇	0.01
44	10.83	2,6-dimethyl-6-Hepten-2-ol	2,6-二甲基-6-庚醇	0.01
45	7.39	1-Octen-3-ol	1-辛烯-3-醇	0.01
46	31.02	17-methyl-5-α-Androst-2-en-17-β-ol	17-甲基-5-α-雄甾-2-烯-17-β-醇	0.01
酯类				
1	8.51	hexyl-Ethanoate	乙酸己酯	4.42
2	14.42	methyl Salicylate	水杨酸甲酯	3.32
3	8.04	ethyl-Capronate	己酸乙酯	2.88
4	8.25	4-Hexen-1-ol,acetate	乙酸-4-己烯酯	2.76
5	19.91	Hexanoic acid,hexyl ester	己酸己酯	1.67
6	3.60	3-methyl-1-Butanol,acetate	乙酸异戊酯	1.28
7	13.73	Benzoic acid,ethyl ester	苯甲酸乙酯	1.24
8	8.18	（E）-3-Hexen-1-ol,acetate	（E）-乙酸-3-己烯酯	0.91
9	13.48	Aceticacid,phenylmethyl ester	乙酸苄酯	0.62
10	24.83	Hexanoic acid,octyl ester	辛基己酸酯	0.51
11	16.69	2-hydroxy-Benzoic acid,ethyl ester	水杨酸乙酯	0.47
12	2.51	（E）-2-Butenoic acid,ethyl ester	（E）-2-丁烯酸乙酯	0.43
13	20.00	octyl-Butyrate	丁酸辛酯	0.42
14	16.25	2-Phenethyl acetate	2-乙酸苯乙酯	0.41
15	20.29	isobutyl-Hexanoate	己酸异丁酯	0.35
16	3.67	2-methylbutyl-Acetate	乙酸叔戊酯	0.3

（续表）

种类 （编号）	保留时间/ min	英文名	中文名	相对含量/ %
17	24.65	octyl-Caprylate	辛酸辛酯	0.29
18	24.60	（3Z）-hexenyl-Benzoate	（3Z）-己烯-苯甲酸酯	0.27
19	14.20	（E）-Butanoic acid,3-hexenyl ester	（E）-3-己烯基丁酸酯	0.23
20	17.15	Bornyl acetate	乙酸龙脑酯	0.2
21	24.51	Butanoic acid,1-ethenylhexyl ester	1-辛烯-3-丁酸酯	0.17
22	24.96	2,2,4-Trimethyl-1,3-pentanediol diisobutyrate	2,2,4-三甲基-1,3-戊二醇二异丁酸酯	0.15
23	19.69	Phytol acetate	R,R,R,（E）3,7,11,15-四甲基-2-十六烯-1-醇乙酸酯	0.14
24	13.03	2-methyl-Propanoic acid,hexyl ester	异丁酸己酯	0.12
25	22.04	（E）-3-phenyl-2-Propenoic acid,ethyl ester	（E）-3-苯基-2-丙烯酸乙酯	0.12
26	15.70	2-methyl-hexyl-Butanoate	2-甲基丁酸己酯	0.11
27	24.19	（Z）-2-methyl-Propanoic acid,3,7-dimethyl-2,6-octadienyl ester	（Z）-2-甲基-3,7-二甲基-2,6-辛二烯基丙酸酯	0.1
28	2.24	（E）-ethyl-Crotonate	巴豆酸乙酯	0.1
29	15.92	2-Butenoic acid,hexyl ester	2-丁烯酸己酯	0.1
30	9.00	3-Cyclohexen-1-ol,acetate	乙酸-3-环己烯酯	0.1
31	10.04	Butanoic acid,3-methylbutyl ester	丁酸异戊酯	0.1
32	24.40	Hexanoic acid,dodec-9-ynyl ester	己酸十二烷基-9-炔酯	0.09
33	14.68	Valtrate	戊曲酯	0.08
34	16.36	[1S-（1α,5α,6β）]-2,7,7-trimethyl-Bicyclo［3.1.1］hept-2-en-6-ol,acetate,	[1S-（1α,5α,6β）]-2,7,7-三甲基-双环［3.1.1］庚-2-烯-6-醇乙酸酯	0.08
35	12.85	Hex-（3Z）-enyl isobutanoate	异丁酸十六烯酯	0.07
36	20.39	Butanoic acid,1-methyloctyl ester	1-甲基辛酸丁酯	0.07
37	23.46	Citronellyl butyrate	3,7-二甲基-6-辛烯醇丁酸酯	0.06
38	30.03	1,2-Benzenedicarboxylic acid,bis（2-methylpropyl）ester	1,2-苯二甲酸双（2-甲基丙基）酯	0.06
39	11.95	Citronellyl formate	甲酸香草酯	0.06
40	30.94	Dibutyl phthalate	邻苯二甲酸二丁酯	0.06
41	11.30	Clorius	丁二酸二乙酯	0.06

（续表）

种类（编号）	保留时间/min	英文名	中文名	相对含量/%
42	20.12	3,7-dimethyl-2,6-Octadienoic acid, ethyl ester	3,7-二甲基-2,6-辛二烯酸乙酯	0.06
43	30.80	Heptadecanolide	十七烷内酯	0.05
44	31.24	Hexadecanoic acid, ethyl ester	棕榈酸乙酯	0.05
45	1.55	butyl-Acetate	乙酸丁酯	0.04
46	18.17	（Z）-3,7-dimethyl-2,6-Octadienoic acid, methyl ester	（Z）-香叶酸甲酯	0.04
47	18.93	Citronellyl acetate	乙酸香茅酯	0.04
48	16.44	（Z）-2-Butenoic acid, methyl ester	（Z）-2-丁烯酸甲酯	0.03
49	25.05	Hexanoic acid, 4-hexadecyl ester	4-十六烷己酸酯	0.03
50	16.04	ethyl-Oct-（2E）-enoate	乙基-（2E）-辛烯酸酯	0.03
51	29.73	Farnesol, acetate	金合欢醇乙酸酯	0.03
52	18.21	3（10）-Caren-4-ol, acetoacetic acid ester	3（10）-卡伦-4-醇乙酰乙酸酯	0.03
53	15.07	Hexanoic acid, 4-octyl ester	己酸4-辛酯	0.02
54	19.54	2-methyl-Propanoic acid, 3-hydroxy-2,2,4-trimethylpentyl ester	2-甲基-3-羟基-2,2,4-三甲基戊基丙酸酯	0.02
55	25.85	Dodecanoic acid, 1-methylethyl ester	月桂酸异丙酯	0.02
56	24.13	Butanoic acid, 2-methyloct-5-yn-4-yl ester	2-甲基辛-5-炔-4-丁酸酯	0.02
57	28.53	（E）-Hexanoic acid, 3,7-dimethyl-2,6-octadienyl ester	（E）-己酸香叶酯	0.02
58	31.07	4-（4-butylcyclohexyl）-Benzoic acid, 2,3-dicyano-4-（pentyloxy）phenyl ester	苯甲酸4-（4-丁基环己基）-2,3-二氰基-4-（戊氧）苯基酯	0.02
59	26.22	（Z）-Deca-8-en-4,6-diyn-1-yl 3-methylbutanoate	（Z）-癸-8-烯-4,6-二炔-1-3-甲基丁酸酯	0.01
60	26.45	Oxalic acid, 6-ethyloct-3-yl ethyl ester	草酸-6-乙基辛-3-乙酯	0.01
61	23.94	Nonanoic acid, phenylmethyl ester	壬酸苯甲酯	0.01
62	28.88	Benzyl Benzoate	苯甲酸苄酯	0.01
63	31.35	Farnesyl butanoate	丁酸法尼酯	0.01
64	28.72	Hexadec-6-enoic acid, 16-hydroxy-ω-lactone	十六碳-6-烯酸-16羟基-ω-内酯	0.01

（续表）

种类（编号）	保留时间/min	英文名	中文名	相对含量/%
65	12.93	Sebacic acid, di(2,2-dichloroethyl)ester	癸二酸二（2,2-二氯乙基）酯	0.01
66	29.62	Isopropyl myristate	肉豆蔻酸异丙酯	0.01
67	31.46	Isopropyl palmitate	十六酸异丙酯	0.01
68	5.32	methyl-Caproate	己酸甲酯	0.01
醛类				
1	6.65	Benzaldehyde	苯甲醛	15.04
2	9.55	Benzeneacetaldehyde	苯乙醛	3.05
3	11.65	Nonanal	正壬醛	1.58
4	15.19	α,4-dimethyl-3-Cyclohexene-1-acetaldehyde	α,4-二甲基-3-环己烯-1-乙醛	0.65
5	13.41	(E)-2-Nonenal	(E)-2-壬烯醛	0.59
6	10.39	2,6,6-trimethyl-1-Cyclohexene-1-carboxaldehyde	β-环柠檬醛	0.58
7	16.50	(E)-2-Decenal	(E)-2-癸烯醛	0.2
8	20.55	Dodecanal	正十二醛	0.13
9	27.89	Pentadecanal	正十五醛	0.1
10	2.81	(E)-2-Hexenal	(E)-2-己烯醛	0.09
11	18.56	(4β)-17-(acetyloxy)-Kauran-18-al	(4β)-17-(乙酰氧基)-贝壳杉-18-醛	0.07
12	19.36	(E)-2-Dodecenal	(E)-2-十二烯醛	0.07
13	12.06	2,6,6-trimethyl-2-Cyclohexene-1-carboxaldehyde	α-环柠檬醛	0.06
14	18.10	(E,E)-2,4-Decadienal	(E,E)-2,4-癸二烯醛	0.05
15	23.14	Tridecanal	正十三醛	0.04
16	2.14	3-Furaldehyde	3-糠醛	0.04
17	17.80	Undecanal	正十一醛	0.04
18	15.82	(Z)-3,7-dimethyl-2,6-Octadienal	(Z)-3,7-二甲基-2,6-辛二烯醛	0.02
酮类				
1	19.76	(E)-1-(2,6,6-trimethyl-1,3-cyclohexadien-1-yl)-2-Buten-1-one	大马士酮	1.16
2	21.18	4-(2,6,6-trimethyl-1-cyclohexen-1-yl)-2-Butanone	二氢-β-紫罗兰酮	0.58
3	20.87	1-(2,6,6-trimethyl-1-cyclohexen-1-yl)-2-Buten-1-one	β-大马酮	0.44
4	22.35	4-(2,6,6-trimethyl-1-cyclohexen-1-yl)-3-Buten-2-one	β-紫罗酮	0.3

（续表）

种类 （编号）	保留时间/ min	英文名	中文名	相对含量/ %
5	21.52	（E）-6,10-dimethyl-5,9-Un-decadien-2-one	香叶基丙酮	0.13
6	12.39	2,15-Hexadecanedione	2,15-十六烷二酮	0.12
7	11.02	3-Nonanone	3-壬酮	0.08
8	19.04	7'-Oxaspiro{cyclopropane-1,4'-tricyclo[3.3.1.0（6,8）]nonan-2'-one}	7'-氧杂螺{环丙烷-1,4'-三环[3.3.1.0(6,8)]壬-2'-酮}	0.07
9	20.64	4-（2,2-dimethyl-6-methyle-necyclohexyl）-2-Butanone	4-(2,2-二甲基-6-亚甲基环己基)-2-丁酮	0.05
10	20.69	4-（2,6,6-trimethyl-1,3-cy-clohexadien-1-yl）-2-Buta-none	脱氨二氢母紫罗兰酮	0.05
11	14.01	4-oxatricyclo[4.3.1.1（3,8）]Undecan-5-one	4-氧杂三环[4.3.1.1（3,8）]十一烷-5-酮	0.05
12	21.04	6,10-dimethyl-5,9-Undeca-dien-2-one	6,10-二甲基-5,9-十一双烯-2-酮	0.04
13	11.19	2-Nonanone	2-壬酮	0.04
14	22.74	2-Nonadecanone	2-十九烷酮	0.03
15	27.49	2-Pentadecanone	2-十五烷酮	0.03
16	7.26	1-Octen-3-one	1-辛烯-3-酮	0.03
17	17.37	Nonyl methyl ketone	甲基壬基甲酮	0.02
18	6.13	Methyl propenyl ketone	3-戊烯-2-酮	0.01
19	5.74	3-Hepten-2-one	3-庚烯-2-酮	0.01
20	27.37	3-Pentadecanone	3-十五烷酮	0.01
21	29.83	6,10,14-trimethyl-2-Penta-decanone	植酮	0.01
22	30.75	Corymbolone	紫堇酮	0.01
烯类				
1	15.55	1,7,7-trimethyl-Bicyclo[2.2.1]hept-2-ene	1,7,7-三甲基-双环[2.2.1]庚-2-烯	0.79
2	4.10	Styrene	苯乙烯	0.75
3	18.03	2,6,10,10-tetramethyl-1-Oxaspiro[4.5]dec-6-ene	2,6,10,10-四甲基-1-氧杂螺[4.5]癸-6-烯	0.69
4	11.40	1-butyl-Cyclopentene	1-丁基-环戊烯	0.52
5	3.89	Bicyclo[4.2.0]octa-1,3,5-triene	苯并环丁烯	0.16
6	9.11	3-ethyl-2-methyl-1,3-Hexa-diene	3-乙基-2-甲基-1,3-己二烯	0.15

（续表）

种类（编号）	保留时间/min	英文名	中文名	相对含量/%
7	11.08	（E）-1-methoxy-9-Octadecene	（E）-1-甲氧基-9-十八烯	0.1
8	23.09	β-Bisabolene	β-红没药烯	0.08
9	22.97	α-Farnesene	α-法尼烯	0.06
10	25.21	3-pentyl-Cyclohexene	3-戊基-环己烯	0.06
11	31.81	Kaur-16-ene	贝壳杉-16-烯	0.04
12	30.20	（Z）-5-Nonadecene	（Z）-5-十九烯	0.03
13	23.37	δ-Cadinene	δ-杜松烯	0.02
14	22.65	Guaia-9,11-diene	愈创木酚-9,11-二烯	0.02
15	21.68	（E）-β-Famesene	（E）-β-金合欢烯	0.02
16	19.25	（E,Z）-Megastigma-4,6,8-triene	（E,Z）-5-三甲基-6-亚丁烯基-4-环乙烯	0.01
17	9.70	（E）-β-Ocimene	（E）-β-罗勒烯	0.01
烷类				
1	31.30	Eicosane	正二十烷	0.33
2	18.83	2,2-Dimethyl-3-vinyl-bicyclo[2.2.1]heptane	2,2-二甲基-3-乙烯基-双环[2.2.1]庚烷	0.11
3	22.89	1-chloro-Octadecane	氯代十八烷	0.1
4	25.57	8-propoxy-Cedrane	8-丙氧基柏木烷	0.1
5	9.92	trans-4,5-epoxy-Carane	反式-4,5-环氧-蒈烷	0.07
6	27.57	Heneicosane	正二十一烷	0.05
7	25.29	Octadecane	正十八烷	0.03
8	32.36	1,3,12-Nonadecatriene	1,3,12-十九碳三烯烷	0.03
9	28.92	2-Methyltetracosane	2-甲基二十四烷	0.02
10	21.80	1-[3-(2,6,6-Trimethyl-cyclohex-2-enyl)-4,5-dihydro-3H-pyrazol-4-yl]-ethanone	1-[3-(2,6,6-三甲基环己-2-烯基)-4,5-二氢-3H-吡唑-4]-乙烷	0.02
11	21.75	[(dodecyloxy)methyl]-Oxirane	[(十二氧基)甲基]-环氧乙烷	0.01
其他类				
1	7.72	（2R,5S）-2-methyl-5-(prop-1-en-2-yl)-2-vinyltetra-Hydrofuran	（2R,5S）-2-甲基-5-(丙-1-烯-2)-2-乙烯基四氢呋喃	1.11
2	14.28	4-Octenoic acid,ethyl ether	4-辛烯酸二乙醚	0.5
3	14.85	1-Octadecyne	1-十八炔	0.43
4	17.44	（2α,4aα,8aα）-3,4,4a,5,6,8a-hexahydro-2,5,5,8a-tetramethyl-2H-1-Benzopyran	（2α,4aα,8aα）-3,4,4a,5,6,8a-六氢-2,5,5,8a-四甲基-2H-1-苯并吡喃	0.41

（续表）

种类（编号）	保留时间/min	英文名	中文名	相对含量/%
5	13.18	3,6-dihydro-4-methyl-2-(2-methyl-1-propenyl)-2H-Pyran	3,6-二氢-4-甲基-2-(2-甲基-1-丙烯基)-2H-吡喃	0.31
6	6.99	Boisde Rose oxide	玫瑰木油氧化物	0.29
7	11.83	(2S,4R)-4-methyl-2-(2-methylprop-1-en-1-yl) tetrahydro-2H-Pyran	(2S,4R)-4-甲基-2-(2-甲基-1-丙烯基)-四氢化-2H-吡喃	0.28
8	27.00	2,2′,5,5′-tetramethyl-1,1′-Biphenyl	2,2′,5,5′-四甲基-1-1′-联苯	0.21
9	12.68	5-Ethyl-5-methyl-2-phenyl-2-oxazoline	5-乙基-5-甲基-2-苯基-2-噁唑啉	0.17
10	17.89	trans-3,5,6,8a-tetrahydro-2,5,5,8a-tetramethyl-2H-1-Benzopyran	反式-3,5,6,8a-四氢-2,5,5,8a-四甲基-2H-1-苯甲酸	0.16
11	21.85	(3S,4aS,8aR)-1,1,3,6-tetramethyl-3-vinyl-3,4,4a,7,8,8a-hexahydro-1H-Isochromene	(3S,4aS,8aR)-1,1,3,6-四甲基-3-乙烯基-3,4,4a,7,8,8a-六氢-1H-异铬烯	0.14
12	14.62	octahydro-1,4,9,9-tetramethyl-1H-3a,7-Methanoazulene	八氢-1,4,9,9-四甲基-H-3a,7-甲基甘菊环	0.1
13	22.41	1-(1,5-dimethyl-4-hexenyl)-4-methyl-Benzene	1-(1,5-二甲基-4-己烯基)-4-甲基-苯	0.1
14	30.88	Arachidonic acid	花生四烯酸	0.06
15	13.90	Chavicol	4-烯丙基苯酚	0.06
16	8.91	4-ethyl-1,2-dimethyl-Benzene	1,2-二甲基-4-乙基苯	0.06
17	27.23	3,4-diethyl-1,1′-Biphenyl	3,4-二乙基-1,1′-联苯	0.05
18	6.40	Ether,6-methylheptyl vinyl	6-甲基庚基乙烯基乙醚	0.04
19	22.29	(3S,4aR,8aS)-1,1,3,6-Tetramethyl-3-vinyl-3,4,4a,7,8,8a-hexahydro-1H-isochromene	(3S,4aR,8aS)-1,1,3,6-四甲基-3-乙烯基-3,4,4a,7,8,8a-六氢-1H-异铬烯	0.03
20	28.24	Doconexent	二十二碳六烯酸	0.02
21	32.53	4,4′-(1-methylethylidene)bis-Phenol	4,4′-(1-甲基亚乙基)双-苯酚	0.02
22	17.03	3,4,4a,5,6,7-hexahydro-1,1,4a-trimethyl-2(1H)-Naphthalenone	3,4,4a,5,6,7-六氢-1,1,4a-三甲基-2(1H)-萘酮	0.02
23	31.75	3,4-Dihydroxymandelic acid,4TMS derivative	3,4-二羟基杏仁酸 4TMS 衍生物	0.02
24	30.55	1-methyldodecyl-Benzene	(1-甲基十二烷基)-苯	0.01

（续表）

种类（编号）	保留时间/min	英文名	中文名	相对含量/%
25	23.25	(1α,4aβ,8aα)-1,2,3,4,4a,5,6,8a-octahydro-7-methyl-4-methylene-1-(1-methylethyl)-Naphthalene	（1α,4aβ,8aα)-1,2,3,4,4a,5,6,8a-八氢-7-甲基-4-亚甲基-1-(1-甲基乙基)-萘	0.01

正离子模式下百香果果皮纯露的代谢物成分总离子流见图7-3，化学成分及其相对含量分析结果见表7-3。

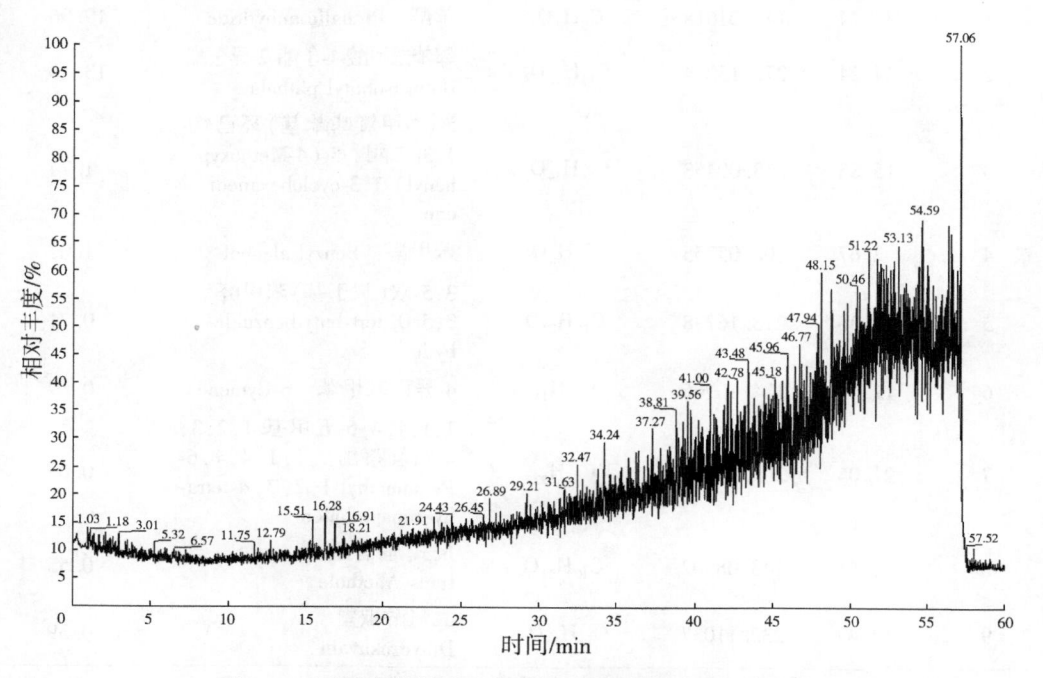

图7-3 正离子模式下百香果皮纯露代谢物成分总离子流

百香果果皮纯露鉴定出代谢物成分54种，主要包括单萜类、芳香类、酚类、醇类、酸类、酮类、香豆素类、生物碱类、肽类等成分，其中以生物碱类成分数量最多，达30种。百香果果皮纯露代谢物以生物碱类化合物为主，相对含量高达45.74%，其次是芳香类化合物，相对含量达38.84%。

百香果果皮纯露中相对含量较高的成分有苯酐、2-肼基-1H-苯并咪唑、邻苯二甲酸-1-丁酯-2-异丁酯、嘧啶，相对含量分别为19.96%、17.28%、13.10%、10.21%。苯酐具有变应原活性，人体吸入苯酐会致敏[77]。此外，百香果纯露代谢物中还含有桉叶油醇和DL-樟脑，相对含量为1.88%和1.02%。桉叶油醇气味与樟脑相似，具有抗菌、抗炎、抗氧化、保湿、抗肿瘤、抗组胺、促进伤口愈合、促渗透、抗焦虑等生物学活性，对白色念珠菌的抑制作用较强[106]，可以减轻小鼠痛风关节炎模型中的炎症和疼痛反应，起到抗炎作用[107]。DL-樟脑是左旋樟脑和右旋樟脑的混合物，其中左旋樟脑经研究证实具有脑保护的作用[42]，左旋樟脑还能通过抑制自噬起到神经保护作用[43]。右旋樟脑可能会抑制大肠杆菌氧化代谢及醌类物质恢复氧化酶活性[44]。

表7-3　百香果皮纯露的化学成分及其相对含量

种类 （编号）	保留时间/ min	质量电荷比 （m/z）	分子式	成分名称	相对含量/ %
单萜类					
1	12.96	136.12543	$C_{10}H_{18}O$	桉叶油醇　Eucalyptol	1.88
2	6.06	152.12041	$C_{10}H_{16}O$	DL-樟脑　DL-Camphor	1.02
3	2.65	150.10472	$C_{10}H_{14}O$	香芹酮　Carvone	0.86
芳香类					
1	34.24	148.01618	$C_8H_4O_3$	苯酐　Phthalic anhydride	19.96
2	34.24	278.15214	$C_{16}H_{22}O_4$	邻苯二甲酸-1-丁酯-2-异丁酯 Butyl isobutyl phthalate	13.10
3	15.85	218.09458	$C_{13}H_{14}O_3$	5-(4-甲氧基苯基)环己烷-1,3-二酮　5-(4-Methoxy-phenyl)-1,3-cyclohexanedi-one	1.74
4	2.67	108.05755	C_7H_8O	苯甲醇　Benzyl alcohol	1.02
5	21.36	218.16738	$C_{15}H_{22}O$	3,5-双(叔丁基)苯甲醛 3,5-Di-tert-butylbenzalde-hyde	0.71
6	12.39	134.10965	$C_{10}H_{14}$	4-异丙基甲苯　p-Cymene	0.69
7	21.05	202.17243	$C_{15}H_{22}$	1,1,4,4,6-五甲基-1,2,3,4-四氢萘酚　1,1,4,4,6-Pentamethyl-1,2,3,4-tetra-hydronaphthalen	0.69
8	11.61	148.08902	$C_{10}H_{12}O$	反式-茴香醚 trans-Anethole	0.55
9	17.43	232.11037	$C_{14}H_{16}O_3$	二氢醉椒素 Dihydrokavain	0.39
酚类					
1	21.51	200.08397	$C_{13}H_{12}O_2$	4,4′-二羟基二苯甲烷 Bisphenol F	3.12
2	20.58	234.16208	$C_{15}H_{22}O_2$	3,5-二叔丁基-4-羟基苯甲醛 3,5-Di-tert-butyl-4-hydrox-ybenzaldehyde	1.63
3	20.99	100.06233	$[13]C_6H_6O$	苯酚-13C6　Phenol-13C6	0.16
醇类					
1	3.89	142.09955	$C_8H_{14}O_2$	2,5-二甲基-3-己炔-2,5-二醇 2,5-Dimethyl-3-hexyne-2,5-diol	3.44
酸类					
1	54.90	171.94942	$C_2H_4O_5S_2$	（硫磺酰基）乙酸 （Sulfosulfanyl）acetic acid	0.03

（续表）

种类 （编号）	保留时间/ min	质量电荷比 （m/z）	分子式	成分名称	相对含量/ %
酮类					
1	34.23	120.02115	$C_7H_4O_2$	6-（氧亚甲基）-2,4-环己二烯-1-酮　6-(Oxomethylene)-2,4-cyclohexadien-1-one	0.84
2	23.88	334.19393	$C_{23}H_{26}O_2$	2-（3,5-二叔丁基苯基）-1H-茚-1,3(2H)-二酮　2-(3,5-Di-tert-butylphenyl)-1H-indene-1,3(2H)-dione	0.44
香豆素类					
1	34.236	204.07891	$C_{12}H_{12}O_3$	7-乙氧基-4-甲基香豆素　Maraniol	0.92
生物碱类					
1	56.71	148.07511	$C_7H_8N_4$	2-肼基-1H-苯并咪唑　2-Hydrazino-1H-benzimidazole	17.28
2	55.52	80.0374	$C_4H_4N_2$	嘧啶　Pyrimidine	10.21
3	23.31	224.1892	$C_{13}H_{24}N_2O$	N,N'-二环己基脲　N,N'-Dicyclohexylurea	4.81
4	56.50	160.07514	$C_8H_8N_4$	肼屈嗪　Hydralazine	2.91
5	57.11	191.11745	$C_9H_{13}N_5$	2-甲苯基双胍　2-Tolylbiguanide	1.60
6	1.42	101.02657	C_7H_3N	2,3,4,5,6-庚戊烯腈　2,3,4,5,6-Heptapentaenenitrile	0.85
7	21.85	423.347	$C_{24}H_{45}N_3O_3$	加拉碘铵　Gallamine	0.81
8	40.60	281.27226	$C_{18}H_{35}NO$	油酸酰胺　9-Octadecenamide	0.76
9	57.05	313.16631	$C_{15}H_{19}N_7O$	4-{4-氨基-6-[（2-苯乙基）氨基]-1,3,5-三嗪-2}-2-哌拉嗪酮　4-{4-Amino-6-[(2-phenylethyl)amino]-1,3,5-triazin-2-yl}-2-piperazinone	0.68
10	57.13	216.11272	$C_{10}H_{12}N_6$	（乙烯二硝替隆）四乙腈　(Ethylenedinitrilo)tetraacetonitrile	0.68
11	47.46	337.33513	$C_{22}H_{43}NO$	芥酸酰胺　Erucic amide	0.67

（续表）

种类（编号）	保留时间/min	质量电荷比（m/z）	分子式	成分名称	相对含量/%
12	22.25	310.26283	$C_{18}H_{34}N_2O_2$	N-［3-（4-吗啉基）丙基］-10-十一烯酰胺　N-［3-（4-morpholinyl）propyl］-10-Undecenamide	0.53
13	22.60	381.23171	$C_{24}H_{31}NO_3$	特立卡兰　Terikalant	0.49
14	20.30	274.15502	$C_{13}H_{18}N_6O$	2-［5-（4-氨基苯基）-戊四唑-2］-N,N-二乙基-乙酰胺　2-［5-（4-aminophenyl）-tetrazol-2-yl］-N,N-diethyl-Acetamide	0.45
15	12.96	452.33693	$C_{24}H_{44}N_4O_4$	1,8,15,22-四氮杂环二十八烷-2,9,16,23-四酮　1,8,15,22-tetraazacyclooctacosane-2,9,16,23-Tetrone	0.45
16	57.10	208.10744	$C_8H_{12}N_6O$	2-［（4-氨基-1-甲基-1H-吡唑啉酮［3,4-d］嘧啶-6）氨基］乙醇　2-［（4-amino-1-methyl-1H-pyrazolo［3,4-d］pyrimidin-6-yl）amino］Ethanol	0.43
17	44.90	113.09532	$C_5H_{11}N_3$	1-吡咯烷卡昔酰胺　1-Pyrrolidinecarboximidamide	0.32
18	1.13	120.03251	$C_6H_4N_2O$	3-氰基-2-吡啶酮　3-cyano-2-Pyridone	0.32
19	1.13	138.04314	$C_6H_6N_2O_2$	尿刊酸　Urocanic acid	0.25
20	57.05	272.17562	$C_{14}H_{20}N_6$	4,6-二（1-哌烷基）-1,3,5-三嗪-2-腈　4,6-di（1-piperidinyl）-1,3,5-triazine-2-Carbonitrile	0.21
21	57.11	283.15471	$C_{14}H_{17}N_7$	2-氨基-6-｛［2-（二乙氨基）乙基］氨基｝-3,4,5-吡啶三羰基腈　2-amino-6-｛［2-（diethylamino）ethyl］amino｝-3,4,5-Pyridinetricarbonitrile	0.18
22	52.13	112.07483	$C_4H_8N_4$	3,5-二甲基-4H-1,2,4-噻唑-4-胺　4-amino-3,5-dimethyl-1,2,4-Triazole	0.16
23	57.05	330.19301	$C_{19}H_{26}N_2O_3$	2-甲基-2-丙基-7-苄基-9-氧代-3,7-二氮杂双环［3.3.1］壬烷-3-羧酸酯　tert-butyl-7-benzyl-9-oxo-3,7-diazabicyclo［3.3.1］nonane-3-Carboxylate	0.16

（续表）

种类 （编号）	保留时间/ min	质量电荷比 （m/z）	分子式	成分名称	相对含量/ %
24	57.06	198.11182	$C_8H_{14}N_4O_2$	2,4,6,8-四甲基-2,4,6,8-四偶氮二环［3.3.0］辛烷-3,7-二酮 Mebicar	0.15
25	57.11	168.06243	$C_2H_4N_{10}$	1-羟基苯并三唑 HBT	0.11
26	57.11	261.13448	$C_{11}H_{15}N_7O$	3-（3,5-二甲基-1H-吡唑-1）-6-（4-吗啉基）-1,2,4,5-四嗪 3-（3,5-dimethyl-1H-pyrazol-1-yl）-6-（4-morpholinyl）-1,2,4,5-Tetrazine	0.07
27	56.29	82.05216	$C_4H_6N_2$	N,N'-二次甲基-1,2-乙二胺 N,N'-Dimethylidyne-1,2-ethanediaminium	0.06
28	57.11	225.15923	$C_{10}H_{19}N_5O$	扑灭通 Prometon	0.06
29	57.10	291.14498	$C_{12}H_{17}N_7O_2$	［1-（4-氨基-1,2,5-噁二唑-3)-5-甲基-1H-1,2,3-三氮唑-4］（1-氮杂环庚烷基）甲酮 ［1-（4-Amino-1,2,5-oxadiazol-3-yl）-5-methyl-1H-1,2,3-triazol-4-yl］（1-azepanyl）methanone	0.04
30	57.11	275.18627	$C_{13}H_{21}N_7$	烯丙基［4,6-双（异丙胺）-1,3,5-三嗪-2］氨腈 Allyl［4,6-bis（isopropylamino）-1,3,5-triazin-2-yl］cyanamide	0.04
肽类					
1	11.98	459.30522	$C_{21}H_{41}N_5O_6$	L-亮氨酰-L-丝氨酰-L-赖氨酰-L-亮氨酸 L-Leucyl-L-Seryl-L-Lysyl-L-Leucine	0.44
2	11.15	387.24767	$C_{17}H_{33}N_5O_5$	L-缬氨酰-L-赖氨酰-L-丙氨酰-L-丙氨酸 L-Valyl-L-Lysyl-L-Alanyl-L-Alanine	0.25
其他类					
1	57.07	168.06243	$C_6H_{13}FO_2S$	1-己烷磺酰氟化物 1-Hexanesulfonyl fluoride	0.28
2	54.30	96.0676	$C_4H_{10}LiP$	［2-（二甲基磷酸）乙基］锂 ［2-（dimethylphosphino）ethyl］Lithium	0.09

第八章　乐昌含笑

一、概述

乐昌含笑（*Michelia chapensis* Dandy）木兰科含笑属常绿阔叶乔木，也称为南方白兰花、景烈白兰等[108]，花白色，有强烈芳香[109]，分布于我国中亚热带地区，包括江西、湖南、福建、广东、广西、贵州等地[110]，花黄色带绿，芳香，花期较长[111]，可达3个月。多用于园林绿化和行道树。近年来，福建多地将乐昌含笑与针叶林混交造林，比如，福建德化将秃杉与乐昌含笑混交以提高秃杉的生长量[112]，或种植乐昌含笑用于培肥地力和涵养水源。由于乐昌含笑用途增加，导致许多苗木公司瞄准乐昌含笑的苗木市场，乐昌含笑苗木不断增加，近年来，不断有苗木进入开花阶段，将鲜花提取精油和纯露，成为苗木公司增加收入的一条新途径。

二、乐昌含笑精油成分及功效

采摘花瓣刚刚展开呈酒瓶状乐昌含笑鲜花提取精油，乐昌含笑精油的挥发性成分总离子流见图8-1，精油挥发性成分及其相对含量分析结果见表8-1。

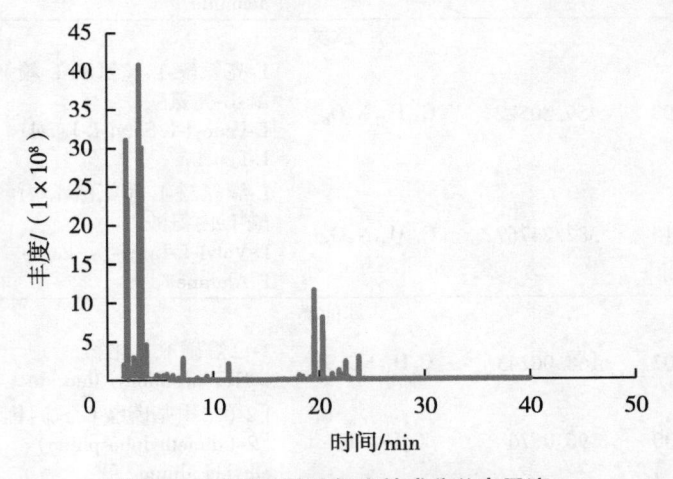

图8-1　含笑花精油挥发性成分总离子流

从乐昌含笑精油中共分离、鉴定出76种挥发性成分，包括酯类、醇类、烯类、烷类、醛类和酮类等成分。相对总含量为99.97%，其中酯类和醇类成分的相对含量较高，分别为59.34%和17.58%。从不同种类挥发性成分的数量上来看，以烯类成分最

高，达 21 种，酯类成分次之，达 19 种。综合考虑挥发性成分的相对含量和数量，酯类
成分对含笑花精油的香气贡献最大。

乐昌含笑精油挥发性成分主要成分包括异丁酸乙酯、乙酸异丁酯、乙酸乙酯、异
丁醇。相对含量分别为 21.17%、17.23%、16.71% 和 15.38%。此外，乐昌含笑精油挥
发性成分中还含有 α-荜草烯，相对含量为 4.65%，α-荜草烯具有抗炎作用[113]；莰烯的
相对含量为 1.28%，莰烯具有抑菌、抗病毒活性[114]；芳樟醇的相对含量为 1.00%，芳
樟醇具有铃兰香气，有抑菌[10]、抗氧化、抗皮肤衰老等活性[11]。

表 8-1　含笑花精油挥发性成分及其相对含量

种类（编号）	保留时间/min	英文名	中文名	相对含量/%
		醇类		
1	1.92	2-methyl-1-Propanol	异丁醇	15.38
2	11.44	Linalool	芳樟醇	1.00
3	2.80	2-methyl-1-Butanol	2-甲基丁醇	0.76
4	2.75	3-methyl-1-Butanol	异戊醇	0.32
5	1.73	(S)-1,3-Butanediol	(S)-1,3-丁二醇	0.06
6	24.29	(1R,7S,E)-7-Isopropyl-4,10-dimethylenecyclodec-5-enol	(1R,7S,E)-7-异丙基-4,10-二亚甲基环癸-5-烯醇	0.04
7	23.47	β-Acorenol	β-菖蒲烯醇	0.01
8	9.25	trans-3-Caren-2-ol	反式-3-卡伦-2-醇	0.01
		酯类		
1	3.05	2-methyl-Propanoic acid, ethyl ester	异丁酸乙酯	21.17
2	3.27	Isobutyl acetate	乙酸异丁酯	17.23
3	1.79	Ethyl Acetate	乙酸乙酯	16.71
4	3.68	Butanoic acid, ethyl ester	丁酸乙酯	1.43
5	2.47	Propanoic acid, ethyl ester	丙酸乙酯	0.80
6	1.55	Acetic acid, methyl ester	乙酸甲酯	0.50
7	2.24	Methyl isobutyrate	异丁酸甲酯	0.37
8	5.29	2-methyl-1-Butanol, acetate	2-甲基丁基乙酸酯	0.30
9	6.18	2-methyl-Propanoic acid, 2-methylpropyl ester	异丁酸异丁酯	0.25
10	4.64	2-methyl-Butanoic acid, ethyl ester	2-甲基丁酸乙酯	0.22
11	8.49	Hexanoic acid, ethyl ester	正己酸乙酯	0.13
12	4.53	(Z)-2-Butenoic acid, ethyl ester	(Z)-2-丁烯酸乙酯	0.10
13	16.72	Bornyl acetate	乙酸龙脑酯	0.04
14	8.56	(E)-2-Butenoic acid, 2methylpropyl ester	惕各酸异丙酯	0.03
15	12.92	isobutyl-Hexanoate	己酸异丁酯	0.02

（续表）

种类 （编号）	保留时间/ min	英文名	中文名	相对含量/ %
16	22.96	(E)-3,7-dimethyl-2,6-octa-dien-1-yl Propionate	(E)-3,7-二甲基-2,6-辛二烯-1-丙酸酯	0.02
17	7.29	Butanoic acid,2-methylpro-pyl ester	丁酸异丁酯	0.02
18	3.88	1-methylethoxy-Acetic acid, ethyl ester	1-甲基乙氧基-乙酸乙酯	0.02
19	5.80	Acetic acid,octyl ester	醋酸辛酯	0.01
醛类				
1	2.05	3-methyl-Butanal	异戊醛	0.96
2	1.63	2-methyl-Propanal	异丁醛	0.32
3	5.85	Heptanal	正庚醛	0.12
4	11.58	Nonanal	正壬醛	0.04
5	4.81	1,1-diethoxy-2-methyl-Pro-pane	异丁醛二乙基乙缩醛	0.03
6	7.44	l-gala-l-ido-Octose	2,3,4,5,6,7,8-七羟基辛醛	0.01
酮类				
1	2.11	4-hydroxy-2-Butanone	4-羟基-2-丁酮	0.16
2	8.77	1-(2-methyl-2-cyclopenten-1-yl)-Ethanone	1-(2-甲基-2-环戊烯-1)-乙酮	0.03
3	9.09	4,5,6,6a-Tetrahydro-2(1H)-pentalenone	4,5,6,6a-四氢-2(1H)-戊烯酮	0.03
4	12.81	(1S)-1,7,7-trimethyl-Bicyclo［2.2.1］heptan-2-one	左旋樟脑	0.03
5	17.28	6-hydroxy-5-methyl-6-vinyl-Bicyclo[3.2.0]heptan-2-one	6-羟基-5-甲基-6-乙烯基-双环[3.2.0]庚烷-2-酮	0.01
烯类				
1	20.33	α-Caryophyllene	α-葎草烯	4.65
2	23.75	(E,E)-1,5-dimethyl-8-(1-methylethylidene)-1,5-Cy-clodecadiene	(E,E)-1,5-二甲基-8-(1-甲基亚乙基)-1,5-环癸二烯	1.71
3	7.15	Camphene	莰烯	1.28
4	21.23	(Z,Z,Z)-1,5,9,9-tetram-ethyl-1,4,7-Cycloundecatr-iene	(Z,Z,Z)-1,5,9,9-四甲基-1,4,7-环十一烯	0.42
5	22.23	(1S,2E,6E,10R)-3,7,11,11-Tetramethylbicyclo［8.1.0］undeca-2,6-diene	(1S,2E,6E,10R)-3,7,11,11-四甲基双环［8.1.0］十一碳-2,6-二烯	0.41
6	5.61	Styrene	苯乙烯	0.38

（续表）

种类（编号）	保留时间/min	英文名	中文名	相对含量/%
7	18.03	（3R-trans）-4-ethenyl-4-methyl-3-（1-methylethenyl）-1-（1-methylethyl）-Cyclohexene	（3R-反式）-4-乙烯基-4-甲基-3-（1-甲基乙烯基）-1-（1-甲基乙基）-环己烯	0.30
8	9.39	（R）-1-methyl-5-（1-methylethenyl）-Cyclohexene	（R）-1-甲基-5-（1-甲基乙烯基）-环己烯	0.23
9	18.44	α-Cubebene	α-毕澄茄油烯	0.21
10	22.77	δ-Cadinene	δ-杜松烯	0.20
11	3.19	1,3,5-Cycloheptatriene	环庚三烯	0.18
12	6.72	α-Pinene	α-蒎烯	0.12
13	20.57	γ-Elemene	γ-榄香烯	0.09
14	9.89	β-Ocimene	β-罗勒烯	0.04
15	5.41	Santene	檀烯	0.03
16	20.72	α-Guaiene	α-愈创木烯	0.03
17	19.03	Ylangene	依兰烯	0.03
18	20.66	β-Longipinene	β-长叶蒎烯	0.03
19	21.07	（1R,3aS,8aS）-7-isopropyl-1,4-dimethyl-1,2,3,3a,6,8a-Hexahydroazulene	（1R,3aS,8aS）-7-异丙基-1,4-二甲基-1,2,3,3a,6,8a-六氢甘菊环	0.02
20	23.23	β-Guaiene	β-愈创木烯	0.01
21	11.04	D-Limonene	双戊烯	0.01
烷类				
1	19.56	［1S-（1α,2β,4β）］-1-ethenyl-1-methyl-2,4-bis（1-methylethenyl）-Cyclohexane	［1S-（1α,2β,4β）］-1-乙烯基-1-甲基-2,4-双（1-甲基乙烯基）-环己烷	7.15
2	21.87	（1R,2S,6S,7S,8S）-8-isopropyl-1-methyl-3-methylenetricyclo［4.4.0.02,7］Decane-rel	（1R,2S,6S,7S,8S）-8-异丙基-1-甲基-3-亚甲基三环［4.4.0.02,7］癸烷	0.69
3	2.65	1,1-diethoxy-Ethane	1,1-二乙氧基乙烷	0.53
4	4.73	1-（hydroxymethyl）-1-（2'-hydroxyethyl）Cyclopropane	1-（羟甲基）-1-（2'-羟乙基）环丙烷	0.04
5	6.43	1,7,7-trimethyl-Tricyclo［2.2.1.0（2,6）]heptane	1,7,7-三甲基-三环［2.2.1.0（2,6）]庚烷	0.03
6	8.17	（1α,3α,6α）-3,7,7-trimethyl-Bicyclo［4.1.0]heptane	（1α,3α,6α）-3,7,7-三甲基-双环［4.1.0]庚烷	0.01

（续表）

种类（编号）	保留时间/min	英文名	中文名	相对含量/%
7	11.85	2-ethenyl-1,1-dimethyl-3-methylene-Cyclohexane	2-乙烯基-1,1-二甲基-3-亚甲基-环己烷	0.01
其他类				
1	22.51	[1S-(1α,7α,8aα)]-1,2,3,5,6,7,8,8a-octahydro-1,8a-dimethyl-7-(1-methylethenyl)-Naphthalene	[1S-(1α,7α,8aα)]-1,2,3,5,6,7,8,8a-八氢-1,8a-二甲基-7-(1-甲基乙烯基)-萘	1.52
2	5.11	o-Xylene	邻二甲苯	0.29
3	4.91	Ethylbenzene	乙基苯	0.19
4	2.38	2-ethyl-Furan	2-乙基呋喃	0.18
5	19.20	(1S,4aR,8aS)-1-isopropyl-7-methyl-4-methylene-1,2,3,4,4a,5,6,8a-octa-Hydronaphthalene	(1S,4aR,8aS)-1-异丙基-7-甲基-4-亚甲基-1,2,3,4,4a,5,6,8a-八氢萘	0.15
6	21.67	4a,8-dimethyl-2-(prop-1-en-2-yl)-1,2,3,4,4a,5,6,7-Octahydronaphthalene	4a,8-二甲基-2-(丙-1-烯-2-)-1,2,3,4,4a,5,6,7-八氢萘	0.07
7	8.25	1-Bromo-3,7-dimethyl-2,6-octadiene	香叶基溴	0.04
8	23.11	1,2,3,4,4a,7-hexahydro-1,6-dimethyl-4-(1-methylethyl)-Naphthalene	1,2,3,4,4a,7-六氢-1,6-二甲基-4-(1-甲基乙基)-萘	0.02
9	7.72	(R)-5-methyl-2-(1-methylethenyl)-4-Hexen-1-ol, acetate	醋酸奥曲肽杂质	0.01
10	13.55	1,7,7-Trimethylbicyclo[2.2.1]heptan-2-ol	异龙脑	0.01

三、乐昌含笑纯露成分及功效

乐昌含笑纯露的挥发性成分总离子流见图 8-2，乐昌含笑纯露挥发性成分及其相对含量分析结果见表 8-2。

从乐昌含笑纯露中共分离、鉴定出 23 种挥发性成分，包括酯类、醇类、烯烃类、醛类和酮类等成分。总相对含量为 99.95%，其中酯类成分的相对含量最高，达到 95.48%。

乐昌含笑纯露主要挥发性成分为乙酸乙酯、乙酸异丁酯、异丁酸乙酯，相对含量分别为 62.05%、20.73%、11.12%。其中乙酸乙酯具有强烈的醚似的气味，清灵、微带果香的酒香，易扩散，不持久，在香精中主要用作头香来提调新鲜果香；乙酸异丁酯具有成熟水果香味，可用作稀释剂、溶剂和萃取剂等；异丁酸乙酯也是一种优良的有机溶剂。

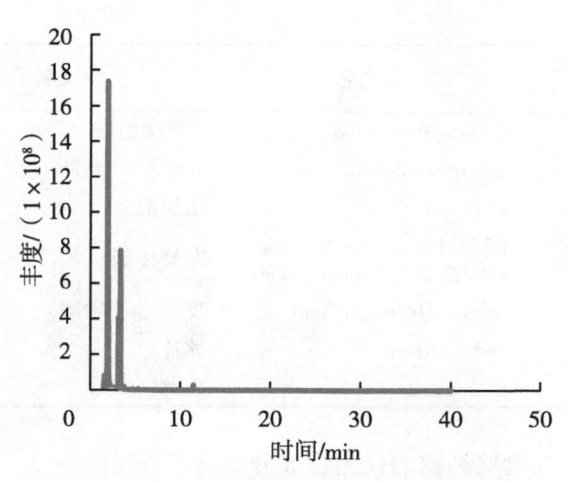

图 8-2　乐昌含笑纯露挥发性成分总离子流

表 8-2　乐昌含笑纯露挥发性成分及其相对含量

种类（编号）	保留时间/min	英文名	中文名	相对含量/%
		酯类		
1	1.92	Ethyl Acetate	乙酸乙酯	62.05
2	3.33	Isobutyl acetate	乙酸异丁酯	20.73
3	3.13	2-methyl-Propanoic acid, ethyl ester	异丁酸乙酯	11.12
4	11.46	Linalyl acetate	乙酸芳樟酯	0.42
5	3.77	Butanoic acid, ethyl ester	丁酸乙酯	0.42
6	2.58	Propanoic acid, ethyl ester	丙酸乙酯	0.27
7	2.89	3-methyl-1-Butanol, acetate	乙酸异戊酯	0.17
8	5.35	2-methyl-1-Butanol, acetate	2-甲基丁基乙酸酯	0.16
9	4.71	2-methyl-Butanoic acid, ethyl ester	2-甲基丁酸乙酯	0.08
10	6.23	2-methyl-Propanoic acid, 2-methylpropyl ester	异丁酸异丁酯	0.04
11	8.53	Hexanoic acid, ethyl ester	正己酸乙酯	0.01
12	6.80	3-hydroxy-Butanoic acid, ethyl ester	3-羟基丁酸乙酯	0.01
		醇类		
1	4.80	2,4-Methylene-D-epirhamnitol	2,4-亚甲基-D-表鼠李糖醇	0.01
2	25.96	β-Acorenol	β-菖蒲烯醇	0.01
		其他类		
1	1.58	nitroso-Methane	亚硝基-甲烷	2.57
2	1.74	Isobutylene epoxide	甲基环氧丙烷	1.17

（续表）

种类（编号）	保留时间/min	英文名	中文名	相对含量/%
3	1.68	2-Formylhistamine	2-甲酰组胺	0.54
4	2.35	4-hydroxy-2-Butanone	4-羟基-2-丁酮	0.10
5	5.92	Heptanal	正庚醛	0.03
6	12.84	（1S）-1,7,7-trimethyl-Bicyclo［2.2.1］heptan-2-one	左旋樟脑	0.02
7	4.61	trans-2-Heptenoic acid	反式-2-庚烯酸	0.01
8	13.56	endo-Borneol	冰片	0.01
9	26.02	β-Guaiene	β-愈创木烯	0.01

正离子模式下乐昌含笑纯露的代谢物成分总离子流见图 8-3，化学成分及其相对含量分析结果见表 8-3。

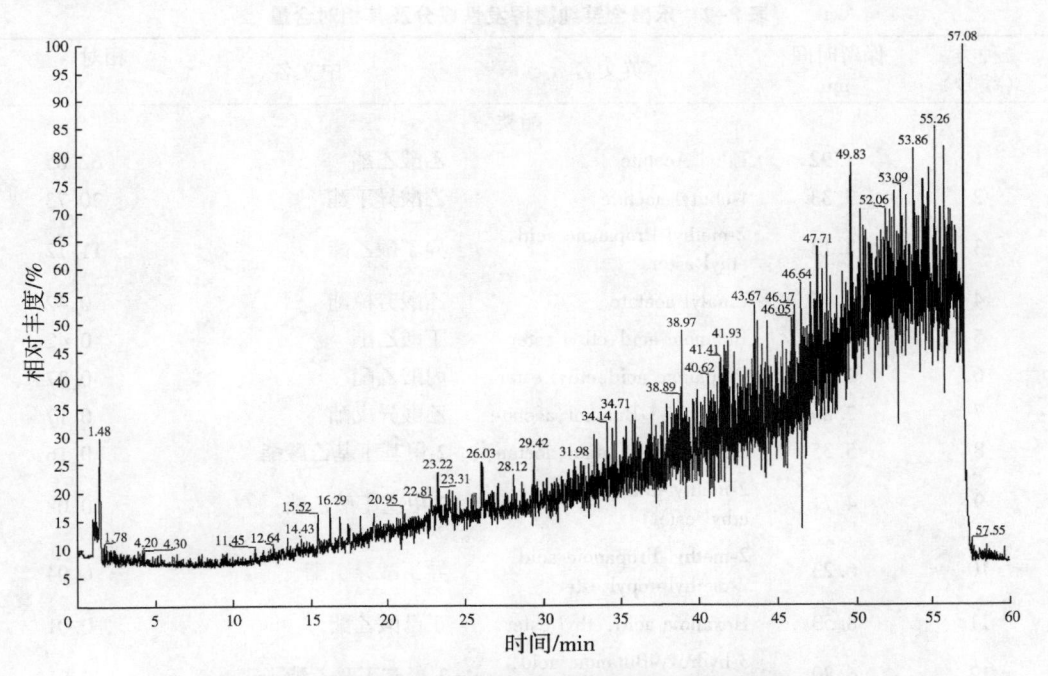

图 8-3　正离子模式下乐昌含笑纯露代谢物成分总离子流

乐昌含笑纯露鉴定出代谢物成分 52 种，主要包括单萜类、倍半萜类、芳香类、酚类、酮类、酯类、苯丙素类、生物碱类等成分，其中以生物碱类成分数量最多，达 28 种。乐昌含笑纯露代谢物以生物碱类化合物为主，相对含量高达 43.42%，其次是芳香类和倍半萜类化合物，相对含量分别达 21.32%、14.37%。

乐昌含笑纯露中只有倍半萜类成分(1E,5E)-1,5,9-三甲基-1,5,9-环十二碳三烯的相对含量超过了 10%，达到 10.68%。此外，乐昌含笑纯露中还鉴定出一种倍半萜类成分，(-)-石竹烯氧化物，相对含量为 3.69%。(-)-石竹烯氧化物具有杀利什曼虫活性和免疫调节作用[115]，具有细胞毒活性[116]，通过抑制 PI3K/AKT/mTOR/S6K1 通路和 ROS 介导的 MAPKs 激活来抑制肿瘤细胞生长并诱导细胞凋亡[117]，(-)-石竹烯氧化物还具有丁酰胆碱酯酶抑制活性[118]，具有在神经系统性疾病治疗上的潜力。乐昌含笑纯露中邻苯二甲酸二丁酯的相对含量为 4.31%，邻苯二甲酸二丁酯具有选择性清除骨髓肿瘤细胞的药理活性[62]。乐昌含笑纯露含丰富的生物碱类化合物，其中 3,5-二甲基吡唑的相对含量达 5.00%，3,5-二甲基吡唑具有磷酸二酯酶 4 型（PDE4）抑制活性，在脂多糖诱导的哮喘和脓毒症动物模型中表现出良好的体内活性[119]。3,5-二甲基吡唑具有较好的抗卟啉活性[120]。

表 8-3　乐昌含笑纯露的化学成分及其相对含量

种类（编号）	保留时间/min	质量电荷比（m/z）	分子式	成分名称	相对含量/%
			单萜类		
1	14.996	136.12531	$C_{10}H_{18}O$	桉叶油醇　Eucalyptol	0.69
			倍半萜类		
1	23.207	204.18801	$C_{15}H_{24}$	(1E,5E)-1,5,9-三甲基-1,5,9-环十二碳三烯 (1E,5E)-1,5,9-Trimethyl-1,5,9-cyclododecatriene	10.68
2	22.789	220.18292	$C_{15}H_{24}O$	(-)-石竹素 (-)-Caryophyllene oxide	3.69
			芳香类		
1	34.232	148.01612	$C_8H_4O_3$	苯酐　Phthalic anhydride	7.99
2	23.928	202.17252	$C_{15}H_{22}$	1,1,4,4,6-五甲基-1,2,3,4-四氢萘酚 1,1,4,4,6-Pentamethyl-1,2,3,4-tetrahydronaphthalen	5.58
3	26.099	218.16724	$C_{15}H_{22}O$	3,5-双(叔丁基)苯甲醛 3,5-Di-tert-butylbenzaldehyde	2.53
4	23.204	148.12538	$C_{11}H_{16}$	戊基苯　Amylbenzene	1.01
5	23.204	134.1097	$C_{10}H_{14}$	4-异丙基甲苯　p-Cymene	0.89
6	26.101	120.09392	C_9H_{12}	异丙基苯　Cumene	0.70
7	26.38	358.17641	$C_{21}H_{26}O_5$	3-(4-{2-[4-(2-环氧乙烷甲氧基)苯基]-2-丙基}苯氧基)-1,2-丙二醇 3-(4-{2-[4-(2-Oxiranylmethoxy)phenyl]-2-propanyl}phenoxy)-1,2-propanediol	0.66
8	22.795	118.07829	C_9H_{10}	3-甲基苯乙烯 3-Vinyltoluene	0.53
9	26.008	278.18889	$C_{17}H_{26}O_3$	3-(3,5-二叔丁基-4-羟基苯基)丙酸 3-(3,5-di-tert-butyl-4-hydroxyphenyl)Propanoic acid	0.52

（续表）

种类 （编号）	保留时间/ min	质量电荷比 （m/z）	分子式	成分名称	相对含量/ %
10	23.205	90.04688	C_7H_6	1,3,5-庚三烯 1,3,5-Norcaratriene	0.45
11	23.082	200.15671	$C_{15}H_{20}$	1-乙炔基-4-庚基苯 4-Heptylphenylacetylene	0.44
酚类					
1	24.837	234.16237	$C_{15}H_{22}O_2$	3,5-二叔丁基-4-羟基苯甲醛 3,5-di-tert-butyl-4-hydroxy- Benzaldehyde	1.13
2	23.935	236.17806	$C_{15}H_{24}O_2$	3,5-二叔丁基-4-羟基苯 甲醚苯酚 3,5-di-t-butyl-4-Hydrox- yanisole	0.48
3	18.887	220.18292	$C_{15}H_{24}O$	丁羟甲苯 Butylated hydroxytoluene	
酮类					
1	1.068	78.01052	C_5H_2O	1,4-戊二烯-3-酮 1,4-Pentadiyn-3-one	0.85
酯类					
1	34.224	278.15206	$C_{16}H_{22}O_4$	邻苯二甲酸二丁酯 Dibutyl phthalate	4.31
2	19.115	256.20418	$C_{15}H_{28}O_3$	12-十六氧杂内酯 12-Oxahexadecanolide	0.64
苯丙素类					
1	13.523	216.15169	$C_{15}H_{20}O$	α-己基肉桂醛 Hexyl cinnamaldehyde	1.80
生物碱类					
1	26.064	375.25271	$C_{21}H_{33}N_3O_3$	3,5-双［（3-甲基丁酰基）氨基]-N-(2-甲基-2-丙酰基)苯甲酰胺 3,5-bis［（3-methylbutano-yl）amino]-N-（2-methyl-2-propanyl）Benzamide	6.26
2	15.5	678.505	$C_{36}H_{66}N_6O_6$	1,8,15,22,29,36-己偶氮基四十烷-2,9,16,23,30,37-异己酮 1,8,15,22,29,36-hexaaza-cyclodotetracontane-2,9,16,23,30,37-Hexone	5.32
3	1.221	96.06877	$C_5H_8N_2$	3,5-二甲基吡唑 3,5-Dimethylpyrazole	5.00
4	52.965	80.03733	$C_4H_4N_2$	嘧啶　Pyrimidine	4.94
5	1.221	140.09517	$C_7H_{12}N_2O$	3-氨基-5-叔丁基异唑 3-amino-5-tert-Butylisoxazole	3.36

（续表）

种类（编号）	保留时间/min	质量电荷比（m/z）	分子式	成分名称	相对含量/%
6	26.008	318.18132	$C_{15}H_{22}N_6O_2$	2-{4-[4,6-二氨基-2,2-二甲基-1,3,5-三嗪-1(2H)]苯氧基}-N,N-二甲基乙酰胺 2-{4-[4,6-diamino-2,2-dimethyl-1,3,5-triazin-1(2H)-yl]phenoxy}-N,N-Dimethylacetamide	1.66
7	26.499	400.21011	$C_{21}H_{28}N_4O_4$	3-{[2-(4-吗啉基)乙基]氨基}-1-[4-(2-氧-1-吡咯烷基)苯甲基]-2,5-吡咯二酮 3-{[2-(4-morpholinyl)ethyl]amino}-1-[4-(2-oxo-1-pyrrolidinyl)benzyl]-2,5-Pyrrolidinedione	1.48
8	26.104	258.15987	$C_{13}H_{18}N_6$	3-(4-苯甲基-1-哌嗪甲烷基)-1H-1,2,4-三氮唑-5-胺 3-(4-benzyl-1-piperazinyl)-1H-1,2,4-triazol-5-Amine	1.34
9	22.483	351.20528	$C_{19}H_{29}NO_5$	苯基-3-(2,2-二乙氧基乙氧基)-1-哌啶羧酸酯 benzyl-3-(2,2-diethoxyethoxy)-1-Piperidinecarboxylate	1.05
10	23.312	224.18921	$C_{13}H_{24}N_2O$	N,N'-二环己基脲 N,N'-Dicyclohexylurea	1.05
11	23.907	295.21538	$C_{17}H_{29}NO_3$	1-(2-金刚烷氧基)-3-(4-吗啉基)-2-丙醇 1-(2-adamantyloxy)-3-(4-morpholinyl)-2-Propanol	1.00
12	1.202	126.07945	$C_6H_{10}N_2O$	5-氰基戊酰胺 5-Cyanovaleramide	0.98
13	13.219	311.2101	$C_{17}H_{29}NO_4$	[3-(叔-丁氧羰基)-3-氮杂螺[5.5]十一烷-9]乙酸 [3-(tert-butoxycarbonyl)-3-azaspiro[5.5]undec-9-yl]Acetic acid	0.95
14	4.628	123.06847	C_7H_9NO	邻甲氧基苯胺 2-Anisidine	0.82
15	23.212	117.05791	C_8H_7N	吲哚 Indole	0.81
16	16.913	82.05297	$C_4H_6N_2$	4-甲基吡唑 Fomepizole	0.80

（续表）

种类（编号）	保留时间/min	质量电荷比（m/z）	分子式	成分名称	相对含量/%
17	23.07	341.25719	$C_{20}H_{31}N_5$	1,13a,15a-三甲基-1,3,4,4a,4b,5,6,12,13,13a,13b,14,15,15a-四脱氢-2H-喹诺啉酮［6,5-g］四唑酮［5,1-b］［3］苯并氮杂卓 1,13a,15a-trimethyl-1,3,4,4a,4b,5,6,12,13,13a,13b,14,15,15a-tetradeca-hydro-2H-quinolino［6,5-g］tetrazolo［5,1-b］［3］Benzazepine	0.77
18	48.164	127.11101	$C_6H_{13}N_3$	1-阿片哌啶 1-Amidinopiperidine	0.68
19	23.084	336.19185	$C_{15}H_{24}N_6O_3$	2,4,6-三（吗啉基）-1,3,5-三嗪 2,4,6-tri（morpholino）-1,3,5-Triazine	0.67
20	23.196	297.23098	$C_{17}H_{31}NO_3$	1-十二烷基-5-氧-3-吡咯烷羧酸 1-dodecyl-5-oxo-3-Pyrrolidinecarboxylic acid	0.62
21	46.119	113.09529	$C_5H_{11}N_3$	1-吡咯烷卡昔酰胺 1-Pyrrolidinecarboximidamide	0.57
22	19.974	276.17037	$C_{13}H_{20}N_6O$	N-（2H-［1,2,3］三唑酮［4,5-d］嘧啶-7）壬酰胺 N-（2H-［1,2,3］triazolo［4,5-d］pyrimidin-7-yl）Nonanamide	0.57
23	33.129	477.40361	$C_{26}H_{55}NO_6$	N,N-双｛2-［2-（2-甲氧基乙氧基）乙氧基］乙基｝-1-十二烷胺 N,N-bis｛2-［2-（2-methoxyethoxy）ethoxy］ethyl｝-1-Dodecanamine	0.48
24	1.349	122.08448	$C_7H_{10}N_2$	3-氨基苄胺 3-（aminomethyl）Aniline	0.46
25	57.093	112.10007	$C_6H_{12}N_2$	三乙烯二胺 Triethy lenediamine	0.46
26	1.481	136.98046	$C_4H_5Cl_2N$	2,3-二氯-2-甲基丙烯腈 2,3-dichloro-2-Methylpropanenitrile	0.46
27	19.114	301.26195	$C_{17}H_{35}NO_3$	2-甲基-2-丙烯基（12-羟基十二烷基）氨基甲酸酯 2-methyl-2-propanyl（12-hydroxydodecyl）Carbamate	0.44
28	21.856	423.34651	$C_{24}H_{45}N_3O_3$	加拉碘铵 Gallamine	0.42

（续表）

种类 （编号）	保留时间/ min	质量电荷比 （m/z）	分子式	成分名称	相对含量/ %
其他类					
1	49.814	143.97505	$C_3H_6Cl_2O_2$	氯[（氯甲氧基）甲氧基]甲烷 chloro[（chloromethoxy）methoxy]Methane	4.63
2	23.206	122.10961	C_9H_{14}	1,2,3,4-四甲基-1,3-环戊二烯 1,2,3,4-tetramethyl-1,3-Cyclopentadiene	3.86
3	49.836	145.97304	C_5H_7Br	1-溴环戊烯 1-Bromocyclopentene	1.33

第九章 马银花

一、概述

马银花 ［*Rhododendron ovatum*（Lindl.）Planch. exMaxim.］，为杜鹃花属马银花亚属常绿灌木或小乔木。为杜鹃花属中的中国特有种，世界著名的观赏花卉[121]。马银花产于中国长江和珠江流域海拔 1 000m 以下的高海拔地区[122]。分布于江苏、浙江、广东、广西、福建等地。春季 4—5 月开花，花色有淡紫色、紫色、粉白色，花量大，花色雅，有淡香，而且观赏价值高[123]。福建山区有许多马银花分布，花开时节，山上时不时可见这一丛，那一簇的紫色马银花开，利用马银花提取纯露，既可充分利用资源，又可丰富香料市场。

二、马银花纯露成分及功效

采摘刚刚开放新鲜的马银花提取纯露，马银花纯露的挥发性成分总离子流见图 9-1，马银花纯露挥发性成分及其相对含量分析结果见表 9-1。

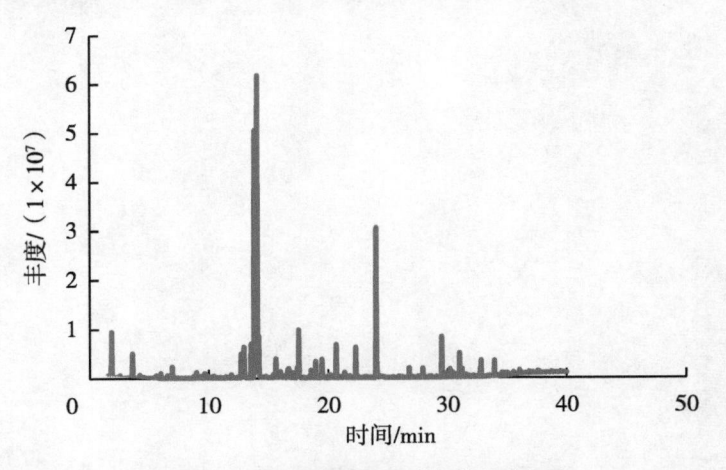

图 9-1 马银花纯露挥发性成分总离子流

从马银花纯露中共分离、鉴定出 80 种挥发性成分，包括醇类、醛类、酯类、酮类和烯类等成分。总相对含量为 99.96%，其中醇类、醛类和酯类成分的相对含量较高，分别为 40.54%、26.24% 和 23.26%。从不同种类挥发性成分的数量上来看，以醇类成分最高，达 28 种。综合考虑挥发性成分的相对含量和数量，醇类化合物对马银花纯露的香气贡献最大。

马银花纯露主要挥发性成分为邻苯二甲醛、芳樟醇和肉桂酸甲酯，相对含量分别为 23.11%、21.07%、12.35%。邻苯二甲醛具有杀菌活性，广泛应用于医药和医疗器械的消毒中[124]；芳樟醇具有铃兰香气，且拥有抑菌[10]、抗氧化、抗皮肤衰老等活性[11]；肉桂酸甲酯具有美白和抑菌功效[125]。此外，马银花纯露挥发性成分中，乙酸乙酯的相对含量为 3.89%，乙酸乙酯具有强烈的醚似的气味，清灵、微带果香的酒香，易扩散，不持久，在香精中主要用作头香来提调新鲜果香；α-松油醇的相对含量为3.89%，α-松油醇有似海桐花的清香，甜的紫丁香、铃兰气息，具有抑菌[22]作用；脱氢芳樟醇的相对含量为 3.26%，脱氢芳樟醇有花草香气，并有辛香和熏衣草似的香味，可用于合成维生素 A 和维生素 K[126]；乙酸龙脑酯的相对含量为 2.14%，具有保胎、杀虫、抗炎、抗肿瘤、心血管活性、止痛、止泻、改善记忆等作用[127]；香叶醇的相对含量为 1.23%，有抗菌[23]、消炎[24]、镇痛[25]等作用。

表 9-1　马银花纯露挥发性成分及其相对含量

种类（编号）	保留时间/min	英文名	中文名	相对含量/%
		醇类		
1	14.06	Linalool	芳樟醇	21.07
2	17.53	α-Terpineol	α-松油醇	3.26
3	14.16	Hotrienol	脱氢芳樟醇	3.05
4	29.52	(E)-Nerolidol	(E)-橙花叔醇	2.72
5	13.53	trans-Linalool oxide(furanoid)	反式-芳樟醇氧化物（呋喃）	2.23
6	12.94	cis-5-ethenyltetrahydro-α,α,5-trimethyl-2-Furanmethanol	顺式-5-乙烯基四氢-α,α-5-三甲基-2-呋喃甲醇	2.12
7	19.47	Geraniol	香叶醇	1.23
8	30.21	Viridiflorol	绿花白千层醇	1.05
9	15.99	(Z)-3-Nonen-1-ol	(Z)-3-壬烯-1-醇	0.57
10	18.56	(Z)-3,7-dimethyl-2,6-Octadien-1-ol	橙花醇	0.57
11	5.97	1-Hexanol	1-己醇	0.34
12	16.77	(3R,6S)-2,2,6-Trimethyl-6-vinyltetrahydro-2H-pyran-3-ol	(3R,6S)-2,2,6-三甲基-6-乙烯基四氢-2H-吡喃-3-醇	0.32
13	17.00	(R)-4-methyl-1-(1-methylethyl)-3-Cyclohexen-1-ol	(R)-4-萜品醇	0.31
14	9.62	1-Octen-3-ol	1-辛烯-3-醇	0.25

（续表）

种类（编号）	保留时间/min	英文名	中文名	相对含量/%
15	30.62	2,3,4,4a,5,6,7,8-oct-ahydro-α,α,4a,8-tetrameth-yl-,[2R-(2α,4aβ,8β)]-2-Naphthalenemethanol	[2R-(2α,4aβ,8β)]-2,3,4,4a,5,6,7,8-八氢-α,α,4a,8-四甲基-2-桉醇	0.17
16	5.59	(E)-3-Hexen-1-ol	(E)-3-己烯-1-醇	0.15
17	30.00	Spathulenol	桉油烯醇	0.15
18	2.39	dimethyl-Silanediol	二甲基硅烷二醇	0.12
19	9.28	1-Heptanol	1-庚醇	0.12
20	11.41	(3E,6Z)-Nonadien-1-ol	(3E,6Z)-壬二烯-1-醇	0.09
21	31.58	Epiglobulol	表蓝桉醇	0.09
22	5.88	(E)-2-Hexen-1-ol	(E)-2-己烯-1-醇	0.09
23	10.08	2-methyl-6-Hepten-1-ol	2-甲基-6-庚-1-醇	0.09
24	14.76	Fenchol alcohol	小茴香醇	0.09
25	25.91	4-(2,6,6-Trimethyl-cyclo-hex-1-enyl)-β-2-ol	二氢-β-紫罗兰醇	0.09
26	31.43	τ-Muurolol	依兰油醇	0.09
27	10.23	3-Octanol	3-辛醇	0.07
28	11.52	Eucalyptol	桉叶油醇	0.04
酯类				
1	24.02	3-phenyl-2-Propenoic acid,methyl ester	肉桂酸甲酯	12.35
2	1.85	Ethyl Acetate	乙酸乙酯	3.89
3	20.66	Bornyl acetate	乙酸龙脑酯	2.14
4	22.30	2-methoxy-Benzoic acid,methyl ester	2-甲氧基苯甲酸甲酯	2.11
5	17.40	Methyl salicylate	水杨酸甲酯	0.70
6	33.96	Hexadecanoic acid,methyl ester	棕榈酸甲酯	0.61
7	16.59	Benzoic acid,ethyl ester	苯甲酸乙酯	0.59
8	29.80	(Z)-3-Hexen-1-ol,benzoate	苯甲酸叶醇酯	0.30
9	32.74	Benzyl Benzoate	苯甲酸苄酯	0.30
10	20.51	trans-6-ethenyltetrahydro-2,2,6-trimethyl-2H-Pyran-3-ol,acetate	反式-6-乙烯基四氢-2,2,6-三甲基-2H-吡喃-3-醇醋酸酯	0.14
11	23.14	dihydro-5-pentyl-2(3H)-Furanone	丙位壬内酯	0.09
12	34.19	Dibutyl phthalate	邻苯二甲酸二丁酯	0.02

（续表）

种类 （编号）	保留时间/ min	英文名	中文名	相对含量/ %
13	33.67	2-hydroxy-Benzoic acid, phenylmethyl ester	柳酸苄酯	0.02
醛类				
1	13.83	1,2-Benzenedicarboxaldehyde	邻苯二甲醛	23.11
2	6.94	Heptanal	正庚醛	0.69
3	8.96	Benzaldehyde	苯甲醛	0.48
4	20.22	3-phenyl-2-Propenal	肉桂醛	0.27
5	11.89	Benzeneacetaldehyde	苯乙醛	0.24
6	4.21	Hexanal	正己醛	0.23
7	21.80	(E,E)-2,4-Decadienal	(E,E)-2,4-癸二烯醛	0.21
8	2.55	Pentanal	正戊醛	0.21
9	20.06	Citral	柠檬醛	0.21
10	16.20	(E)-2-Nonenal	(E)-2-壬醛	0.16
11	8.78	(Z)-2-Heptenal	(Z)-2-庚醛	0.14
12	10.42	Octanal	正辛醛	0.10
13	5.53	(E)-2-Hexenal	(E)-2-己烯醛	0.10
14	12.44	(E)-2-Octenal	(E)-2-辛烯醛	0.06
15	32.40	3,7,11-trimethyl-2,6,10-Dodecatrienal	3,7,11-三甲基-2,6,10-十二烷三烯醛	0.03
酮类				
1	12.70	Acetophenone	苯乙酮	1.91
2	6.55	2-Heptanone	2-庚酮	0.18
3	16.31	Pinocarvone	松香芹酮	0.16
4	21.54	4-Hydroxy-3-methylacetophenone	4-羟基-3-甲基苯乙酮	0.14
5	28.45	2β,4β,16α-Tribromoallopregn-16-ene-3,20-dione	2β,4β,16α-三溴环孕酮-16-烯-3,20-二酮	0.11
6	31.49	Ar-tumerone	芳姜黄酮	0.05
烯类				
1	9.96	β-Myrcene	β-月桂烯	0.10
2	18.74	2-Carene	2-蒈烯	0.10
3	29.06	1,2,3-trimethoxy-5-(2-propenyl)-Benzene	榄香素	0.07
4	23.34	3,4-Dimethoxystrene	3,4-二甲氧基苯乙烯	0.06
5	26.22	(E)-β-Famesene	(E)-β-金合欢烯	0.04
其他类				
1	3.59	Toluene	甲苯	1.77

（续表）

种类（编号）	保留时间/min	英文名	中文名	相对含量/%
2	15.60	1,2-dimethoxy-Benzene	邻苯二甲醚	1.31
3	18.94	3,4-Dimethoxytoluene	3,4-二甲氧基甲苯	1.25
4	16.68	endo-Borneol	冰片	0.76
5	27.91	2,4-Di-tert-butylphenol	2,4-二叔丁基苯酚	0.60
6	31.22	（E）-1,2,3-trimethoxy-5-（1-propenyl）-Benzene	（E）-1,2,3-三甲氧基-5-（1-丙烯基）-苯	0.46
7	15.74	Camphor	合成樟脑	0.19
8	30.69	Cedar camphor	柏木脑	0.19
9	27.52	（Z）-1,2-dimethoxy-4-propenyl-Benzene	（Z）-1,2-二甲氧基-4-丙烯基-苯	0.13
10	17.27	Creosol	2-甲氧基-4-甲基苯酚	0.10
11	35.54	4,4'-（1-methylethylidene）bis-Phenol	4,4'-（1-甲基亚乙基）双-苯酚	0.09
12	1.71	2-Ethyl-oxetane	2-乙基-氧杂丁烷	0.08
13	35.03	Eicosane	正二十烷	0.07

正离子模式下马银花纯露的代谢物成分总离子流见图9-2，化学成分及其相对含量分析结果见表9-2。

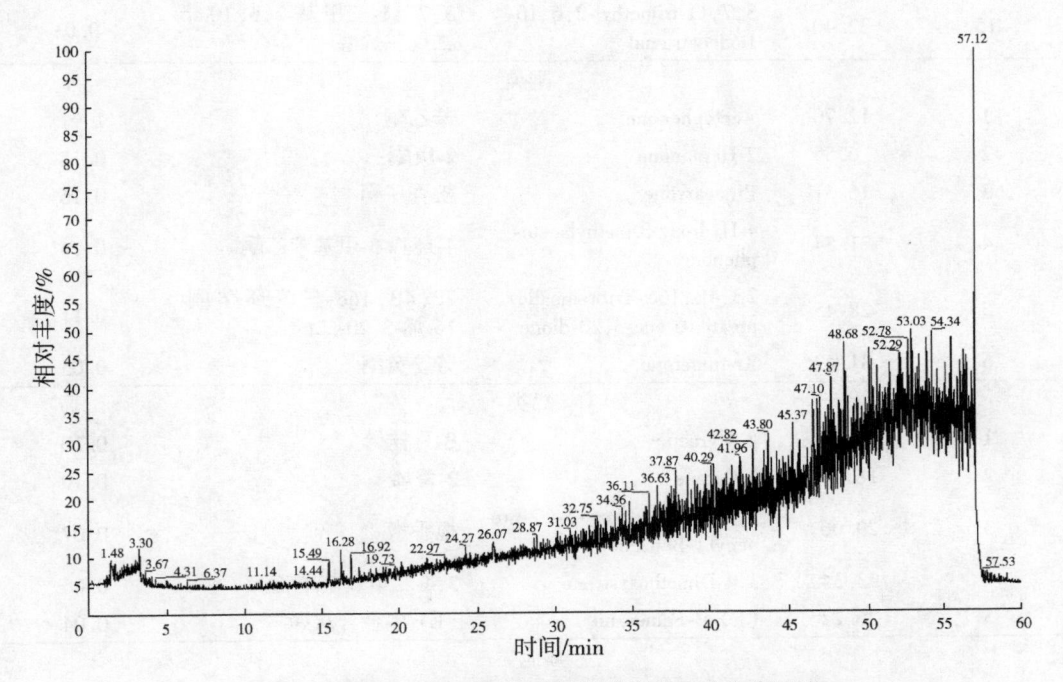

图9-2　正离子模式下马银花纯露代谢物成分总离子流

马银花纯露鉴定出代谢物成分 51 种，主要包括单萜类、倍半萜类、芳香类、酚类、醇类、醛类、酸类、酮类、酯类、香豆素类、生物碱类、肽类等成分，其中以生物碱类成分数量最多，达 31 种。马银花纯露代谢物以生物碱类化合物为主，相对含量高达 52.02%；其次是芳香类化合物，相对含量达 33.05%。

马银花纯露中相对含量较高的成分有邻甲氧基苯甲酸和苯酐，相对含量分别达到了 14.73% 和 12.37%。此外，马银花纯露代谢物中邻苯二甲酸二丁酯相对含量为 3.64%，具有选择性清除骨髓肿瘤细胞的药理活性[62]；棕榈酸甲酯的相对含量为 1.50%，棕榈酸甲酯具有抗炎活性，可保护心脏免受缺血/再灌注引起的损伤[128]，棕榈酸甲酯可显著降低乳酸脱氢酶活性和支气管肺泡灌洗液中炎症细胞的积累，可减轻硅诱导的肺炎症和纤维化。烟酸的相对含量为 2.02%，烟酸又名尼克酸是人体必需的 13 种维生素之一，是一种水溶性维生素。临床上低剂量的烟酸主要用于预防与治疗因缺乏烟酸而引起的糙皮病，高剂量烟酸则用于血脂紊乱的调节，用于混合型高脂血症、高甘油三酯血症、低高密度脂蛋白血症及高血浆脂蛋白血症的治疗，长期应用能减少冠心病、心肌梗死及其他心脑血管疾病的发生率和死亡率[129]。此外，烟酸还可应用于抗动脉粥样硬化[130]，增强中枢神经系统的抗氧化作用，阻止脑细胞凋亡、坏死[131]。

表 9-2　马银花纯露的化学成分及其相对含量

种类（编号）	保留时间/min	质量电荷比（m/z）	分子式	成分名称	相对含量/%
			单萜类		
1	14.99	136.12532	$C_{10}H_{16}$	3-蒈烯　3-Carene	0.37
			倍半萜类		
1	23.20	204.18805	$C_{15}H_{24}$	（1E,5E）-1,5,9-三甲基-1,5,9-环十二碳三烯（1E,5E）-1,5,9-Trimethyl-1,5,9-cyclododecatriene	0.47
			芳香类		
1	3.18	134.03674	$C_8H_8O_3$	邻甲氧基苯甲酸 2-Anisic acid	14.73
2	34.24	148.01607	$C_8H_4O_3$	苯酐　Phthalic anhydride	12.37
3	34.23	278.15204	$C_{16}H_{22}O_4$	邻苯二甲酸二丁酯 Dibutyl phthalate	3.64
4	11.17	102.04685	C_8H_6	苯乙炔　Phenylacetylene	2.31
			酚类		
1	1.49	94.04178	C_6H_6O	苯酚　Phenol	0.69
			醇类		
1	28.14	414.20487	$C_{24}H_{30}O_6$	1,3：2,4-双（3,4-二甲基亚苄基）-D-山梨醇 1,3：2,4-bis（3,4-dimethylobenzylideno）Sorbitol（DM-DBS）	1.70

（续表）

种类（编号）	保留时间/min	质量电荷比（m/z）	分子式	成分名称	相对含量/%
2	22.13	536.43083	$C_{29}H_{60}O_8$	2-{2-[2-(2-{2-[2-(2-十五氧基乙氧基)乙氧基]乙氧基}乙氧基)乙氧基]乙氧基}乙醇 2-[2-[2-[2-[2-(2-Pentadecoxyethoxy)ethoxy]ethoxy]ethoxy]ethoxy]ethanol	0.39
醛类					
1	3.30	134.03674	$C_8H_6O_2$	一水合苯基乙二醛 Phenylglyoxal	3.43
2	14.41	156.1151	$C_9H_{16}O_2$	4-羟基壬烯醛 4-Hydroxynonenal	0.73
酸类					
1	11.14	148.05248	$C_9H_8O_2$	别桂皮酸 (2Z)-3-Phenylacrylic acid	2.62
2	11.97	431.27333	$C_{22}H_{38}O_7$	2-{5-[2-({2-[5-(2-羟丁基)四氢呋喃-2]丙酰基}氧)丁基]四氢呋喃-2}丙酸 2-{5-[2-({2-[5-(2-Hydroxybutyl)oxolan-2-yl]propanoyl}oxy)butyl]oxolan-2-yl}propanoic acid	0.31
酮类					
1	1.08	78.01042	C_5H_2O	1,4-戊二烯-3-酮 1,4-Pentadiyn-3-one	0.57
2	34.23	120.02109	$C_7H_4O_2$	6-(氧亚甲基)-2,4-环己二烯-1-酮 6-(Oxomethylene)-2,4-cyclohexadien-1-one	0.43
酯类					
1	0.72	270.25606	$C_{17}H_{34}O_2$	棕榈酸甲酯 Methyl palmitate	1.50
2	3.78	164.04756	$C_9H_8O_3$	苯甲酰甲酸甲酯 Methyl phenylglyoxylate	0.37
香豆素类					
1	34.24	204.0788	$C_{12}H_{12}O_3$	7-乙氧基-4-甲基香豆素 Maraniol	0.43

（续表）

种类（编号）	保留时间/min	质量电荷比（m/z）	分子式	成分名称	相对含量/%
				生物碱类	
1	15.49	678.50455	$C_{36}H_{66}N_6O_6$	1,8,15,22,29,36-己偶氮基四十烷-2,9,16,23,30,37-异己酮 1,8,15,22,29,36-hexaaza-cyclodotetracontane-2,9,16,23,30,37-Hexone	7.55
2	26.06	375.25263	$C_{21}H_{33}N_3O_3$	3,5-双[（3-甲基丁酰基）氨基]-N-（2-甲基-2-丙酰基)苯甲酰胺 3,5-bis[（3-methylbutano-yl）amino]-N-（2-methyl-2-propanyl)Benzamide	7.15
3	56.70	176.10629	$C_9H_{12}N_4$	6,7,8,9-四氢-5H-[1,2,4]三唑酮[4,3-a]乙替唑仑-3-乙腈 6,7,8,9-tetrahydro-5H-[1,2,4]triazolo[4,3-a]azepin-3-Ylacetonitrile	4.77
4	56.57	80.03736	$C_4H_4N_2$	嘧啶　Pyrimidine	4.53
5	56.38	175.09851	$C_9H_{11}N_4$	1-氨基-4-苯基-1,5-二氢-2H-咪唑-2-亚胺 1-amino-4-phenyl-1,5-dih-ydro-2H-imidazol-2-Iminium	3.50
6	34.21	300.13408	$C_{14}H_{16}N_6O_2$	阿巴卡韦羧酸酯 Abacavir carboxylate	2.56
7	57.11	216.11269	$C_{10}H_{12}N_6$	（乙烯二硝替隆）四乙腈 （Ethylenedinitrilo）tetraace-tonitrile	2.56
8	1.12	123.03201	$C_6H_5NO_2$	烟酸　Niacin	2.02
9	1.42	101.02646	C_7H_3N	2,3,4,5,6-庚戊烯腈 2,3,4,5,6-Heptapentaenen-itrile	1.93
10	16.29	82.053	$C_4H_6N_2$	4-甲基吡唑　Fomepizole	1.47
11	28.13	459.26265	$C_{26}H_{37}NO_6$	糖基脱氢胆酸 Glycodehydrocholic acid	1.34
12	23.03	338.11336	$C_{16}H_{14}N_6O_3$	5-叠氮-1,3,8-三甲基-6-苯基嘧啶[2,3-d]嘧啶-2,4,7(1H,3H,8H)-三酮 5-azido-1,3,8-trimethyl-6-phenylpyrido[2,3-d]pyrimi-dine-2,4,7(1H,3H,8H)-Trione	1.08

（续表）

种类 （编号）	保留时间/ min	质量电荷比 （m/z）	分子式	成分名称	相对含量/ %
13	57.12	191.11737	$C_9H_{13}N_5$	2-甲苯基双胍 2-Tolylbiguanide	0.99
14	1.47	136.02362	$CH_4N_4O_4$	亚甲基敌乐胺 Methylenedinitramine	0.92
15	4.54	113.0841	$C_6H_{11}NO$	己内酰胺　Caprolactam	0.89
16	24.16	274.15462	$C_{13}H_{18}N_6O$	2-［5-（4-氨基苯基）-戊四唑-2］-N,N-二乙基-乙酰胺 2-［5-（4-aminophenyl）-tetrazol-2-yl］-N,N-diethyl-Acetamide	0.85
17	41.97	113.09527	$C_5H_{11}N_3$	1-吡咯烷卡昔酰胺　1-Pyrrolidinecarboximidamide	0.76
18	41.97	86.08434	$C_4H_{10}N_2$	3-哒嗪酮 3-Hydropyridazine	0.68
19	1.65	140.09502	$C_7H_{12}N_2O$	3-氨基-5-叔丁基异唑 3-amino-5-tert-Butylisoxazole	0.67
20	57.12	129.09032	$C_5H_{11}N_3O$	N-（2-氨基乙基）乙基烯脲 N-（2-aminoethyl）Ethyleneurea	0.67
21	23.31	224.18906	$C_{13}H_{24}N_2O$	N,N'-二环己基脲 N,N'-Dicyclohexylurea	0.58
22	57.12	109.0641	$C_5H_7N_3$	3,4-二氨基吡啶 3,4-Diaminopyridine	0.56
23	21.85	423.34636	$C_{24}H_{45}N_3O_3$	加拉碘铵　Gallamine	0.52
24	55.95	68.03728	$C_3H_4N_2$	咪唑　Imidazole	0.52
25	47.15	127.11101	$C_6H_{13}N_3$	1-咪胺醇哌啶 1-Amidinopiperidine	0.50
26	36.98	384.28563	$C_{18}H_{36}N_6O_3$	N,N'-［氧基双（2,1-乙烷二基氧基-2,1-乙烷二基）］双（4,5,6,7-四氢-1H-1,3-二氮杂-2-胺） N,N'-［Oxybis（2,1-ethanediyloxy-2,1-ethanediyl）］bis（4,5,6,7-tetrahydro-1H-1,3-diazepin-2-amine）	0.44
27	57.12	193.13309	$C_9H_{15}N_5$	4-氨基-6-（4-甲基-1-哌嗪基）嘧啶 6-（4-Methyl-1-piperazinyl）-4-pyrimidinamine	0.42
28	40.60	281.27223	$C_{18}H_{35}NO$	油酸酰胺 9-Octadecenamide	0.42

（续表）

种类 （编号）	保留时间/ min	质量电荷比 （m/z）	分子式	成分名称	相对含量/ %
29	57.12	143.10604	$C_6H_{13}N_3O$	2-哌嗪-1-乙酰胺 2-piperazin-1-Ylacetamide	0.39
30	47.45	337.33537	$C_{22}H_{43}NO$	芥酸酰胺　Erucic amide	0.39
31	57.12	166.1221	$C_8H_{14}N_4$	3-环己基-1H-1,2,4-三氮 唑-5-胺 3-cyclohexyl-1H-1,2,4-tri- azo-l-5-Amine	0.37
肽类					
1	11.97	459.3047	$C_{21}H_{41}N_5O_6$	L-亮氨酰-L-丝氨酰-L-赖氨 酰-L-亮氨酸　L-Leucyl-L- Seryl-L-Lysyl-L-Leucine	0.31
其他类					
1	50.75	145.9731	C_5H_7Br	1-溴环戊烯 1-Bromocyclopentene	0.61

第十章　野菊花

一、概述

野菊花（*Chrysanthemum indicum* L.）为菊科植物野菊的干燥头状花序，外形与菊花相似，呈类球形，黄色[132]。生长在山坡草地、田边、路旁等野生地带。野菊花广泛分布于我国东北、华北、华中、华东及西南地区[132]，在韩国、日本等东亚国家以及欧洲东北部应用广泛[133]。野菊花的使用历史已有 3 000 余年[133]，野菊的叶、花及全草均可入药。具有清热解毒、疏风散热、消肿、散瘀、明目的作用，黄酮类化合物是野菊花中最主要的化学成分，对治疗高血压、肝炎、目赤肿痛、痢疾、痈疖疔疮都有效[134]。野菊花已被《中国药典》收录，并被国家卫生健康委员会（原卫生部）列为"可用于保健食品的中药材名单"，通过中成药处方数据库（https：//db.yaozh.com/chufang）检索到 108 种含野菊花的处方制剂，在化妆品开发方面，检索到了 6 213 款产品含有野菊花提取物[133]，2020 年 7 月 1 日，农业农村部第 194 号公告贯彻实施，除中药外的所有促生长类药物饲料添加剂被禁用，标志着饲料全行业替抗的开始。野菊花具有解热毒，抗病原微生物（病毒、细菌、钩端螺旋体等），防治肠道湿热引起的腹泻等营养活性[135]，被称为中草药中的"广谱抗生素"[136]，是研制防治肠道疾病、维持动物肠道健康的药食同源中草药替抗组学产品的重要单味中草药[133]，可见，野菊应用广泛，对野菊精油、纯露的化学成分及功效进行分析，有利于为野菊的合理利用提供理论依据。本章所选用的野菊为福鼎野菊。

二、野菊花精油成分及功效

采摘刚开放的新鲜野菊鲜花，加工成精油，精油的挥发性成分总离子流见图 10-1，野菊花精油挥发性成分及其相对含量分析结果见表 10-1。野菊茎叶也可以提取精油，在野菊花期的末期，于晴天割取野菊地上部分茎叶提取精油，野菊茎叶精油的挥发性成分总离子流见图 10-2，野菊茎叶精油挥发性成分及其相对含量分析结果见表 10-2。

从野菊花精油中共分离、鉴定出 226 种挥发性成分，包括烯烃类、醇类、酯类、酮类、烷类和醛类等成分。总相对含量为 98.86%，其中烯烃类和醇类成分的相对含量较高，分别为 34.08% 和 20.91%。从不同种类挥发性成分的数量上来看，以烯烃类成分最高，达 58 种，醇类成分次之，达 49 种，酯类成分为 40 种。综合考虑挥发性成分的相对含量和数量，烯烃类和醇类成分对野菊花精油的香气贡献最大。

野菊花精油主要挥发性成分包括十氢-2-甲基-萘和桉叶油醇，相对含量分别为 16.84% 和 13.66%，桉叶油醇具有与樟脑相似的气味，具有解热、消炎、抗菌[39]、抗肿瘤[40]、防腐、平喘及镇痛作用。此外，野菊花精油挥发性成分中还含有异龙脑，相对含量为4.08%，异龙脑有近似樟脑的气味，可用作防腐剂，具有抗菌[137]、抗炎[138]等作用；乙酸龙脑酯的相对含量为3.43%，乙酸龙脑酯具有清凉的松木香气，并有樟脑似的气息，具有保胎、杀虫、抗炎、抗肿瘤、调节心血管活性、止痛、止泻、改善记忆等作用[127]；桃金娘烯醇的相对含量为2.34%，适用于急、慢性鼻炎及鼻窦炎，急、慢性气管炎和支气管炎以及鼻功能手术的术后治疗、支气管扩张、慢性阻塞[139]；桧烯的相对含量为1.89%，桧烯具有抗氧化[70]、抗菌[71]功效。

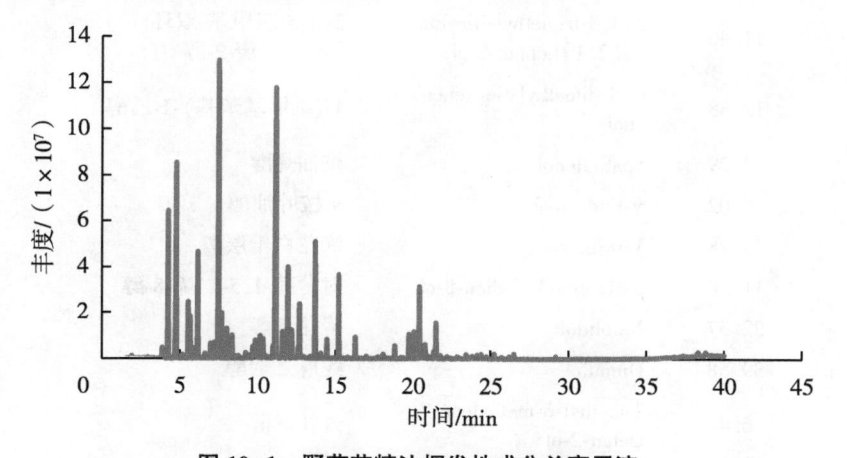

图10-1 野菊花精油挥发性成分总离子流

表10-1 野菊花精油挥发性成分及其相对含量

种类（编号）	保留时间/min	英文名	中文名	相对含量/%
		醇类		
1	7.51	Eucalyptol	桉叶油醇	13.66
2	12.70	6,6-dimethyl-bicyclo[3.1.1]hept-2-ene-2-Methanol	桃金娘烯醇	2.34
3	12.21	(-)-Myrtenol	(-)-4-萜品醇	1.03
4	10.17	cis-Chrysanthenol	顺式-菊烯醇	0.88
5	5.88	1-Octen-3-ol	1-辛烯-3-醇	0.36
6	9.77	Linalool	芳樟醇	0.28
7	25.23	α-Bisabolol	红没药醇	0.26
8	24.73	(1S, 4aS, 7R, 8aS)-1, 4a-dimethyl-7-(prop-1-en-2-yl)Decahydronaphthalen-1-ol	(1S, 4aS, 7R, 8aS)-1, 4a-二甲基-7-(丙-1-烯-2)十氢萘-1-醇	0.16
9	13.39	cis-2-methyl-5-(1-methylethenyl)-2-Cyclohexen-1-ol	顺式-2-甲基-5-(1-甲基乙烯基)-2-环己烯-1-醇	0.14
10	25.73	Aristol-1(10)-en-9-ol	1(10)-马兜铃烯-9-醇	0.13
11	37.39	18-epoxy-11β-Lanostan-3β-ol	18-环氧树脂-11β-羊毛甾-3β-醇	0.12

（续表）

种类 （编号）	保留时间/ min	英文名	中文名	相对含量/ %
12	11.54	2,6-dimethyl-1,7-Octadiene-3,6-diol	2,6-二甲基-1,7-辛二烯-3,6-二醇	0.11
13	12.98	Verbenol	马鞭草烯醇	0.11
14	24.55	τ-Muurolol	依兰油醇	0.09
15	11.40	2,3,3-trimethyl-Bicyclo[2.2.1]heptan-2-ol	2,3,3-三甲基-双环[2.2.1]庚-2-醇	0.07
16	12.88	α,4-dimethyl-Benzenemethanol	1-(4-甲基苯基)-1-乙醇	0.07
17	22.29	Spathulenol	桉油烯醇	0.07
18	24.02	γ-Eudesmol	γ-桉叶油醇	0.07
19	39.28	Viridiflorol	绿花白千层醇	0.07
20	11.30	p-Mentha-1,5-dien-8-ol	对薄荷-1,5-二烯-8-醇	0.06
21	22.37	Nerolidol	橙花叔醇	0.06
22	39.58	Humulol	蛇麻二烯醇	0.06
23	6.44	2-methyl-6-methylene-7-Octen-2-ol	月桂烯醇	0.04
24	13.09	trans-3-methyl-6-(1-methylethyl)-2-Cyclohexen-1-ol	反式-3-甲基-6-(1-甲基乙基)-2-环己烯-1-醇	0.04
25	13.29	trans-1-methyl-2-(1-methylethenyl)-Cyclobutaneethanol	反式-1-甲基-2-(1-甲基乙烯基)环丁醇	0.04
26	22.52	(Z)-α-Bergamoto	(Z)-α-香柠檬醇	0.04
27	24.29	α-Cadinol	α-毕橙茄醇	0.04
28	25.63	cis-Lanceol	白檀醇	0.04
29	39.51	Campesterol,TMS derivative	菜油甾醇 TMS 衍生物	0.04
30	15.92	13-Methylpentadec-14-ene-1,13-diol	13-甲基十五碳-14-烯-1,13-二醇	0.03
31	23.26	trans-1-methyl-4-(1-methylethenyl)-2-Cyclohexen-1-ol	反式-1-甲基-4-(1-甲基乙烯基)-2-环己烯-1-醇	0.03
32	23.49	(1S,3aS,4S,5S,7aR,8R)-5-Isopropyl-1,7a-dimethyloctahydro-1H-1,4-methanoinden-8-ol	(1S,3aS,4S,5S,7aR,8R)-5-异丙基-1,7a-二甲基八氢-1H-1,4-甲基茚-8-醇	0.03
33	23.91	di-epi-1,10-Cubenol	双-表-1,10-毕澄茄油烯醇	0.03
34	36.24	epi-γ-Eudesmol	表-γ-(-)-10-桉叶油醇	0.03
35	36.31	Lathosterol	7-烯胆甾烷醇	0.03
36	36.73	Fern-7-en-3β-ol	7-羊齿烯-3β-醇	0.03
37	38.68	(3β,5α)-4,4-dimethyl-Cholest-7-en-3-ol	(3β,5α)-4,4-二甲基-胆甾-7-烯-3-醇	0.03

（续表）

种类（编号）	保留时间/min	英文名	中文名	相对含量/%
38	2.35	1-Hexanol	1-己醇	0.02
39	6.32	6-methyl-5-Hepten-2-ol	6-甲基-5-庚烯-2-醇	0.02
40	15.88	3-Cyclohexene-1-methanol, TMS derivative	3-环己烯-1-甲醇 TMS 衍生物	0.02
41	24.20	Hinesol	茅苍术醇	0.02
42	26.04	2-((2R,4aR,8aR)-4a,8-Dimethyl-1,2,3,4,4a,5,6,8a-octahydronaphthalen-2-yl)prop-2-en-1-ol	2-[(2R,4aR,8aR)-4a,8-二甲基-1,2,3,4,4a,5,6,8a-八氢萘-2]丙-2-烯-1-醇	0.02
43	37.64	trans-p-Menth-2-en-1-ol	反式-对薄荷-2-烯-1-醇	0.02
44	37.68	9,19-Cyclolanostane-3,7-diol	9,19-环毛甾烷-3,7-二醇	0.02
45	13.78	Carveol	葛缕醇	0.01
46	21.97	(S,Z)-2-Methyl-6-(p-tolyl)hept-2-en-1-ol	(S,Z)-2-甲基-6-(对甲苯基)庚-2-烯-1-醇	0.01
47	36.47	(3β)-24-methylene-9,19-Cyclolanostan-3-ol	(3β)-24-亚甲基-9,19-环羊毛甾烷-3-醇	0.01
48	37.74	(3β,5α,6β)-Ergostane-3,5,6,25-tetrol	(3β,5α,6β)-麦角甾烷-3,5,6,25-四醇	0.01
49	39.75	3-Ethenylcholestan-3-ol	3-乙烯基胆甾烷-3-醇	0.01
酯类				
1	15.23	Bornyl acetate	乙酸龙脑酯	3.43
2	9.86	2-methyl-Butanoic acid, 2-methylbutyl ester	2-甲基丁酸 2-甲基丁酯	0.84
3	16.30	Myrtenyl acetate	(1S)-6,6-二甲基二环[3.1.1]庚-2-烯-2-甲醇乙酸酯	0.82
4	38.34	Acetic acid, 14-bromo-4,4,6a,6b,8a,11,12,14b-octa-methyl-13-oxodocosahydropicen-3-yl ester	乙酸-14-溴-4,4,6a,6b,8a,11,12,14b-八甲基-13-氧代二十氢苉-3-酯	0.72
5	14.47	(1R,5S,6R)-2,7,7-Trimethylbicyclo[3.1.1]hept-2-en-6-yl acetate	(1R,5S,6R)-2,7,7-三甲基双环[3.1.1]庚-2-烯-6-乙酸酯	0.66
6	10.03	1-Octen-3-yl-acetate	1-辛烯-3-乙酸酯	0.58
7	22.98	diethyl-Phthalate	邻苯二甲酸二乙酯	0.13
8	22.19	Myrtenyl 2-methyl butyrate	2-甲基丁酸桃金娘酯	0.12
9	12.82	4-Methylpentyl-2-methylbu-tanoate	4-甲基戊基-2-甲基丁酸酯	0.09
10	12.54	Methyl salicylate	水杨酸甲酯	0.07

（续表）

种类（编号）	保留时间/min	英文名	中文名	相对含量/%
11	13.88	3-hexenyl-Isovalerate	异戊酸3-己烯酯	0.07
12	23.36	Sabinol,3-methylbut-2-enoate	3-甲基-2-丁烯酸桧萜酯	0.07
13	15.82	Hydroxy-α-terpenyl acetate	羟基-α-乙酸松油酯	0.06
14	16.58	cis-2-methyl-5-(1-methylethenyl)-2-Cyclohexen-1-ol,acetate	顺式-2-甲基-5-（1-甲基乙烯基）-2-环己烯-1-醇乙酸酯	0.05
15	17.97	2-methyl-Butanoic acid,phenylmethyl ester	2-甲基丁酸苯甲酯	0.05
16	37.51	[3-(2,5-dimethyl-1H-pyrrol-1-yl)-2-thienyl]methyl 3-(2-chloro-6-fluorophenyl)-5-methyl-4-Isoxazolecarboxylate	[3-(2,5-二甲基-1H-吡咯-1)-2-噻吩基]甲基 3-(2-氯-6-氟苯基)-5-甲基-4-异噁唑甲酸酯	0.05
17	12.38	Butanoic acid,(E)-3-hexenyl ester	(E)-3-己烯基丁酸酯	0.04
18	14.84	Sabinyl isobutanoate	异丁酸桧基酯	0.04
19	7.87	butyl-2-methyl-Butyrate	2-甲基丁基丁酸酯	0.03
20	16.65	Phenylacetic acid propyl ester	苯乙酸丙酯	0.03
21	17.28	trans-Carveyl acetate	反式-乙酸香苇酯	0.03
22	38.03	Terpinyl butyrate	丁酸 1-甲基-1-（4-甲基-3-环己烯-1)乙酯	0.03
23	8.24	6-Nonynoic acid,methyl ester	6-壬炔酸甲酯	0.02
24	16.05	Acetic acid,4a-methyl-2,3,4,4a,5,6,7,8-octahydro-naphthalen-2-yl ester	乙酸-4a-甲基-2,3,4,4a,5,6,7,8-八氢萘-2-酯	0.02
25	16.82	Fragranyl acetate	乙酸芳酯	0.02
26	23.08	S-Bioallethrin	烯丙菊酯	0.02
27	37.47	3-ethenyldodecahydro-3,4a,7,10a-tetramethyl-1H-Naphtho[2,1-b]pyran-7-carboxylic acid,methyl ester	1H-萘并[2,1-b]吡喃-7-羧酸-3-乙烯基十二氢-3,4a,7,10a-四甲基-甲酯	0.02
28	1.75	2-methyl-Butanoic acid,ethyl ester	2-甲基丁酸乙酯	0.01
29	2.25	2,6,10,14-tetramethyl-Pentadecanoic acid,methyl ester	2,6,10,14-四甲基-五癸酸甲酯	0.01
30	2.80	2-methyl-Butanoic acid,1-methylethyl ester	2-甲基丁酸-1-甲基乙酯	0.01
31	5.28	Methyl 2-methylhexanoate	丙酸 2-甲基丁酯	0.01
32	14.15	trans-2-Hexenyl isovalerate	反式-2-己烯基异戊酸酯	0.01

（续表）

种类（编号）	保留时间/min	英文名	中文名	相对含量/%
33	14.56	ortho-methyl-Anisate	茴香酸甲酯	0.01
34	15.07	［（1R,3R)-2,2-dimethyl-3-（2-methylprop-1-en-1-yl)cyclopropyl］methyl Acetate	［（1R,3R)-2,2-二甲基-3-（2-甲基丙-1-烯-1）环丙基]乙酸甲酯	0.01
35	18.44	5-Chlorovaleric acid, 3-pentadecyl ester	5-氯戊酸-3-十五烷基酯	0.01
36	27.14	6-ethenyl-2,4,5,6,7,7a-hexahydro-3,6-dimethyl-α-methylene-2-oxo-5-Benzofuranacetic acid, methyl ester	5-苯并呋喃乙酸-6-乙烯基-2,4,5,6,7,7a-六氢-3,6-二甲基-α-亚甲基-2-氧代-甲酯	0.01
37	27.36	Oxalic acid, dicyclohexyl ester	草酸二环己酯	0.01
38	37.10	16-hydroxy-Hexadec-6-enoic acid-ω-lactone	16 羟基-十六碳-6-烯酸-ω-内酯	0.01
39	37.71	24,24-epoxymethano-9,19-Cyclolanostan-3-ol, acetate	9,19-环羊毛甾烷-3-醇-24,24-环氧乙烷-乙酸酯	0.01
醛类				
1	12.61	Myrtenal	桃金娘烯醛	0.37
2	5.17	Benzaldehyde	苯甲醛	0.17
3	9.94	2,4-dimethyl-2,4-Heptadienal	2,4-二甲基-2,4-庚烯醛	0.13
4	10.85	(+,-)-1,3,3-Trimethylcyclohex-1-ene-4-carboxaldehyde	(+,-)-1,3,3-三甲基环己-1-烯-4-甲醛	0.05
5	14.02	2-methyl-3-phenyl-Propanal	2-甲基-3-苯基-丙醛	0.05
6	38.62	5-methyl-2-isopropyl-Hex-2-enal	5-甲基-2-异丙基-己-2-烯醛	0.05
7	14.96	L-Perillaldehyde	L-紫苏醛	0.04
8	1.87	(E)-2-Hexenal	(E)-2-己烯醛	0.03
9	15.01	Phellandral	水芹醛	0.03
10	3.05	4-methylene-5-Hexenal	4-亚甲基-5-己烯醛	0.02
11	3.27	Heptanal	正庚醛	0.02
12	5.06	(Z)-2-Heptenal	(Z)-2-庚醛	0.01
13	8.18	Citral	柠檬醛	0.01
14	14.64	(E)-2-Decenal	反式-2-癸烯醛	0.01
酮类				
1	11.61	Pinocarvone	松香芹酮	0.95
2	11.01	trans-Pinocarveol	反式-松香芹酮	0.76
3	10.36	2,7,7-trimethyl-Bicyclo［3.1.1]hept-2-en-6-one	2,7,7-三甲基-双环［3.1.1]庚-2-烯-6-酮	0.67

（续表）

种类（编号）	保留时间/min	英文名	中文名	相对含量/%
4	9.70	2,6,6-Trimethylbicyclo[3.2.0]hept-2-en-7-one	2,6,6-三甲基双环[3.2.0]庚-2-烯-7-酮	0.43
5	23.41	4-(2,6,6-trimethyl-1-cyclohexen-1-yl)-3-Buten-2-one	β-紫罗酮	0.19
6	26.50	7-Isopropenyl-1,4a-dimethyl-4,4a,5,6,7,8-hexahydro-3H-naphthalen-2-one	7-异丙烯基-1,4a-二甲基-4,4a,5,6,7,8-六氢-3H-萘-2-酮	0.19
7	5.99	6-methyl-5-Hepten-2-one	甲基庚烯酮	0.18
8	14.07	D-Carvone	D-香芹酮	0.18
9	24.12	5-hydroxy-2,3,3-trimethyl-2-(3-methyl-buta-1,3-dienyl)-Cyclohexanone	5-羟基-2,3,3-三甲基-2-(3-甲基-丁-1,3-二烯基)-环己酮	0.15
10	8.57	Acetophenone	苯乙酮	0.14
11	10.67	4-acetyl-1-Methylcyclohexene	4-甲基-3-环己烯-1-酮	0.12
12	12.03	(1α,2β,5α)-2,6,6-trimethyl-Bicyclo[3.1.1]heptan-3-one	(1α,2β,5α)-2,6,6-三甲基-双环[3.1.1]庚烷-3-酮	0.11
13	37.25	(3α)-3-(acetyloxy)-20-hexyl-Pregnan-12-one	(3α)-3-(乙酰氧基)-20-己基-孕烷-12-酮	0.09
14	39.20	Cholesta-4,6-dien-3-one	4,6-胆甾二烯-3-酮	0.09
15	12.33	1-(4-methylphenyl)-Ethanone	对甲基苯乙酮	0.07
16	10.29	5-(1-methylethyl)-Bicyclo[3.1.0]hex-3-en-2-one	5-(1-甲基乙基)-双环[3.1.0]己-3-烯-2-酮	0.06
17	18.25	4,7,7-Trimethylbicyclo[4.1.0]hept-3-en-2-one	4,7,7-三甲基双环[4.1.0]庚-3-烯-2-酮	0.05
18	36.83	28-hydroxy-D：A-Friedooleanan-3-one	28-羟基-木栓酮	0.05
19	22.14	1-oxa-3-isopropyl-6-methyl-9-isopropenyl-spiro(4,4)Nonan-2-one	1-氧代-3-异丙基-6-甲基-9-异丙烯基-螺环(4,4)壬-2-酮	0.04
20	9.52	6-Camphenone	6-莰烯酮	0.03
21	18.64	[1α,3α(E),6α]-(+/-)-3,4,4-trimethyl-3-(3-methyl-1,3-butadienyl)-Bicyclo[4.1.0]heptan-2-one	[1α,3α(E),6α]-(+/-)-3,4,4-三甲基-3-(3-甲基-1,3-丁烯基)-双环[4.1.0]庚烷-2-酮	0.03
22	37.83	D：A-Friedooleanan-2-one	2-木栓酮	0.03
23	14.78	(S)-3-methyl-6-(1-methylethenyl)-2-Cyclohexen-1-one	(S)-3-甲基-6-(1-甲基乙烯基)-2-环己烯-1-酮	0.02

（续表）

种类（编号）	保留时间/min	英文名	中文名	相对含量/%
24	25.00	1,3-bis-(2-cyclopropyl,2-methylcyclopropyl)-But-2-en-1-one	1,3-双-(2-环丙基,2-甲基环丙基)-丁-2-烯-1-酮	0.02
25	2.90	2-Nonanone	2-壬酮	0.01
26	14.22	Piperitone	胡椒酮	0.01
27	16.40	4-(1-methylethyl)-2-Cyclohexen-1-one	4-(1-甲基乙基)-2-环己烯-1-酮	0.01
烯类				
1	4.77	2,5,6-trimethyl-1,3,6-Heptatriene	2,5,6-三甲基-1,3,6-庚三烯	8.5
2	4.25	β-Ocimene	β-罗勒烯	5.56
3	6.15	β-Myrcene	β-月桂烯	3.99
4	20.41	Germacrene D	大牛儿烯 D	2.7
5	5.54	4-methylene-1-(1-methylethyl)-Bicyclo[3.1.0]hexane	桧烯	1.89
6	7.71	trans-β-Ocimene	反式-β-罗勒烯	1.54
7	21.48	[S-(R*,S*)]-3-(1,5-dimethyl-4-hexenyl)-6-methylene-Cyclohexene	[S-(R*,S*)]-3-(1,5-二甲基-4-己烯基)-6-亚甲基-环己烯	1.27
8	8.04	(Z)-3,7-dimethyl-1,3,6-Octatriene	(Z)-3,7-二甲基-1,3,6-辛三烯	0.99
9	19.74	(E)-β-Farnesene	(E)-β-法尼烯	0.89
10	8.37	γ-Terpinene	γ-松油烯	0.76
11	7.26	p-Cymene	对伞花烃	0.58
12	7.00	α-Terpinene	α-松油烯	0.52
13	18.84	Caryophyllene	石竹烯	0.5
14	20.69	2,6-dimethyl-6-(4-methyl-3-pentenyl)-Bicyclo[3.1.1]hept-2-ene	2,6-二甲基-6-(4-甲基-3-戊烯基)-双环[3.1.1]庚-2-烯	0.4
15	21.35	δ-Cadinene	δ-杜松烯	0.38
16	3.87	Tricyclene	三环烯	0.35
17	10.45	1-methyl-3-(2-methylcyclopropyl)-Cyclopropene	1-甲基-3-(2-甲基环丙基)环丙烯	0.27
18	9.24	3-methyl-6-(1-methylethylidene)-Cyclohexene	3-甲基-6-(1-甲基亚乙基)-环己烯	0.24
19	20.27	γ-Cadinene	γ-杜松烯	0.23
20	6.64	α-Phellandrene	α-水芹烯	0.22

（续表）

种类（编号）	保留时间/min	英文名	中文名	相对含量/%
21	20.60	［4aR-(4aα,7α,8aβ)］-decahydro-4a-methyl-1-methylene-7-(1-methylethenyl)-Naphthalene	［4aR-(4aα,7α,8aβ)］-十氢-4a-甲基-1-亚甲基-7-(1-甲基乙烯基)-萘	0.21
22	24.40	2,3,4,5-tetramethyl-Tricyclo［3.2.1.02,7］oct-3-ene	2,3,4,5-四甲基-三环［3.2.1.02,7］辛-3-烯	0.2
23	23.80	Aromadendrene	香橙烯	0.15
24	9.45	(1R,3S,4S)-1,3-dimethyl-3-(4-methylpent-3-en-1-yl)-2-Oxabicyclo［2.2.2］oct-5-ene	(1R,3S,4S)-1,3-二甲基-3-(4-甲基戊-3-烯-1)-2-氧杂双环［2.2.2］辛-5-烯	0.12
25	22.83	Caryophyllene oxide	石竹素	0.12
26	4.02	α-Thujene	α-侧柏烯	0.11
27	17.01	(1R,2S,7R,8R)-2,6,6,9-tetramethyl-Tricyclo［5.4.0.0(2,8)］undec-9-ene	长叶蒎烯	0.11
28	4.89	4-methylene-1-(1-methylethyl)-Bicyclo［3.1.0］hex-2-ene	4-亚甲基-1-(1-甲基乙基)-双环［3.1.0］己-2-烯	0.1
29	8.77	cis-Sabinene hydrate	香桧烯水合物	0.1
30	23.59	7-Hydroxyfarnesen	7-羟基法尼烯	0.1
31	29.18	(Z)-2-(hexa-2,4-diyn-1-ylidene)-1,6-Dioxaspiro［4.4］non-3-ene	(Z)-2-(己-2,4-二炔-1-亚基)-1,6-二氧杂螺［4.4］壬-3-烯	0.09
32	1.92	7-methyl-1-Octene	7-甲基-1-辛烯	0.08
33	21.80	1,4,6-trimethyl-1,2,3,3a,4,7,8,8a-octahydro-4,7-Ethanoazulene	1,4,6-三甲基-1,2,3,3a,4,7,8,8a-八氢-乙基甘菊环	0.08
34	39.12	4-oxatricyclo［20.8.0.0(7,16)］triaconta-1(20),7(16)-Diene	4-氧杂三环［20.8.0.0(7,16)］三十烷-1(20),7(16)-二烯	0.08
35	21.10	β-Bisabolene	β-红没药烯	0.07
36	17.71	α-Pinene	α-蒎烯	0.06
37	12.45	(3R,6R)-3-Hydroperoxy-3-methyl-6-(prop-1-en-2-yl)cyclohex-1-ene	(3R,6R)-3-过氧羟基-3-甲基-6-(丙-1-烯-2)环己-1-烯	0.05
38	19.22	trans-α-Bergamotene	反式-α-香柠檬烯	0.05

（续表）

种类（编号）	保留时间/min	英文名	中文名	相对含量/%
39	2.96	1-Nonene	1-壬烯	0.04
40	21.68	Cubenene	毕澄茄油烯	0.04
41	24.25	(+)-epi-Bicyclosesquiphellandrene	(+)-表-双环倍半水芹烯	0.04
42	9.40	(2-methyl-1-propenyl)-Benzene	2-甲基-1-苯基丙烯	0.03
43	15.50	1,5,6,7-Tetramethylbicyclo[3.2.0]hepta-2,6-diene	1,5,6,7-四甲基双环[3.2.0]庚-2,6-二烯	0.03
44	17.54	α-Himachalene	α-雪松烯	0.03
45	2.70	2,6-dimethyl-1,5-Heptadiene	2,6-二甲基-1,5-庚二烯	0.02
46	6.88	2,7-dimethyl-1,3,7-Octatriene	2,7-二甲基-1,3,7-辛三烯	0.02
47	10.76	p-Mentha-1,5,8-triene	对薄荷-1,5,8-三烯	0.02
48	18.71	cis-α-Bergamotene	顺式-α-香柠檬烯	0.02
49	19.67	(R)-1-methyl-4-(1,2,2-trimethylcyclopentyl)-Benzene	花侧柏烯	0.02
50	21.88	4-[(1E)-1,5-dimethyl-1,4-hexadien-1-yl]-1-methyl-Cyclohexene	4-[(1E)-1,5-二甲基-1,4-己二烯-1-烯]-1-甲基-环己烯	0.02
51	39.70	Valencene	巴伦西亚橘烯	0.02
52	2.13	2-methyl-2,3-Hexadiene	2-甲基-2,3-己二烯	0.01
53	3.33	1,7,7-trimethyl-Bicyclo[2.2.1]hept-2-ene	1,7,7-三甲基-双环[2.2.1]庚-2-烯	0.01
54	3.64	Tricyclo[5.3.0.0(3,9)]dec-4-ene	三环[5.3.0.0(3,9)]癸-4-烯	0.01
55	22.45	2,7-dimethyl-4-phenylthio-Octa-2,6-diene	2,7-二甲基-4-苯硫基-辛烷-2,6-二烯	0.01
56	22.62	β-Caryophyllene	β-石竹烯	0.01
57	36.05	Hexadecene	正十六烯	0.01
58	39.65	Viridiflorene	绿花白千层烯	0.01
		烷类		
1	5.66	(1S)-6,6-dimethyl-2-methylene-Bicyclo[3.1.1]heptane	(1S)-6,6-二甲基-2-亚甲基-双环[3.1.1]庚烷	1.39
2	18.09	[1S-(1α,2β,4β)]-1-ethenyl-1-methyl-2,4-bis(1-methylethenyl)-Cyclohexane	[1S-(1α,2β,4β)]-1-乙烯基-1-甲基-2,4-双(1-甲基乙烯基)-环己烷	0.49
3	20.50	(1S,5S)-4-Methylene-1-[(R)-6-methylhept-5-en-2-yl]bicyclo[3.1.0]hexane	(1S,5S)-4-亚甲基-1-[(R)-6-甲基庚-5-烯-2]双环[3.1.0]己烷	0.33

（续表）

种类 （编号）	保留时间/ min	英文名	中文名	相对含量/ %
4	23.71	(+)-(Z)-Longipinane	(+)-(Z)-长蒎烷	0.09
5	19.35	1-(3-isopropyl-4-methyl-pent-3-en-1-ynyl)-1-methyl-Cyclopropane	1-（3-异丙基-4-甲基-戊-3-烯-1-炔基）-1-甲基-环丙烷	0.07
6	12.92	2-methoxy-1,7,7-trimethyl-Bicyclo[2.2.1]heptane	2-甲氧基-1,7,7-三甲基-双环[2.2.1]庚烷	0.05
7	13.58	(R)-1-methylene-3-(1-methylethenyl)-Cyclohexane	(R)-1-亚甲基-3-（1-甲基乙烯基）-环己烷	0.05
8	7.08	1,2,4-tris(methylene)-Cyclohexane	1,2,4-三（亚甲基）环己烷	0.03
9	19.96	2,6,10-trimethyl-Dodecane	2,6,10-三甲基十二烷	0.03
10	19.11	(1R,2S,6S,7S,8S)-8-isopropyl-1-methyl-3-methylenetricyclo[4.4.0.02,7]Decane-rel	(1R,2S,6S,7S,8S)-8-异丙基-1-甲基-3-亚甲基三环[4.4.0.02,7]癸烷	0.02
11	22.06	2,2,6,8-Tetramethyl-7-oxatricyclo[6.1.0.0(1,6)]nonane	2,2,6,8-四甲基-7-噁三环[6.1.0.0(1,6)]壬烷	0.02
12	24.95	(1α,2β,4β,5α,6α)-3,3,7,7-tetramethyl-5-(2-methyl-1-propenyl)-Tricyclo[4.1.0.0(2,4)]heptane	(1α,2β,4β,5α,6α)-3,3,7,7-四甲基-5-（2-甲基-1-丙烯基）-三环[4.1.0.0(2,4)]庚烷	0.02
13	3.21	2-nitro-Pentane	2-硝基戊烷	0.01
14	19.05	Pentacyclo[7.5.0.0(2,8).0(5,14).0(7,11)]tetradecane	五环[7.5.0.0(2,8).0(5,14).0(7,11)]十四烷	0.01
15	25.54	3α,9β-Dihydroxy-3,5α,8-trimethyltricyclo[6.3.1.0(1,5)]dodecane	3α,9β-二羟基-3,5α,8-三甲基三环[6.3.1.0(1,5)]十二烷	0.01
16	26.41	bromo-Cyclohexane	溴代环己烷	0.01
17	34.31	Pentacosane	二十五烷	0.01
其他类				
1	11.19	decahydro-2-methyl-Naphthalene	十氢-2-甲基-萘	16.84
2	13.71	[1S-(1.α,5.α,6.β.)]-2,7,7-trimethyl-Bicyclo[3.1.1]hept-2-en-6-ol,acetate	[1S-(1.α,5.α,6.β.)]-2,7,7-三甲基-双环[3.1.1]庚-2-烯-6-醇-醋酸盐	4.27
3	11.96	1,7,7-Trimethylbicyclo[2.2.1]heptan-2-ol	异龙脑	4.08
4	20.07	dehydro-Sesquicineole	脱氢-倍半桉油脑	0.94

（续表）

种类（编号）	保留时间/min	英文名	中文名	相对含量/%
5	38.81	［3R-（3α，5aα，9α，9α）］-octahydro-2，2，5a，9-tetramethyl-2H-3，9a-Methano-1-benzoxepin	二氢沉香呋喃	0.52
6	38.90	9，10，12，13-Tetrabromooctadecanoic acid	9，10，12，13-四溴十八酸	0.22
7	11.48	Albene	阿尔本醋酯纤维	0.06
8	17.78	（1aS，4aS，8aR）-4a，8，8-Trimethyl-2-methylene-1，1a，2，4a，5，6，7，8-octahydrocyclopropa［d］naphthalene	（1aS，4aS，8aR）-4a，8，8-三甲基-2-亚甲基-1，1a，2，4a，5，6，7，8-八氢环丙烷［d］萘	0.06
9	21.58	Kessane	阔叶缬草醚	0.06
10	18.49	［1aR-（1aα，7α，7aα，7bα）］-1a，2，6，7，7a，7b-hexahydro-1，1，7，7a-tetramethyl-1H-Cyclopropa［a］naphthalene	［1aR-（1aα，7α，7aα，7bα）］-1a，2，6，7，7a，7b-六氢-1，1，7，7a-四甲基-1H-环丙烷［a］萘	0.04
11	19.60	（1S，4S，4aS）-1-isopropyl-4，7-dimethyl-1，2，3，4，4a，5-Hexahydronaphthalene	（1S，4S，4aS）-异丙基-4，7-二甲基-1，2，3，4，4a，5-六氢萘	0.04
12	6.74	o-Isopropenyltoluene	异丙烯基甲苯	0.03
13	17.10	Eugenol	丁香酚	0.03
14	18.41	（1α，4aβ，8aα）-（+/-）-1，2，4a，5，8，8a-hexahydro-4，7-dimethyl-1-（1-methylethyl）-Naphthalene	（1α，4aβ，8aα）-（+/-）-1，2，4a，5，8，8a-六氢-4，7-二甲基-1-（1-甲基乙基）-萘	0.03
15	37.96	Juniper camphor	杜松脑	0.03
16	38.08	Palmitic acid	棕榈酸	0.02
17	14.34	1，1-dimethyl-1H-Indene	1，1-二甲基-1H-茚	0.01
18	15.44	4，7-dimethyl-Benzofuran	4，7-二甲基苯并呋喃	0.01
19	23.15	（1α，4α，4aα，10aα）-1，4，4a，5，6，9，10，10a-octahydro-11，11-dimethyl-1，4-Methanocycloocta［d］pyridazine	（1α，4α，4aα，10aα）-1，4，4a，5，6，9，10，10a-八氢-11，11-二甲基-1，4-甲氧环辛烷［d］哒嗪	0.01
20	29.43	（E）-Tonghaosu	（E）-茼蒿素	0.01
21	37.89	（3β）-3-hydroxy-Lup-20（29）-en-28-oic acid	白桦脂酸	0.01
22	39.81	6-methyl-2-［（4-morpholinyl）methyl］-Phenol	6-甲基-2-［（4-吗啉基）甲基］-苯酚	0.01

从野菊茎叶精油中共分离、鉴定出 225 种挥发性成分，包括烯烃类、醇类、酮类、酯类、醛类和烷烃类等成分。总相对含量为 99.57%，其中烯烃类成分的相对含量较高，为 54.60%。从不同种类挥发性成分的数量上来看，以烯烃类成分最多，达 63 种，醇类成分次之，达 44 种。综合考虑挥发性成分的相对含量和数量，烯烃类成分对野菊花全株精油的香气贡献最大。

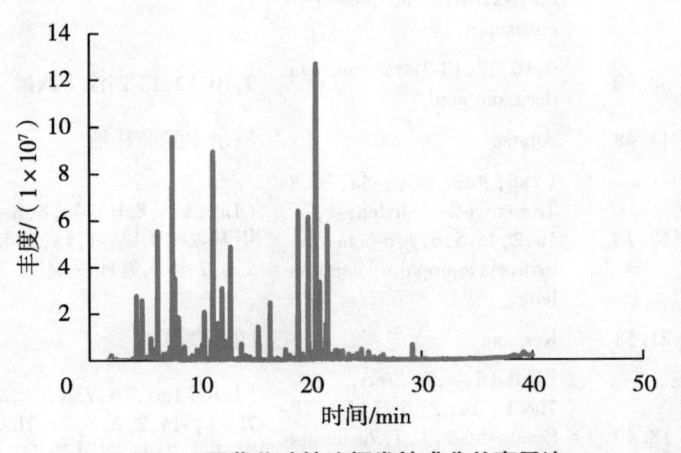

图 10-2　野菊茎叶精油挥发性成分总离子流

野菊茎叶精油的主要挥发性成分为（S,1Z,6Z）-1-甲基-5-亚甲基-8-异丙基-1,6-环癸二烯，相对含量为 16.05%。除桉叶油醇相对含量 7.34%、桃金娘烯醇相对含量 4.57%、乙酸龙脑酯相对含量 1.42% 等成分与野菊花精油具有相同功效外，野菊茎叶精油含有的左旋樟脑，相对含量 8.64%，具有保护脑缺血再灌注损伤的作用[43]；β-倍半水芹烯，相对含量 4.34%，具有抗溃疡、抗生育、抗病毒等多种生物活性[140]；α-蒎烯，相对含量 1.83%，具有抗腺病毒、抗菌、除草、杀虫和驱避等生物活性[141]；莰烯，相对含量 1.81%，具有类似樟脑香气，具有抑菌、抗病毒活性[114]。

表 10-2　野菊茎叶精油挥发性成分及其相对含量

种类（编号）	保留时间/min	英文名	中文名	相对含量/%
		醇类		
1	7.51	Eucalyptol	桉叶油醇	7.34
2	12.73	(-)-Myrtenol	桃金娘烯醇	4.57
3	10.98	[1S-(1α,3α,5α)]-6,6-dimethyl-2-methylene-Bicyclo[3.1.1]heptan-3-ol	(-)-反式-松香芹醇	0.84
4	12.21	(R)-4-methyl-1-(1-methyl-ethyl)-3-Cyclohexen-1-ol	(-)-4-萜品醇	0.7
5	25.20	(1R,7S,E)-7-Isopropyl-4,10-dimethylenecyclodec-5-e-nol	(1R,7S,E)-7-异丙基-4,10-二亚甲基环癸-5-烯醇	0.59
6	24.55	α-Cadinol	α-毕橙茄醇	0.58
7	22.73	Spathulenol	桉油烯醇	0.45

（续表）

种类（编号）	保留时间/min	英文名	中文名	相对含量/%
8	22.38	Nerolidol	橙花叔醇	0.37
9	5.89	1-Octen-3-ol	1-辛烯-3-醇	0.31
10	21.77	(3S,3aR,3bR,4S,7R,7aR)-4-isopropyl-3,7-dime-thyloctahydro-1H-cyclopenta[1,3]cyclopropa[1,2]Benzen-3-ol	(3S,3aR,3bR,4S,7R,7aR)-4-异丙基-3,7-二甲基八氢-1H-环戊烷[1,3]环丙烷[1,2]苯-3-醇	0.27
11	11.73	cis-Chrysanthenol	顺式-菊烯醇	0.23
12	38.34	2,4a,5,8a-tetramethyl-1,2,3,4,4a,7,8,8a-octa-Hydronaphthalen-1-ol	2,4a,5,8a-四甲基-1,2,3,4,4a,7,8,8a-八氢萘-1-醇	0.22
13	24.20	Agarospirol	沉香螺萜醇	0.22
14	9.78	Linalool	芳樟醇	0.22
15	23.62	(1R,4R)-1-methyl-4-(6-Methylhept-5-en-2-yl)cyclo-hex-2-enol	(1R,4R)-1-甲基-4-(6-甲基庚-5-烯-2-基)环己-2-烯醇	0.19
16	1.96	(E)-3-Hexen-1-ol	(E)-3-己烯-1-醇	0.19
17	11.54	2,6-dimethyl-1,7-Octadiene-3,6-diol	2,6-二甲基-1,7-辛二烯-3,6-二醇	0.1
18	12.99	Verbenol	马鞭草烯醇	0.09
19	13.39	cis-2-methyl-5-(1-methyle-thenyl)-2-Cyclohexen-1-ol	顺式-2-甲基-5-(1-甲基乙烯基)-2-环己烯-1-醇	0.08
20	25.63	cis-Lanceol	顺式-白檀醇	0.06
21	38.17	Cycloartanol	环木菠萝烷醇	0.05
22	6.45	ethyl-Hexanol	乙基-己醇	0.05
23	26.03	[1ar-(1aα,4aα,7β,7aβ,7bα)]-decahydro-1,1,7-tri-methyl-4-methylene-1H-Cy-cloprop[e]azulen-7-ol	[1ar-(1aα,4aα,7β,7aβ,7bα)]-十氢-1,1,7-三甲基-4-亚甲基-1H-环丙烷[e]甘菊环-7-醇	0.04
24	2.36	1-Hexanol	1-己醇	0.04
25	11.39	2,3,3-trimethyl-Bicyclo[2.2.1]heptan-2-ol	2,3,3-三甲基-双环[2.2.1]庚-2-醇	0.04
26	11.30	p-Mentha-1,5-dien-8-ol	对薄荷-1,5-二烯-8-醇	0.04
27	24.83	1,1,4,7-Tetramethyldecahy-dro-1H-cyclopropa[e]azule-ne-4,7-diol	1,1,4,7-四甲基十氢-1H-环丙烷[e]甘菊环-4,7-二醇	0.04

（续表）

种类 （编号）	保留时间/ min	英文名	中文名	相对含量/ %
28	13.20	trans-Verbenol	反式-马鞭草烯醇	0.02
29	9.30	trans-Linalool oxide（furanoid）	反式-芳樟醇氧化物（呋喃）	0.02
30	37.94	Cedrol	柏木醇	0.02
31	22.57	［1aR-(1aα,4β,4aβ,7α,7aβ,7bα）］-decahydro-1,1,4,7-tetramethyl-4aH-Cycloprop［e］azulen-4a-ol	［1aR-(1aα,4β,4aβ,7α,7aβ,7bα)］-十氢-1,1,4,7-四甲基-4aH 环丙烷［e］甘菊环-4a-醇	0.02
32	24.99	6-Methyl-2-(4-methylcyclohex-3-en-1-yl)hepta-1,5-dien-4-ol	6-甲基-2-(4-甲基环己-3-烯-1-基)庚-1,5-二烯-4-醇	0.02
33	11.25	L-Menthol	L-薄荷醇	0.02
34	38.03	α-Bisabolol	红没药醇	0.02
35	37.99	Drimenol	八氢三甲基萘甲醇	0.02
36	32.36	Phytol	叶绿醇	0.01
37	8.90	1-Octanol	1-辛醇	0.01
38	6.33	6-methyl-5-Hepten-2-ol	6-甲基-5-庚烯-2-醇	0.01
39	9.14	3,3,6-trimethyl-1,5-Heptadien-4-ol	3,3,6-三甲基-1,5-庚二烯-4-醇	0.01
40	2.26	（E)-2-Hexen-1-ol	（E)-2-己烯-1-醇	0.01
41	25.42	（E,E)-3,7,11,15-tetramethyl-1,6,10,14-Hexadecatetraen-3-ol	（E,E)-3,7,11,15-四甲基-1,6,10,14-十六碳四烯-3-醇	0.01
42	27.31	［1aR-(1aα,4β,4aβ,7α,7aβ,7bα）］-decahydro-1,1,4,7-tetramethyl-1H-Cycloprop［e］azulen-4-ol	［1aR-(1aα,4β,4aβ,7α,7aβ,7bα)］-十氢-1,1,4,7-四甲基-1H-环丙烷［e］甘菊环-4-醇	0.01
43	12.38	cis-9-Tetradecen-1-ol	顺式-9-十四烯-1-醇	0.01
44	13.51	（1S-trans）-5-hydroxy-α,α,4-trimethyl-3-Cyclohexene-1-methanol	（1S-反式)-5-羟基-α,α-4-三甲基-3-环己烯-1-甲醇	0.01
酯类				
1	16.31	Myrtenyl acetate	（1S)-6,6-二甲基二环［3.1.1］庚-2-烯-2-甲醇乙酸酯	1.72
2	15.23	Bornyl acetate	乙酸龙脑酯	1.42
3	13.70	［1S-(1α,5α,6β)］-2,7,7-trimethyl-Bicyclo［3.1.1］hept-2-en-6-ol,acetate	［1S-(1α,5α,6β)］-2,7,7-三甲基-双环［3.1.1］庚-2-烯-6-醇-醋酸酯	0.66
4	22.19	Myrtenyl 2-methyl butyrate	2-甲基丁酸桃金娘酯	0.46
5	9.86	2-methyl-Butanoic acid,2-methylbutyl ester	2-甲基丁酸 2-甲基丁酯	0.36

（续表）

种类（编号）	保留时间/min	英文名	中文名	相对含量/%
6	6.69	(Z)-3-Hexen-1-ol, acetate	己酸叶醇酯	0.3
7	10.04	1-Octen-3-yl-acetate	1-辛烯-3-乙酸酯	0.18
8	11.49	Albene	阿尔本醋酯纤维	0.16
9	12.54	Methyl salicylate	水杨酸甲酯	0.1
10	13.88	3-hexenyl-Isovalerate	异戊酸 3-己烯酯	0.09
11	12.82	4-Methylpentyl-2-methylbutanoate	4-甲基戊基-2-甲基丁酸酯	0.06
12	6.94	Acetic acid, hexyl ester	乙酸己酯	0.05
13	17.98	2-methyl-Butanoic acid, phenylmethyl ester	2-甲基丁酸苯甲酯	0.04
14	26.42	Cyclohexanecarboxylic acid, 3-methylphenyl ester	环己烷羧酸-3-甲基苯基酯	0.03
15	15.54	trans-Pinocarvyl acetate	反式-乙酸松香芹酯	0.02
16	38.71	11β,18-epoxy-Lanostan-3β-ol, acetate	羊毛甾烷-3β-醇-11β,18 环氧-醋酸酯	0.02
17	14.29	(1S,3S,5S)-1-isopropyl-4-methylenebicyclo[3.1.0]Hexan-3-yl acetate	(1S,3S,5S)-1-异丙基-4-亚甲基双环[3.1.0]-3-乙酸己酯	0.02
18	17.28	(1R-cis)-2-methyl-5-(1-methylethenyl)-2-Cyclohexen-1-ol, acetate	(1R-顺式)-2-环己烯-1-醇-2-甲基-5-(1-甲基乙烯基)-乙酸酯	0.02
19	14.56	(S,E)-2,5-dimethyl-4-Vinylhexa-2,5-dien-1-yl, acetate	(S,E)-2,5-二甲基-4-乙烯基己烷-2,5-二烯-1-乙酸酯	0.02
20	8.24	6-Nonynoic acid, methyl ester	6-壬炔酸甲酯	0.01
21	24.77	isobornyl-Propionate	丙酸异冰片酯	0.01
22	14.33	ethyl-2-methyl-Pent-4-enoate	2-甲基-4-戊酸乙酯	0.01
23	37.83	3α,11β,16β-trihydroxy-29-Nor-8α,9β,13α,14β-dammaran-21-oic acid, γ-lactone	3α,11α,16β-三羟基-29-去甲基-8α,9β,13α,14β-达玛烷-21-油酸 γ-内酯	0.01
24	14.14	trans-2-Hexenyl isovalerate	反式-2-己烯基异戊酸酯	0.01
25	15.82	5-methylhexyl-3-Methylbutanoate	3-甲基丁酸-5-甲基己酯	0.01
26	2.91	Hex-3(Z)-enyl isobutanoate	异丁酸十六烯酯	0.01
27	39.74	(3β,4α,5α)-4,14-dimethyl-9,19-Cycloergost-24(28)-en-3-ol, acetate	(3β,4α,5α)-4,14-二甲基-9,19-环麦角甾醇-24(28)-烯-3-醇-乙酸酯	0.01

（续表）

种类（编号）	保留时间/min	英文名	中文名	相对含量/%
28	27.88	(E,E)-3,7,11-trimethyl-2,6,10-Dodecatrien-1-ol,acetate	(E,E)-3,7,11-三甲基-2,6,10-十二碳三烯-1-醇乙酸酯	0.01
醛类				
1	10.18	4-(2,2-Dimethyl-6-methylenecyclohexyl)butanal	4-(2,2-二甲基-6-亚甲基环己基)丁醛	0.59
2	12.62	Myrtenal	桃金娘烯醛	0.45
3	18.25	2-ethylidene-6-methyl-3,5-Heptadienal	2-亚乙基-6-甲基-3,5-庚二烯醛	0.18
4	5.18	Benzaldehyde	苯甲醛	0.14
5	12.91	2,4,6-trimethyl-3-Cyclohexene-1-carboxaldehyde	2,4,6-三甲基-3-环己烯-1-甲醛	0.09
6	1.88	(E)-2-Hexenal	(E)-2-己烯醛	0.09
7	7.88	Benzeneacetaldehyde	苯乙醛	0.06
8	14.02	4-(1-methylethyl)-Benzaldehyde	4-(1-甲基乙基)-苯甲醛	0.06
9	15.43	2-methyl-3-phenyl-2-Propenal	2-甲基-3-苯基-2-丙烯醛	0.05
10	14.95	Perillaldehyde	紫苏醛	0.03
11	15.02	Phellandral	水芹醛	0.03
12	6.88	(E,E)-2,4-Heptadienal	(E,E)-2,4-庚二烯醛	0.03
13	10.85	(+,-)-1,3,3-Trimethylcyclohex-1-ene-4-carboxaldehyde	(+,-)-1,3,3-三甲基环己-1-烯-4-甲醛	0.03
14	14.63	(E)-2-Decenal	(E)-2-癸烯醛	0.02
15	25.91	Hexadecanal	棕榈醛	0.02
16	15.91	Undecanal	正十一醛	0.02
17	3.29	Heptanal	正庚醛	0.02
18	5.06	(Z)-2-Heptenal	(Z)-2-庚醛	0.02
19	3.06	4-methylene-5-Hexenal	4-亚甲基-5-己烯醛	0.01
20	27.05	Ylangenal	依兰醛	0.01
酮类				
1	11.16	(1S)-1,7,7-trimethyl-Bicyclo[2.2.1]heptan-2-one	左旋樟脑	8.64
2	10.37	2,7,7-trimethyl-Bicyclo[3.1.1]hept-2-en-6-one	2,7,7-三甲基-双环[3.1.1]庚-2-烯-6-酮	1.42
3	11.61	Pinocarvone	松香芹酮	1.14
4	39.19	28-hydroxy-D:A-Friedooleanan-3-one	28-羟基-木栓酮	0.84

（续表）

种类 （编号）	保留时间/ min	英文名	中文名	相对含量/ %
5	8.57	Acetophenone	苯乙酮	0.49
6	9.70	2,6,6-Trimethylbicyclo［3.2.0］hept-2-en-7-one	2,6,6-三甲基双环［3.2.0］庚-2-烯-7-酮	0.34
7	23.41	4-(2,6,6-trimethyl-1-cyclohexen-1-yl)-3-Buten-2-one	β-紫罗酮	0.29
8	26.50	7-isopropenyl-1,4a-dimethyl-4,4a,5,6,7,8-hexahydro-3H-Naphthalen-2-one	7-异丙烯基-1,4a-二甲基-4,4a,5,6,7,8-六氢-3H-萘-2-酮	0.18
9	9.91	2-allyl-2-methyl-1,3-Cyclopentanedione	2-烯丙基-2-甲基-1,3-环戊二酮	0.17
10	14.07	Carvone	香芹酮	0.15
11	24.12	trans-4a,5,6,7,8,8a-hexahydro-8a-methyl-2(1H)-Naphthalenone	反式-4a,5,6,7,8,8a-六氢-8a-甲基-2(1H)-萘酮	0.11
12	23.09	Salvial-4(14)-en-1-one	丹参酮	0.1
13	6.01	6-methyl-5-Hepten-2-one	甲基庚烯酮	0.1
14	24.67	2,3,3-Trimethyl-2-(3-methylbuta-1,3-dienyl)-6-methylenecyclohexanone	2,3,3-三甲基-2-(3-甲基丁烷基-1,3-二烯基)-6-亚甲基环己酮	0.08
15	12.03	2,6,6-trimethyl-Bicyclo［3.1.1］heptan-3-one	2,6,6-三甲基-双环［3.1.1］庚烷-3-酮	0.08
16	13.34	5-methyl-2-(1-methylethylidene)-Cyclohexanone	5-甲基-2-(1-甲基亚乙基)-环己酮	0.05
17	10.30	5-(1-methylethyl)-Bicyclo［3.1.0］hex-3-en-2-one	5-(1-甲基乙基)-双环［3.1.0］己-3-烯-2-酮	0.04
18	14.41	2-(but-3-enyl)-6,6-dimethyl-Bicyclo［3.1.1］heptan-3-one	2-(丁-3-烯基)-6,6-二甲基-双环［3.1.1］庚烷-3-酮	0.03
19	38.07	14-methyl-Cholest-7-en-3-ol-15-one	14-甲基-胆甾-7-烯-3-醇-15-酮	0.03
20	14.78	(S)-3-methyl-6-(1-methylethenyl)-2-Cyclohexen-1-one	(S)-3-甲基-6-(1-甲基乙烯基)-2-环己烯-1-酮	0.03
21	26.94	6-(1-hydroxymethylvinyl)-4,8a-dimethyl-3,5,6,7,8,8a-hexahydro-1H-Naphthalen-2-one	6-(1-羟甲基乙烯基)-4,8a-二甲基-3,5,6,7,8,8a-六氢-1H-萘-2-酮	0.02
22	12.46	1-(6,6-dimethylbicyclo［3.1.0］hex-2-en-2-yl)-Ethanone	1-(6,6-二甲基双环［3.1.0］己-2-烯-2)-乙酮	0.01
23	28.66	1,7-dimethyl-4-(1-methylethyl)-Spiro［4.5］dec-6-en-8-one	1,7-二甲基-4-(1-甲基乙基)-螺环［4.5］癸-6-烯-8-酮	0.01

（续表）

种类（编号）	保留时间/min	英文名	中文名	相对含量/%
24	14.21	（S）-2-methyl-5-（1-methylethyl）-2-Cyclohexen-1-one	（S）-2-甲基-5-（1-甲基乙基）-2-环己烯-1-酮	0.01
25	7.35	1-（1,3-dimethyl-3-cyclohexen-1-yl）-Ethanone	1-（1,3-二甲基-3-环己烯-1）-乙酮	0.01
26	27.60	（5α）-3-ethyl-3-hydroxy-Androstan-17-one	（5α）-3-乙基-3-羟基-雄甾烷-17-酮	0.01
27	12.33	4-methyl-Acetophenone	4-甲基-苯乙酮	0.01
28	17.45	（8Z）-Oxacycloheptadec-8-en-2-one	（8Z）-氧酰环庚烷-8-烯-2-酮	0.01
29	28.55	6,10,14-trimethyl-2-Pentadecanone	植酮	0.01
30	16.06	4,5-dihydro-4-（2-methyl-3-methylene-1-buten-4-yl）-2（3H）-Furanone	4,5-二氢-4-（2-甲基-3-亚甲基-1-丁烯-4）-2（3H）-呋喃酮	0.01
31	37.29	Nootkatone	圆柚酮	0.01
烯类				
1	20.47	（S,1Z,6Z）-8-Isopropyl-1-methyl-5-methylenecyclodeca-1,6-diene	（S,1Z,6Z）-1-甲基-5-亚甲基-8-异丙基-1,6-环癸二烯	16.05
2	19.77	（E）-β-Farnesene	（E）-β-法尼烯	5.32
3	18.86	Caryophyllene	石竹烯	5.19
4	6.17	β-Myrcene	β-月桂烯	4.42
5	21.50	β-Sesquiphellandrene	β-倍半水芹烯	4.34
6	20.79	（1R,4R,5S）-1,8-Dimethyl-4-（prop-1-en-2-yl）spiro[4.5]dec-7-ene	（1R,4R,5S）-1,8-二甲基-4-（丙基-1-烯-2）螺[4.5]十二碳-7-烯	2.41
7	7.72	trans-β-Ocimene	反式-β-罗勒烯	2.37
8	4.25	α-Pinene	α-蒎烯	1.83
9	4.76	Camphene	莰烯	1.81
10	21.35	δ-Cadinene	δ-杜松烯	1.32
11	8.05	（Z）-3,7-dimethyl-1,3,6-Octatriene	（Z）-3,7-二甲基-1,3,6-辛三烯	1.18
12	20.70	2,6-dimethyl-6-（4-methyl-3-pentenyl）-Bicyclo[3.1.1]hept-2-ene	2,6-二甲基-6-（4-甲基-3-戊烯基）-双环[3.1.1]庚-2-烯	0.94
13	5.54	4-methylene-1-（1-methylethyl）-Bicyclo[3.1.0]hexane	桧烯	0.63

（续表）

种类（编号）	保留时间/min	英文名	中文名	相对含量/%
14	21.22	γ-Cadinene	γ-杜松烯	0.63
15	29.18	(Z)-2-(Hexa-2,4-diyn-1-ylidene)-1,6-dioxaspiro[4.4]non-3-ene	(Z)-2-(己-2,4-二炔-1-亚基)-1,6-二氧杂螺[4.4]壬-3-烯	0.49
16	17.72	α-Copaene	α-可巴烯	0.42
17	7.26	p-Cymene	对伞花烃	0.39
18	22.84	Caryophyllene oxide	石竹素	0.39
19	20.87	α-Muurolene	α-依兰油烯	0.35
20	8.38	γ-Terpinene	γ-松油烯	0.33
21	19.22	cis-α-Bergamotene	顺式-α-香柠檬烯	0.3
22	21.10	β-Bisabolene	β-红没药烯	0.29
23	23.80	Aromadendrene	香橙烯	0.23
24	24.05	β-Longipinene	β-长叶蒎烯	0.22
25	7.01	α-Terpinene	α-松油烯	0.21
26	21.89	4-[(1E)-1,5-dimethyl-1,4-hexadien-1-yl]-1-methyl-Cyclohexene	4-[(1E)-1,5-二甲基-1,4-二烯-1]-1-甲基-环己烯	0.18
27	10.44	α-Phellandrene	α-水芹烯	0.18
28	24.25	(+)-epi-Bicyclosesquiphellandrene	(+)-表双环倍半水芹烯	0.16
29	21.04	α-Farnesene	α-法尼烯	0.16
30	20.62	[4aR-(4aα,7α,8aβ)]-decahydro-4a-methyl-1-methylene-7-(1-methylethenyl)-Naphthalene	[4aR-(4aα,7α,8aβ)]-十氢-4a-甲基-1-亚甲基-7-(1-甲基乙烯基)-萘	0.16
31	9.25	1-methyl-4-(1-methylethylidene)-Cyclohexene	α-异松油烯	0.15
32	19.94	cis-Muurola-4(15),5-diene	顺式-依兰油-4(15),5-二烯	0.14
33	23.92	trans-Sesquisabinene hydrate	反式-倍半香桧烯水合物	0.13
34	24.35	γ-Muurolene	γ-依兰油烯	0.12
35	25.72	1,5-dimethyl-3-hydroxy-8-(1-methylene-2-hydroxyethyl-1)-Bicyclo[4.4.0]dec-5-ene	1,5-二甲基-3-羟基-8-(1-亚甲基-2-羟乙基-1)-双环[4.4.0]癸-5-烯	0.12
36	18.45	(1S,5S)-2-Methyl-5-[(R)-6-methylhept-5-en-2-yl]bicyclo[3.1.0]hex-2-ene	(1S,5S)-2-甲基-5-[(R)-6-甲基庚-5-烯-2]双环[3.1.0]己-2-烯	0.12

（续表）

种类 （编号）	保留时间/ min	英文名	中文名	相对含量/ %
37	10.65	5-methyl-3-（1-methylethyli-dene）-1,4-Hexadiene	5-甲基-3-（1-甲基亚乙基）-1,4-己二烯	0.1
38	24.90	7-epi-trans-Sesquisabinene hydrate	7-表-反式-倍半香桧烯水合物	0.08
39	16.96	α-Cubebene	α-毕澄茄油烯	0.07
40	4.60	4-methylene-1-（1-methylethyl）-Bicyclo[3.1.0]hex-2-ene	4-亚甲基-1-（1-甲基乙基）-双环[3.1.0]己-2-烯	0.07
41	23.49	（1R,3E,7E,11R）-1,5,5,8-tetramethyl-12-Oxabicyclo[9.1.0]dodeca-3,7-diene	环氧化蛇麻烯Ⅱ	0.05
42	16.55	Elemene isomer	榄香烯异构体	0.05
43	3.89	Tricyclene	三环烯	0.05
44	19.33	Alloaromadendrene	香树烯	0.04
45	18.64	β-Ylangene	β-依兰烯	0.04
46	22.51	（1S,3aR,4R,8R,8aS）-1-isopropyl-3a-methyl-7-methylenedecahydro-4,8-Epoxyazulene	（1S,3aR,4R,8R,8aS）-1-异丙基-3a-甲基-7-亚甲基十氢-4,8-环氧甘菊环	0.04
47	17.54	Ylangene	依兰烯	0.04
48	9.46	（1R,3S,4S）-1,3-dimethyl-3-（4-methylpent-3-en-1-yl）-2-Oxabicyclo[2.2.2]oct-5-ene	（1R,3S,4S）-1,3-二甲基-3-（4-甲基戊-3-烯-1）-2-氧杂双环[2.2.2]辛-5-烯	0.04
49	30.33	（E）-2-（hepta-2,4-diyn-1-ylidene）-1,6-Dioxaspiro[4.4]non-3-ene	（E）-2-（庚-2,4-二炔-1-亚基）-1,6-二氧杂螺[4.4]壬-3-烯	0.04
50	17.92	β-Bourbonene	β-波旁烯	0.03
51	4.04	α-Thujene	α-侧柏烯	0.03
52	8.18	2-methyl-6-methylene-2-Octene	2-甲基-6-亚甲基-2-辛烯	0.02
53	25.05	α-Bulnesene	α-布黎烯	0.02
54	17.01	（1R,2S,7R,8R）-2,6,6,9-tetramethyl-Tricyclo[5.4.0.0(2,8)]undec-9-ene	长叶蒎烯	0.02
55	18.54	[1aR-（1aα,4α,4aβ,7bα）]-1a,2,3,4,4a,5,6,7b-octahydro-1,1,4,7-tetramethyl-1H-Cycloprop[e]azulene	[1aR-（1aα,4α,4aβ,7bα）]-1a,2,3,4,4a,5,6,7b-八氢-1,1,4,7-四甲基-1H-环丙[e]甘菊环	0.01

（续表）

种类 （编号）	保留时间/ min	英文名	中文名	相对含量/ %
56	26.33	(1S,3aR,4R,8R,8aS)-1-i-sopropyl-3a-methyl-7-methylenedecahydro-4,8-Epithio-azulene	(1S,3aR,4R,8R,8aS)-1-异丙基-3a-甲基-7-亚甲基十氢-4,8-表硫甘菊环	0.01
57	10.76	p-mentha-1,5,8-Triene	对薄荷-1,5,8-三烯	0.01
58	21.98	(E)-Farnesene epoxide	环氧法尼烯	0.01
59	19.87	Longifolene	长叶烯	0.01
60	2.72	3-(2-propenyl)-Cyclohexene	3-(2-丙烯基)-环己烯	0.01
61	2.97	1-Nonene	1-壬烯	0.01
62	36.78	4-Oxatricyclo[20.8.0.0(7,16)]triaconta-1(20),7(16)-diene	4-氧杂三环[20.8.0.0(7,16)]三十烷-1(20),7(16)-二烯	0.01
63	38.63	Urs-12-ene	乌苏-12-烯	0.01
烷类				
1	5.67	(1S)-6,6-dimethyl-2-methylene-Bicyclo[3.1.1]heptane	(1S)-6,6-二甲基-2-亚甲基-双环[3.1.1]庚烷	0.35
2	18.09	[1S-(1α,2β,4β)]-1-ethenyl-1-methyl-2,4-bis(1-methylethenyl)-Cyclohexane	[1S-(1α,2β,4β)]-1-乙烯基-1-甲基-2,4-双(1-甲基乙烯基)-环己烷	0.24
3	18.04	(1R,2S,6S,7S,8S)-8-Isopropyl-1-methyl-3-methylenetricyclo[4.4.0.02,7]decane-rel	(1R,2S,6S,7S,8S)-8-异丙基-1-甲基-3-亚甲基三环[4.4.0.02,7]癸烷	0.27
4	23.23	trans-3,6-diethyl-3,6-dimethyl-Tricyclo[3.1.0.0(2,4)]hexane	反式-3,6-二乙基-3,6-二甲基-三环[3.1.0.0(2,4)]己烷	0.05
5	23.71	(+)-(Z)-Longipinane	(+)-(Z)-长蒎烷	0.05
6	16.61	4-methylene-2,8,8-trimethyl-2-vinyl-Bicyclo[5.2.0]nonane	4-亚甲基-2,8,8-三甲基-2-乙烯基-双环[5.2.0]壬烷	0.05
7	13.14	(1,2-dimethylbutyl)-Cyclohexane	(1,2-二甲基丁基)-环己烷	0.05
8	22.46	1-methyl-4-(2-methyloxiranyl)-7-Oxabicyclo[4.1.0]heptane	1-甲基-4-(2-甲基环氧乙烷基)-7-环氧双环[4.1.0]庚烷	0.04
9	13.57	9-(1-methylethylidene)-Bicyclo[6.1.0]nonane	9-(1-甲基亚乙基)-双环[6.1.0]壬烷	0.02
10	7.09	1,2,4-tris(methylene)-Cyclohexane	1,2,4-三(亚甲基)环己烷	0.02
11	34.31	Eicosane	正二十烷	0.02

（续表）

种类（编号）	保留时间/min	英文名	中文名	相对含量/%
12	27.14	4-methylene-1-methyl-2-(2-methyl-1-propen-1-yl)-1-vinyl-Cycloheptane	4-亚甲基-1-甲基-2-（2-甲基-1-丙烯-1）-1-乙烯基环庚烷	0.02
13	19.41	（1R,5R)-4-methylene-1-[（R)-6-methylhept-5-en-2-yl]Bicyclo[3.1.0]hexane	（1R,5R)-4-亚甲基-1-[（R)-6-甲基庚-5-烯-2]双环[3.1.0]己烷	0.02
14	3.62	trimethylmethylene-Cyclopropane	三甲亚甲基环丙烷	0.01
15	32.26	Heneicosane	正二十一烷	0.01
16	3.23	1-nitro-Pentane	1-硝基戊烷	0.01
17	16.41	trans-4,5-epoxy-Carane	反式-4,5-环氧-蒈烷	0.01
18	36.06	Pentacosane	二十五烷	0.01
其他类				
1	11.96	endo-Borneol	冰片	2.4
2	20.09	dehydro-Sesquicineole	脱氢-倍半桉油脑	0.2
3	38.41	13,15-Octacosadiyne	13,15-二十八烷二炔	0.12
4	8.78	α,α,cis-5-trimethyl-2-Furanmethanol	α,α,顺式-5-乙烯基四氢-2-呋喃乙醇	0.1
5	21.58	Kessane	阔叶缬草醚	0.09
6	21.69	1,2,3,4,4a,7-hexahydro-1,6-dimethyl-4-(1-methylethyl)-Naphthalene	1,2,3,4,4a,7-六氢-1,6-二甲基-4-(1-甲基乙基)-萘	0.09
7	17.10	Eugenol	丁香酚	0.06
8	19.52	（1S,4S,4aS)-1-Isopropyl-4,7-dimethyl-1,2,3,4,4a,5-hexahydronaphthalene	（1S,4S,4aS)-1-异丙基-4,7-二甲基-1,2,3,4,4a,5-六氢萘	0.04
9	38.56	2,5-dihydroxy-3,6-dioctyl-N-phenyl-Benzamide	2,5-二羟基-3,6-二辛基-N-苯基-苯甲酰胺	0.04
10	24.62	1-(3,3-dimethyl-1-yl)-2,2-dimethylcyclopropene-3-carBoxylic acid	1-(3,3-二甲基-1)-2,2-二甲基环丙烯-3-羧酸	0.04
11	39.57	（3β,5α,25S)-Spirostan-3-amine	（3β,5α,25S)-螺甾烷-3-胺	0.03
12	9.40	1-methyl-3-(1-methylethenyl)-Benzene	1-甲基-3-(1-甲基乙烯基)-苯	0.03
13	38.90	3-bromo-N-(4-bromo-2-chlorophenyl)-Propanamide	3-溴-N-(4-溴-2-氯苯基)-丙酰胺	0.02
14	31.90	2,6-Dihydroxybenzoic acid,3TMS derivative	2,6-二羟基苯甲酸 3TMS 衍生物	0.02
15	37.89	Juniper camphor	杜松脑	0.01

（续表）

种类（编号）	保留时间/min	英文名	中文名	相对含量/%
16	15.50	5-Cyanomethylene-2,3,3-trimethylpyrrolidine-2-carbonitrile	5-氰亚甲基-2,3,3-三甲基吡咯烷-2-腈	0.01
17	38.76	p-allyl-Anisole	对烯丙基-苯甲醚	0.01
18	17.79	1-(2-tert-butyl-2-methylcyclopropyl)-Ethanone, semicarbazone	1-(2-叔丁基-2-甲基环丙烷)-乙烷氨基脲	0.01
19	31.45	3-(3-methoxy-2-methyl-3-oxo-1-propenyl)-2,2-dimethyl-3-(2-butenyl)-2-methyl-4-oxo-2-cyclopenten-Cyclopropanecarboxylic acid	3-(2-丁烯基)-2-甲基-4-氧代-2-环戊烯-3-(3-甲氧基-2-甲基-3-氧代-1-丙烯基)-2,2-二甲基-环丙烷羧酸	0.01
20	16.89	2-isopropenyl-4a,8-dimethyl-1,2,3,4,4a,5,6,8a-Octahydronaphthalene	2-异丙烯基-4a,8-二甲基-1,2,3,4,4a,5,6,8a-八氢萘	0.01
21	19.05	1,2,3,6,7,8,8a,8b-octahydro-4,5-dimethyl-Biphenylene	1,2,3,6,7,8,8a,8b-八氢-4,5-二甲基-联苯	0.01

三、野菊花纯露成分及功效

野菊花纯露的挥发性成分总离子流见图 10-3，野菊花纯露挥发性成分及其相对含量分析结果见表 10-3。

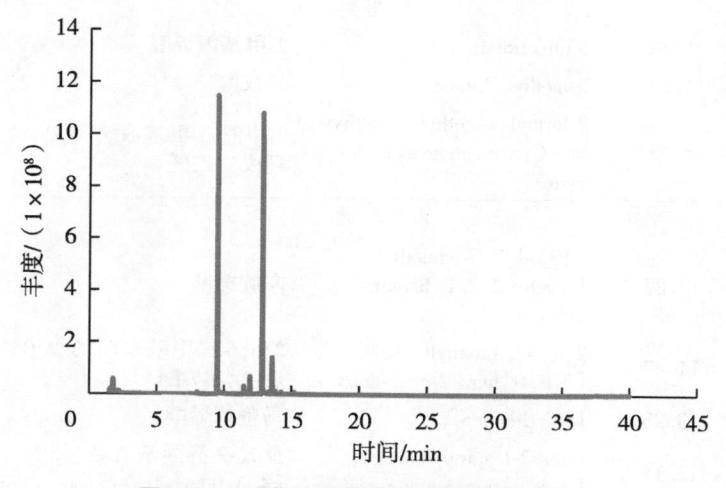

图 10-3　野菊花纯露挥发性成分总离子流

野菊花纯露中共分离、鉴定出 27 种挥发性成分，包括醇类、酮类和醛类等成分。总相对含量为 99.99%，其中醇类和酮类成分的相对含量较高，分别为 46.48% 和

42.30%。从不同种类挥发性成分的数量上来看，以醇成分最多，达10种。综合考虑挥发性成分的相对含量和数量，醇类和酮类成分对野菊花纯露的香气贡献最大。

野菊花纯露包含2种主要挥发性成分，分别为桉叶油醇和左旋樟脑，相对含量达42.51%和40.75%、桉叶油醇具有解热、消炎、抗菌[39]、抗肿瘤[40]、防腐、平喘及镇痛作用；左旋樟脑对脑损伤具有一定的保护作用[43]；此外，野菊花纯露挥发性成分中还含有冰片，相对含量为5.21%，冰片具有开窍醒神、退热止痛的功效；拓扑替康的相对含量为1.01%，具有抗肿瘤作用，用于小细胞肺癌、卵巢癌等的治疗[142]。

表10-3 野菊花纯露挥发性成分及其相对含量

种类（编号）	保留时间/min	英文名	中文名	相对含量/%
醇类				
1	9.50	Eucalyptol	桉叶油醇	42.51
2	11.92	cis-Chrysanthenol	顺式-菊烯醇	2.47
3	14.24	(-)-Myrtenol	桃金娘烯醇	0.43
4	13.80	5-isopropyl-2-Methylbicyclo[3.1.0]hexan-2-ol	5-异丙基-2-甲基双环[3.1.0]己烷-2-醇	0.39
5	8.00	1-Octen-3-ol	1-辛烯-3-醇	0.30
6	12.66	(1α,3α,5α)-4-methylene-1-(1-methylethyl)-Bicyclo[3.1.0]hexan-3-ol	(1α,3α,5α)-4-亚甲基-1-(1-甲基乙基)-双环[3.1.0]己烷-3-醇	0.16
7	3.78	trans-2-methyl-Cyclopentanol	反式-2-甲基环戊醇	0.08
8	8.12	exo-2-Hydroxycineole	外-2-羟基桉醇	0.06
9	12.51	trans-Chrysanthenol	反-式菊烯醇	0.04
10	4.81	2,4-Hexadien-1-ol	2,4-己二烯-1-醇	0.02
醛类				
1	1.76	Methacrolein	2-甲基丙烯醛	3.61
2	2.19	3-methyl-Butanal	异戊醛	0.93
3	12.35	2-formyl-3-methyl-α-methylene-Cyclopentaneacetaldehyde	2-甲酰-3-甲基-α-亚甲基-环戊二乙醛	0.01
酮类				
1	12.82	(1S)-1,7,7-trimethyl-Bicyclo[2.2.1]heptan-2-one	左旋樟脑	40.75
2	11.47	2,6,6-Trimethylbicyclo[3.2.0]hept-2-en-7-one	2,6,6-三甲基双环[3.2.0]庚-2-烯-7-酮	1.07
3	13.28	D-Verbenone	马鞭草烯酮	0.47
4	12.18	trans-2-Isopropylbicylclo[4.3.0]non-3-ene-8-one	反式-2-异丙基二氯[4.3.0]壬-3-烯-8-酮	0.01
其他类				
1	13.55	endo-Borneol	冰片	5.21
2	1.59	Topotecan	拓扑替康	1.01

（续表）

种类（编号）	保留时间/min	英文名	中文名	相对含量/%
3	15.21	［1S-(1α,5α,6β)]-2,7,7-trimethyl-Bicyclo［3.1.1]hept-2-en-6-ol,acetate	［1S-(1α,5α,6β)]-2,7,7-三甲基-双环［3.1.1]庚-2-烯-6-醇乙酸酯	0.26
4	11.66	trans-Verbenol	反式-马鞭草烯醇	0.07
5	2.90	2-Trifluoroacetoxydodecane	2-三氟乙酰氧基十二烷	0.04
6	5.16	2-Trifluoroacetoxypentadecane	2-三氟乙酰氧基十五烷	0.03
7	1.88	anti-2-methyl-Propyl aldoxime	2-甲基丙基醛肟	0.01
8	2.48	1,6-anhydro-2,4-dideoxy-β-D-ribo-Hexopyranose	1,6-脱水-2,4-二脱氧-β-D-核糖己基吡喃糖	0.01
9	16.72	Isobornyl formate	甲酸异莰酯	0.01
10	1.95	hydroxy［(1-oxo-2-propenyl)amino]-Acetic acid	［(1-氧代-2-丙烯基)氨基]-羟基乙酸	0.01

正离子模式下野菊花纯露的代谢物成分总离子流见图 10-4，化学成分及其相对含量分析结果见表 10-4。

野菊花纯露鉴定出代谢物成分 56 个，主要包括氨基酸类、单萜类、倍半萜类、芳香类、酚类、醇类、酸类、酮类、酯类、生物碱类、甾体类等成分，其中以芳香类成分数量最多，达 11 种。野菊花纯露代谢物以单萜类化合物为主，相对含量高达35.63%，其次是芳香类和生物碱类化合物，相对含量分别达 16.56%、9.76%。

野菊花纯露代谢物中相对含量较高的成分有香芹酮和 DL-樟脑，相对含量分别达到了 14.33%、11.50%。香芹酮具有抗炎和抗过敏的作用[143]，香芹酮还可通过环腺苷一磷酸（cAMP）途径抑制黑色素瘤细胞增殖，降低黑色素的含量[144]。香芹酮对金黄色葡萄球菌显示出抗菌和抗生物膜活性[144]，还具有抗真菌（念珠菌）活性和细胞毒性[47]。香芹酮具有较强的抗氧化活性，能有效清除超氧化物离子[145]。香芹酮在 N2a 神经母细胞瘤细胞系中表现出潜在的抗癌活性[146]。DL-樟脑是左旋樟脑和右旋樟脑的混合物，其中左旋樟脑经研究证实具有脑保护的作用[42]，左旋樟脑还能通过抑制自噬起到神经保护作用[43]。右旋樟脑可能会抑制大肠杆菌氧化代谢及醌类物质恢复氧化酶活性[44]。此外，野菊花纯露中桉叶油醇相对含量 9.63%，具有广泛的生物活性，包括抗菌、抗炎、抗氧化、保湿、抗肿瘤、抗组胺、促进伤口愈合、促渗透、抗焦虑等生物学活性。茴香烯的相对含量为 7.69%，茴香烯对临床上白色念珠菌分离株表现出抑制作用[147]，可抑制苹果轮纹病菌生长，起到杀菌作用[50]，茴香烯通过诱导白色脂肪细胞的褐变和激活棕色脂肪细胞来改善肥胖[148]。茴香烯还能调节肝细胞脂质代谢，具有预防非酒精性脂肪性肝病的潜能[51]，可以清除 DPPH 自由基，具有明显的抗氧化活性[52]。此外，茴香烯具有一定的杀螨活性[149]、具有抗缺血作用[150]、具有抗白内障作用和抗糖尿病作用[53]。此外，野菊花纯露中还含有 10-羟基-2-癸烯酸，相对含量为2.03%，长期服用 10-羟基-2-癸烯酸可减少焦虑样行为，促进神经元健康，改善身体成分[151]。野菊花纯露中茉莉酸的相对含量为 1.07%，茉莉酸是存在于高等植物体内的内

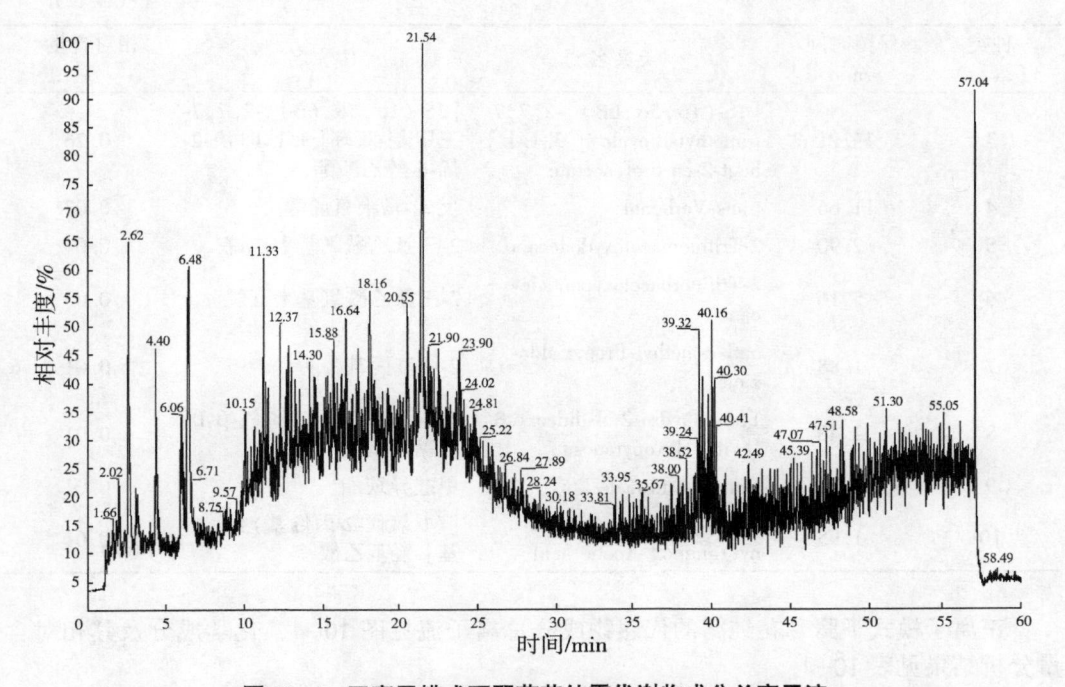

图 10-4　正离子模式下野菊花纯露代谢物成分总离子流

源生长调节物质，对动物癌细胞表现出抗癌活性[152]。

表 10-4　野菊花纯露的化学成分及其相对含量

种类（编号）	保留时间/min	质量电荷比（m/z）	分子式	成分名称	相对含量/%
氨基酸类					
1	12.716	162.10481	$C_6H_{14}N_2O_3$	5-羟基赖氨酸 5-Hydroxylysine	0.28
单萜类					
1	2.628	150.10462	$C_{10}H_{14}O$	香芹酮　Carvone	14.33
2	6.025	152.12029	$C_{10}H_{16}O$	DL-樟脑　DL-Camphor	11.50
3	12.945	136.12541	$C_{10}H_{18}O$	桉叶油醇　Eucalyptol	9.63
4	1.136	228.09775	$C_{10}H_{12}O_4$	斑蝥素　Cantharidin	0.16
倍半萜类					
1	16.315	252.17302	$C_{15}H_{24}O_3$	1,4-二羟基-1,4-二甲基-7-（丙-2-烯）-脱氢甘菊环-6-酮　1,4-Dihydroxy-1,4-dimethyl-7-(propan-2-ylidene)-decahydroazulen-6-one	3.71
2	23.919	220.18317	$C_{15}H_{24}O$	(-)-石竹素 (-)-Caryophyllene oxide	1.46

（续表）

种类 （编号）	保留时间/ min	质量电荷比 （m/z）	分子式	成分名称	相对含量/ %
3	20.317	252.17302	$C_{15}H_{24}O_3$	（5E）-7-亚甲基-10-氧-4- （2-丙基）十一碳-5-烯酸 （5E）-7-methylidene-10-oxo- 4-（2-propanyl）undec-5-En- oic acid	1.26
4	14.611	248.14165	$C_{15}H_{20}O_3$	芹菜内酯　Graveolide	0.97
5	9.716	282.14735	$C_{15}H_{22}O_5$	4,8-二羟基-6-（羟甲基）-6, 8-二甲基-1H,3H,4H,4aH, 5H,6H,7H,7aH,8H,9H-甘 菊环［5,6-c］呋喃-1-酮 4,8-dihydroxy-6-（hydroxy- methyl）-6,8-dimethyl-1H, 3H,4H,4aH,5H,6H,7H, 7aH,8H,9H-Azuleno［5,6- c］furan-1-one	0.59
芳香类					
1	11.602	148.08905	$C_{10}H_{12}O$	茴香烯　trans-Anethole	7.69
2	24.993	354.18381	$C_{20}H_{28}O_4$	9-羟基-7-（2-羟丙烷-2）-1, 4a-二甲基-1,2,3,4,4a,9, 10,10a-八氢菲-1-羧酸 9-hydroxy-7-（2-hydroxypro- pan-2-yl）-1,4a-dimethyl-1, 2,3,4,4a,9,10,10a-octahy- drophenanthrene-1-Carbox- ylic acid	2.03
3	6.228	148.08905	$C_{10}H_{12}O$	4-异丙基苯甲醛 Cuminaldehyde	2.01
4	20.289	274.15499	$C_{15}H_{24}O_3$	2-（8-羟基-4a,8-二甲基脱 氢-2-萘乙烯基）丙烯酸 2-（8-hydroxy-4a,8-dimeth- yldecahydro-2-naphthalen- yl）Acrylic acid	1.21
5	14.661	232.1467	$C_{15}H_{22}O_3$	（3S,4aR,5R,6R）-3,6-二 羟基-4a,5-二甲基-3-（丙 基-1-烯-2）-2,3,4,4a,5,6, 7,8-八氢萘-2-酮 （3S,4aR,5R,6R）-3,6-di- hydroxy-4a,5-dimethyl-3- （prop-1-en-2-yl）-2,3,4, 4a,5,6,7,8-Octahydronaph- thalen-2-one	1.12
6	11.087	234.08971	$C_{13}H_{14}O_4$	7-乙酰-3,6-二羟基-8-甲基- 四氢萘酮　7-acetyl-3,6- dihydroxy-8-methyl-Tetralone	0.80

（续表）

种类 （编号）	保留时间/ min	质量电荷比 （m/z）	分子式	成分名称	相对含量/ %
7	7.253	252.10033	$C_{13}H_{16}O_5$	（2R）-7-羟基-8-（2-羟乙基）-5-甲氧基-2-甲基-3,4-二氢-2H-1-苯并吡喃-4-酮 （2R）-7-Hydroxy-8-（2-hydroxyethyl）-5-methoxy-2-methyl-3,4-dihydro-2H-1-benzopyran-4-one	0.58
8	17.226	248.14165	$C_{15}H_{20}O_3$	（3aR,5aR,9bR）-3a-羟基-5a,9-二甲基-3-亚甲基-2H,3H,3aH,4H,5H,5aH,6H,7H,8H,9bH-萘酚［1,2-b］呋喃-2-酮 （3aR,5aR,9bR）-3a-Hydroxy-5a,9-dimethyl-3-methylidene-2H,3H,3aH,4H,5H,5aH,6H,7H,8H,9bH-naphtho［1,2-b］furan-2-one	0.53
9	5.943	192.07657	$C_{11}H_{12}O_3$	4-氧-5-苯基戊酸 4-Oxo-5-phenylpentanoic acid	0.46
10	7.257	222.08879	$C_{12}H_{14}O_4$	4-（2,3-二氢-1,4-苯并二氧-6-）丁酸 4-（2,3-Dihydro-1,4-benzodioxin-6-yl）butanoic acid	0.11
11	4.324	208.07146	$C_{11}H_{12}O_4$	6-羟基-8-甲氧基-3-甲基-3,4-二氢-1H-异色烯-1-酮 6-Hydroxy-8-methoxy-3-methyl-3,4-dihydro-1H-isochromen-1-one	0.01
酚类					
1	4.464	122.03701	$C_7H_6O_2$	对羟基苯甲醛 p-Hydroxybenzaldehyde	0.72
3	12.98	232.11038	$C_{14}H_{16}O_3$	羧比西林　Sorbicillin	0.61
3	34.22	300.13448	$C_{18}H_{22}O_5$	玉米烯酮　Zearalenone	0.34
4	17.782	230.09242	$C_{14}H_{14}O_3$	1-（1,8-二羟基-3,6-二甲基-2-萘基）乙-1-酮 1-（1,8-dihydroxy-3,6-dimethyl-2-naphthyl）Ethan-1one	0.13
5	21.509	166.06622	$C_9H_{10}O_3$	3,4-二羟基苯基-2-丙酮 3,4-Dihydroxyphenylacetone	0.05

（续表）

种类 （编号）	保留时间/ min	质量电荷比 （m/z）	分子式	成分名称	相对含量/ %
6	2.376	152.04508	$C_8H_8O_3$	4-羟基-2-甲基苯甲酸 4-Hydroxy-2-methylbenzoic acid	0.05
醇类					
1	17.679	228.13662	$C_{12}H_{20}O_4$	5-[（1E）-3-羟基-3-甲基丁-1-烯-1]-2-甲基环己-5-烯-1,2,4-三醇 5-[（1E）-3-Hydroxy-3-methylbut-1-en-1-yl]-2-methylcyclohex-5-ene-1,2,4-triol	0.17
酸类					
1	6.572	184.11038	$C_{10}H_{18}O_4$	2-[5-（2-羟丙基）四氢呋喃-2]丙酸 2-[5-（2-hydroxypropyl）oxolan-2-yl]Propanoic acid	3.69
2	14.661	250.15746	$C_{15}H_{22}O_3$	2-[（1S,2S,4aR,8aS）-1-羟基-4a-甲基-8-亚甲基-十氢化萘-2]丙-2-烯酸 2-[（1S,2S,4aR,8aS）-1-hydroxy-4a-methyl-8-methylidene-decahydronaphthalen-2-yl]Prop-2-enoic acid	2.53
3	25.953	352.20436	$C_{20}H_{32}O_5$	前列腺素 K_1 Prostaglandin K_1	2.15
4	15.224	168.11531	$C_{10}H_{18}O_3$	10-羟基-2-癸烯酸 10-Hydroxy-2-decenoic acid	2.03
5	8.852	210.12609	$C_{12}H_{18}O_3$	茉莉酸　Jasmonic acid	1.07
6	26.526	370.21497	$C_{21}H_{32}O_4$	15（R）-15-甲基前列腺素 A_2 15（R）-15-Methyl prostaglandin A_2	0.76
7	13.623	292.16554	$C_{15}H_{26}O_4$	3a-羟基-3-（羟甲基）-1,1,3,5-四甲基-八氢-1H-茚-4-羧酸 3a-Hydroxy-3-（hydroxymethyl）-1,1,3,5-tetramethyl-octahydro-1H-indene-4-carboxylic acid	0.75
8	1.54	112.05261	$C_6H_8O_2$	山梨酸　Sorbic acid	0.61

（续表）

种类（编号）	保留时间/min	质量电荷比（m/z）	分子式	成分名称	相对含量/%
9	20.237	274.15499	$C_{15}H_{24}O_3$	2-[（2R，4aR，8R，8aR）-8-羟基-4a，8-二甲基-十氢萘-2]丙-2-烯酸 2-[（2R，4aR，8R，8aR）-8-Hydroxy-4a，8-dimethyl-dec-ahydrona-phthalen-2-yl]prop-2-enoic acid	0.26
10	11.079	232.07407	$C_{13}H_{14}O_5$	橘霉素　Citrinin	0.11
酮类					
1	14.609	266.15226	$C_{15}H_{22}O_4$	4，8-二羟基-6，6，8-三甲基-1H，3H，4H，4aH，5H，6H，7H，7aH，8H，9H-甘菊环[5,6-c]呋喃-1-酮 4，8-dihydroxy-6，6，8-trime-thyl-1H，3H，4H，4aH，5H，6H，7H，7aH，8H，9H-azul-eno[5,6-c]Furan-1-one	2.37
2	23.307	246.12592	$C_{15}H_{20}O_4$	4，9-二羟基-6-甲基-3，10-二甲基烯-2H，3H，3aH，4H，7H，8H，9H，10H，11H，11aH-环癸烷[b]呋喃-2-酮 4，9-dihydroxy-6-methyl-3，10-dimethylidene-2H，3H，3aH，4H，7H，8H，9H，10H，11H，11aH-cyclodeca[b]Fu-ran-2-one	0.89
3	11.507	262.15508	$C_{16}H_{24}O_4$	（1S，6R，11aR，13R，14aS）-1，13-二羟基-6-甲基-1H，4H，6H，7H，8H，9H，11aH，12H，13H，14H，14aH-环戊烷[f]氧环十三碳烷-4-酮 （1S，6R，11aR，13R，14aS）-1，13-dihydroxy-6-methyl-1H，4H，6H，7H，8H，9H，11aH，12H，13H，14H，14aH-cyclopenta[f]Oxacy-clotridecan-4-one	0.41
4	3.333	168.07901	$C_9H_{14}O_4$	5-（1-羟乙基）-3-（2-羟丙基）-2（5H）-呋喃酮 5-（1-hydroxyethyl）-3-（2-hydrox-ypropyl）-2（5H）-Furanone	0.21
酯类					
1	19.362	176.1205	$C_{12}H_{18}O_2$	新蛇麻内酯　Sedanolide	3.07

（续表）

种类（编号）	保留时间/min	质量电荷比（m/z）	分子式	成分名称	相对含量/%
2	14.109	236.14168	C$_{14}$H$_{22}$O$_4$	（+/-）-反式-4-羧基-5-辛基-3-甲基-丁内酯 （+/-）-trans-tetrahydro-4-methylene-2-octyl-5-oxo-3-Furancarboxylic acid	0.74
3	3.656	126.06832	C$_7$H$_{10}$O$_2$	β,β-二甲基-γ-亚甲基-γ-丁内酯 β,β-dimethyl-γ-methylene-γ-Butyrolactone	0.68
4	21.503	158.07356	C$_{11}$H$_{12}$O$_2$	甲基丙烯酸苄酯 Benzyl methacrylate	0.51
5	34.241	278.15239	C$_{16}$H$_{22}$O$_4$	邻苯二甲酸二丁酯 Dibutyl phthalate	0.51
6	2.711	224.10301	C$_{12}$H$_{16}$O$_4$	洋川芎内酯 H Senkyunolide H	0.46
7	1.312	170.05582	C$_8$H$_{12}$O$_5$	甲基-3,4,5-三羟基环己-1-烯-1-羧酸酯 methyl-3,4,5-trihydroxycyclohex-1-ene-1-Carboxylate	0.09
生物碱类					
1	4.391	186.12589	C$_{14}$H$_{12}$N$_2$	新铜试剂　Neocuproine	6.50
2	13.098	306.14504	C$_{14}$H$_{18}$N$_4$O$_4$	甲氧苄啶杂质 C Trimethoprim impurity C	1.18
3	10.411	322.14236	C$_{16}$H$_{21}$FN$_2$O$_5$	2-[（2S,3R,4S,5R）-5-（乙酰胺甲基）-3,4-二羟基四氢-2-呋喃]-N-（4-间氟氯苄）乙酰胺 2-[（2S,3R,4S,5R）-5-（acetamidomethyl）-3,4-dihydroxytetrahydro-2-furanyl]-N-（4-fluorobenzyl）Acetamide	1.07
4	23.307	224.18912	C$_{13}$H$_{24}$N$_2$O	N,N'-二环己基脲 N,N'-Dicyclohexylurea	0.97
5	9.563	121.08936	C$_8$H$_{11}$N	N-乙基苯胺 N-Ethylaniline	0.05
甾体类					
1	21.675	374.21036	C$_{22}$H$_{30}$O$_5$	甲基泼尼松龙 Methylprednisolone	0.62
其他类					
1	2.628	122.1097	C$_9$H$_{14}$	1,2,3,4-四甲基-1,3-环戊二烯 1,2,3,4-tetramethyl-1,3-Cyclopentadiene	3.21

第十一章　桂花

一、概述

桂花［*Osmanthus fragrans*（Thunb.）Lour.］，木犀科木犀属常绿灌木或小乔木，是珍贵的芳香型鉴赏植物。在我国广泛种植，深受人们喜爱[153]。桂花十里飘香，堪称一绝。可观、可闻、可食，形、色、香、韵饱满，是我国百姓最喜爱的传统树种之一[154]。湖北咸宁、江苏苏州、浙江杭州、四川成都和广西桂林被列为我国桂花五大传统产区。咸宁市桂花种植面积约6万亩，仅桂花镇桂花树年产鲜花量可达60万kg[155]。桂花兼具食用和药用价值，食品中20种氨基酸，桂花就占有18种，堪称"百花营养之王"[155]。桂花是十大传统名花之一，我国习惯将桂花分为金桂、银桂、丹桂和四季桂四类[156]。金桂色黄，银桂乳白，丹桂为橙红色[157]。福建南平浦城县至今已有2 000多年的桂花栽培历史，以种植丹桂为主，2007年获"中国丹桂之乡"称号，2010年9月浦城桂花地理标志产品保护正式获批，2011年，浦城桂花种植面积已达3万多亩[158]。'浦城丹桂'单株最高产量可达3 500g/株[159]。本章所选用的桂花品种即为桂花中极品[160]的'浦城丹桂'。

二、桂花纯露成分及功效

由于桂花精油难以用蒸汽蒸馏法提取获得，本书仅介绍桂花纯露的成分和功效。桂花纯露的挥发性成分总离子流见图11-1，桂花花纯露挥发性成分及其相对含量分析结果见表11-1。

从桂花纯露中共分离、鉴定出26种挥发性成分，包括醇类、酸类、烯烃类和酯类等成分。总相对含量为43.70%。其中醇类成分的相对含量较高，为34.88%。从不同种类挥发性成分的数量上来看，以醇类成分最高，达10种。综合考虑挥发性成分的相对含量和数量，醇类成分对桂花纯露的香气贡献最大。

桂花纯露挥发性成分中，顺式-5-乙烯基四氢-a,5-三甲基-2-呋喃醇的相对含量最高，达到17.47%。此外，橙花醇的相对含量达4.64%，橙花醇具有令人愉快的玫瑰和橙花的香气，香气较平和，微带柠檬样的果香，具有一定的杀菌作用[161]；β-蒎烯的相对含量达2.71%，β-蒎烯具有抗菌活性[38]；3,7-二甲基-6-辛烯-1-醇的相对含量达2.41%，3,7-二甲基-6-辛烯-1-醇具有比香叶醇更优雅的玫瑰香气，有抗肿瘤[162]、抑菌[163]等作用。

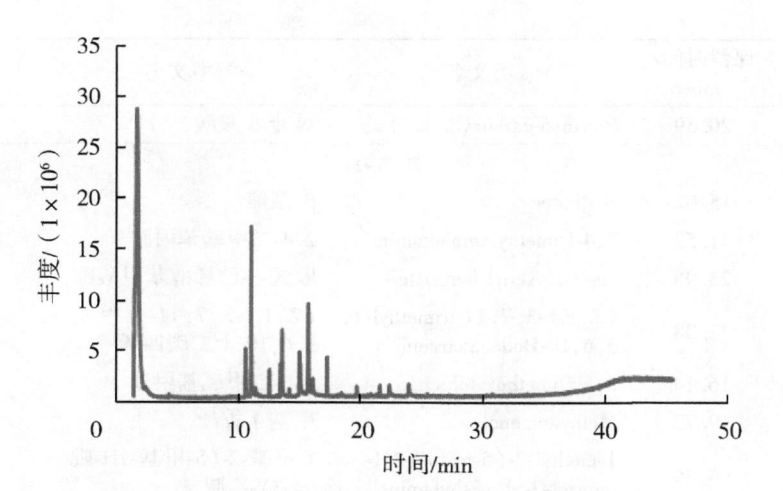

图 11-1 桂花纯露挥发性成分总离子流

表 11-1 桂花纯露挥发性成分及其相对含量

种类 （编号）	保留时间/ min	英文名	中文名	相对含量/ %
		醇类		
1	11.07	cis-5-ethenyltetrahydro-α,α,5-trimethyl-2-Furanmethanol	顺式-5-乙烯基四氢-α,α,5-三甲基-2-呋喃醇	17.47
2	15.74	（Z）-3,7-dimethyl-2,6-Octadien-1-ol	橙花醇	7.00
3	13.61	（3R,6S）-2,2,6-Trimethyl-6-vinyltetrahydro-2H-pyran-3-ol	（3R,6S）-2,2,6-三甲基-6-乙烯基四氢-2H-吡喃-3-醇	4.64
4	15.07	3,7-dimethyl-2-Octen-1-ol	3,7-二甲基-6-辛烯-1-醇	2.41
5	13.48	2,2,6-trimethyl-6-ethenyltetrahydro-2H-Pyran-3-ol	2,2,6-三甲基-6-乙烯基四氢-2H-呋喃-3-醇	2.30
6	11.45	Linalool	芳樟醇	0.41
7	14.20	α-Terpineol	α-松油醇	0.38
8	16.20	（2-endo,5-exo）-1,7,7-trimethyl-Bicyclo[2.2.1]heptane-2,5-diol	（2-内,5-外）-1,7,7-三甲基-双环[2.2.1]庚烷-2,5-二醇	0.13
9	20.84	4-(2,6,6-Trimethyl-cyclohex-1-enyl)-β-2-ol	二氢-β-紫罗兰醇	0.09
10	11.57	（Z,Z）-2-methyl-Cyclododeca-5,9-dien-1-ol	（Z,Z）-2-甲基-环十二烷-5,9-二烯-1-醇	0.04
		酸类		
1	25.46	2,6-Dihydroxybenzoic acid, 3TMS derivative	2,6-二羟基苯甲酸 3TMS 衍生物	0.06
2	21.37	N-Glycyl-L-Alanine	甘氨酰-L-丙氨酸	0.05
3	2.02	N-Methyltaurine	N-甲基牛磺酸	0.05

（续表）

种类（编号）	保留时间/min	英文名	中文名	相对含量/%
4	20.59	Pterin-6-carboxylic acid	蝶呤-6-羧酸	0.01
其他类				
1	15.02	β-Pinene	β-蒎烯	2.71
2	1.52	2,4-Dimethylamphetamine	2,4-二甲基苯丙胺	2.20
3	23.95	cis-3-Hexenyl benzoate	顺式-3-己烯醇苯甲酸酯	0.95
4	22.38	（Z,E）-3,7,11-trimethyl-1,3,6,10-Dodecatetraene	（Z,E）-3,7,11-三甲基-1,3,6,10-十二碳四烯	0.94
5	16.14	3,5-Dimethoxytoluene	3,5-二甲氧基甲苯	0.81
6	19.72	Methyleugenol	甲基丁香酚	0.56
7	4.36	1-methyl-2-(5-methyl-1H-pyrazol-3-yl)-Ethylamine	1-甲基-2-(5-甲基-1H-吡唑-3)-乙胺	0.18
8	18.47	2-methoxy-4-(1-propen-yl)-Phenol	异丁香酚	0.13
9	2.00	3-fluoro-β,5-dihydroxy-N-methyl-Benzeneethanamine	3-氟-β,5-二羟基-N-甲基-苯乙胺	0.09
10	30.78	2,5-difluoro-β,3,4-trihydroxy-N-methyl-Benzeneethanamine	2,5-二氟-β,3,4-三羟基-N-甲基-苯乙胺	0.06
11	2.44	2-fluoro-β,3-dihydroxy-N-methyl-Benzeneethanamine	2-氟-β,3-二羟基-N-甲基-苯乙胺	0.01
12	2.45	Cathine	去甲伪麻黄碱	0.01

正离子模式下桂花纯露的代谢物成分总离子流见图11-2，化学成分及其相对含量分析结果见表11-2。

桂花纯露共鉴定出代谢物成分53种，主要包括芳香类、酚类、醇类、酸类、酮类、酯类、醌类、香豆素类、生物碱类、肽类等成分，其中以生物碱类成分数量最多，达36种。桂花纯露代谢物以生物碱类化合物为主，相对含量高达51.77%，其次是芳香类和酸类化合物，相对含量分别达18.83%、12.57%。

桂花纯露中相对含量较高的成分有苯酐、3,5-双[(3-甲基丁酰基)氨基]-N-(2-甲基-2-丙酰基)苯甲酰胺、3,6,9,12,15-五烷氧己二烷-1-酸，相对含量分别达到了16.06%、13.19%、10.16%。苯酐具有变应原活性，人体吸入苯酐会致敏[77]。此外，桂花纯露中邻苯二甲酸二丁酯的相对含量为5.41%，邻苯二甲酸二丁酯具有选择性清除骨髓肿瘤细胞的药理活性[62]，还可以清除异常增生的白细胞以及对相关casp酶-3/CPP32蛋白酶具有独立激活作用[63]。4-甲基吡唑的相对含量为2.34%，4-甲基吡唑具有抑制犬和猫的酒精脱氢酶活性[164]。4-甲基吡唑还具有对2-氯乙醇毒性的保护作用[165]。苯基庚三烯的相对含量为2.12%，苯基庚三烯可通过NF-κB抑制和HO-1表达发挥抗神经炎和抗炎活性[166]。苯基庚三烯对酵母菌表现出体外抗真菌活性[167]。10-羟基-2-癸烯酸的相对含量为1.29%，10-羟基-2-癸烯酸可减少焦虑样行为，促进神经元健康，改善身体成分[151]。组胺的相对含量为1.65%，组胺广泛存在于各种炎症以及感染性疾病中，是免疫反应中重要的调控者，主要调控宿主免疫反应，具有正、负双向的调控作用[168]。

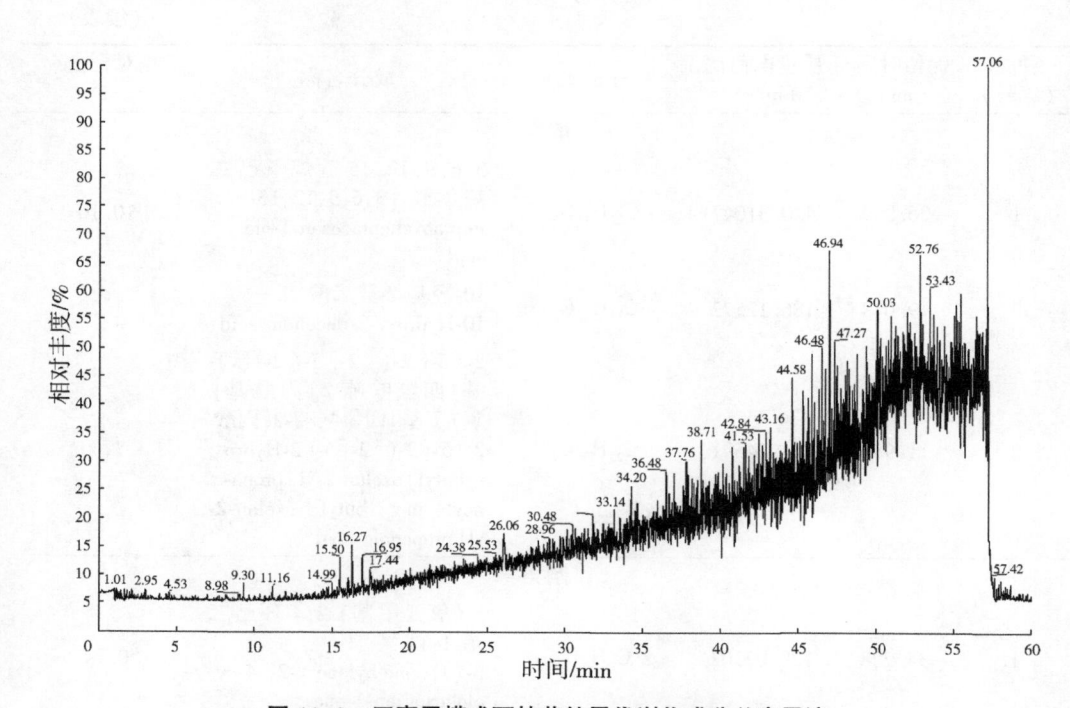

图 11-2 正离子模式下桂花纯露代谢物成分总离子流

表 11-2 桂花纯露的化学成分及其相对含量

种类（编号）	保留时间/min	质量电荷比（m/z）	分子式	成分名称	相对含量/%
			芳香类		
1	34.219	148.01599	$C_8H_4O_3$	苯酐 Phthalic anhydride	16.06
2	0.683	164.06281	$C_{13}H_8$	苯基庚三烯 Phenylheptatriyne	2.12
3	16.073	172.12525	$C_{13}H_{16}$	4-戊基苯乙炔 4-Pentylphenylacetylene	0.65
			酚类		
1	41.347	100.06222	$[13]C_6H_6O$	苯酚-13C₆ Phenol-13C₆	0.25
			醇类		
1	11.15	370.22054	$C_{16}H_{34}O_9$	八甘醇 Octaethylene glycol	1.20
2	18.335	170.13059	$C_{10}H_{18}O_2$	{4-[（乙烯氧基）甲基]环己基}甲醇 {4-[（Vinyloxy）methyl]cyclohexyl}methanol	1.05
3	28.133	414.20514	$C_{24}H_{30}O_6$	1,3:2,4-双（3,4-二甲基亚苄基）-D-山梨醇 1,3:2,4-Bis（3,4-dimethylobenzylideno）sorbitol（DMDBS）	0.90

（续表）

种类（编号）	保留时间/min	质量电荷比（m/z）	分子式	成分名称	相对含量/%
			酸类		
1	26.059	420.31047	$C_{22}H_{44}O_7$	3,6,9,12,15-五烷氧己二烷-1-酸 3,6,9,12,15-Pentaoxaheptacosan-1-oic acid	10.16
2	9.018	186.12572	$C_{10}H_{18}O_3$	10-羟基-2-癸烯酸 10-Hydroxy-2-decenoic acid	1.29
3	11.983	414.24691	$C_{22}H_{38}O_7$	2-{5-[2-({2-[5-(2-羟丁基)四氢呋喃-2]丙酰基}氧)丁基]四氢呋喃-2}丙酸 2-{5-[2-({2-[5-(2-Hydroxybutyl)oxolan-2-yl]propanoyl}oxy)butyl]oxolan-2-yl}propanoic acid	1.11
			酮类		
1	34.228	120.02102	$C_7H_4O_2$	6-(氧亚甲基)-2,4-环己二烯-1-酮 6-(Oxomethylene)-2,4-cyclohexadien-1-one	0.74
			酯类		
1	34.228	278.15188	$C_{16}H_{22}O_4$	邻苯二甲酸二丁酯 Dibutyl phthalate	5.41
			醌类		
1	8.207	242.09249	$C_{15}H_{14}O_3$	拉帕醇 Lapachol	0.57
			香豆素类		
1	34.236	204.07872	$C_{12}H_{12}O_3$	7-乙氧基-4-甲基香豆素 Maraniol	0.56
			生物碱类		
1	26.048	375.25256	$C_{21}H_{33}N_3O_3$	3,5-双[(3-甲基丁酰基)氨基]-N-(2-甲基-2-丙酰基)苯甲酰胺 3,5-Bis[(3-methylbutanoyl)amino]-N-(2-methyl-2-propanyl)benzamide	13.19
2	52.788	80.03731	$C_4H_4N_2$	嘧啶 Pyrimidine	9.78
3	34.214	300.13371	$C_{14}H_{16}N_6O_2$	阿巴卡韦羧酸酯 Abacavir carboxylate	4.47
4	9.021	226.11832	$C_8H_{14}N_6O_2$	2-肼基-4-甲氧基-6-(4-吗啉基)-1,3,5-三嗪 2-Hydrazino-4-methoxy-6-(4-morpholinyl)-1,3,5-triazine	3.65
5	16.282	82.05295	$C_4H_6N_2$	4-甲基吡唑 Fomepizole	2.34

（续表）

种类（编号）	保留时间/min	质量电荷比（m/z）	分子式	成分名称	相对含量/%
6	48.237	111.07959	$C_5H_9N_3$	组胺 Histamine	1.65
7	46.939	152.10628	$C_7H_{12}N_4$	3-乙基-5,6,7,8-四氢-1,2,4-三唑并[4,3-A]吡嗪 3-ethyl-5,6,7,8-tetrahydro[1,2,4]triazolo[4,3-a]Pyrazine	1.39
8	46.939	113.09531	$C_5H_{11}N_3$	1-吡咯烷卡昔酰胺 1-Pyrrolidinecarboximidamide	1.08
9	23.309	224.18901	$C_{13}H_{24}N_2O$	N,N'-二环己基脲 N,N'-Dicyclohexylurea	1.03
10	48.242	86.08433	$C_4H_{10}N_2$	3-哒嗪酮 3-Hydropyridazine	0.91
11	21.856	423.34667	$C_{24}H_{45}N_3O_3$	加拉碘铵 Gallamine	0.84
12	47.452	337.33492	$C_{22}H_{43}NO$	芥酸酰胺 Erucic amide	0.74
13	46.939	154.12195	$C_7H_{14}N_4$	7-氨基-1,3,5-三氮杂金刚烷 7-amino-1,3,5-triazaada-Mantane	0.71
14	10.043	326.19453	$C_{20}H_{29}N_3O_2$	N-[1-(氨基羰基)-2,2-二甲基丙基]-1-戊基-1H-吲哚-3-甲酰胺 N-[1(-aminocarbonyl)-2,2-dimethylpropyl]-1-pentyl-1H-indole-3-Carboxamide	0.71
15	45.866	127.11102	$C_6H_{13}N_3$	1-咪胺醇哌啶 1-Amidinopiperidine	0.71
16	22.139	536.43077	$C_{30}H_{56}N_4O_4$	N~1~,N~1~[1,3-环己烷二基双(亚甲基)]双(N~3~庚基-N~3~甲基丙二烯酰胺) N~1~,N~1~[1,3-Cyclohexanediylbis(methylene)]bis(N~3~heptyl-N~3~methylmalonamide)	0.64
17	40.595	281.27217	$C_{18}H_{35}NO$	油酸酰胺 9-Octadecenamide	0.60
18	22.243	310.26219	$C_{18}H_{34}N_2O_2$	N-[3-(4-吗啉基)丙基]-10-十一烯酰胺 N-[3-(4-Morpholinyl)propyl]-10-undecenamide	0.54
19	45.705	113.09531	$C_5H_{11}N_3$	1-吡咯烷卡昔酰胺 1-Pyrrolidinecarboximidamide	0.52

（续表）

种类（编号）	保留时间/min	质量电荷比（m/z）	分子式	成分名称	相对含量/%
20	12.957	452.33669	$C_{24}H_{44}N_4O_4$	1,8,15,22-四氮杂环二十八烷-2,9,16,23-四酮 1,8,15,22-tetraazacyclooctacosane-2,9,16,23-Tetrone	0.51
21	57.12	208.10744	$C_8H_{12}N_6O$	2-[（4-氨基-1-甲基-1H-吡唑啉酮[3,4-d]嘧啶-6）氨基]乙醇 2-[（4-amino-1-methyl-1H-pyrazolo[3,4-d]pyrimidin-6-yl）amino]Ethanol	0.48
22	46.935	149.09546	$C_8H_{11}N_3$	3,3-二甲基-1-苯基三嗪 3,3-dimethyl-1-Phenyltriazene	0.47
23	46.939	137.09535	$C_7H_{11}N_3$	3-环丙基-1-甲基-吡唑-5-胺 3-cyclopropyl-1-methyl-1H-pyrazol-5-Amine	0.45
24	14.908	287.21001	$C_{16}H_{25}N_5$	1-{2-[4-（2-甲苯基）-1-哌嗪甲烷基]乙基}-4,5-二氢-1H-咪唑-2-胺 1-{2-[4-（2-methylphenyl）-1-piperazinyl]ethyl}-4,5-dihydro-1H-imidazol-2-Amine	0.43
25	57.053	299.14955	$C_{17}H_{19}BFNO_2$	6-（4-氟苯基）吡啶-3-硼酸频哪醇酯 2-（4-fluorophenyl）-5-（4,4,5,5-tetramethyl-1,3,2-dioxaborolan-2-yl）Pyridine	0.43
26	46.936	166.12201	$C_8H_{14}N_4$	3-环己基-1H-1,2,4-三氮唑-5-胺 3-Cyclohexyl-1H-1,2,4-triazol-5-amine	0.41
27	16.076	248.13887	$C_{11}H_{16}N_6O$	[（1R,3S）-3-（2,6-二氨-9H-嘌呤-9）环戊基]甲醇 [（1R,3S）-3-（2,6-diamino-9H-purin-9-yl）cyclopentyl]Methanol	0.39
28	9.018	446.21977	$C_{23}H_{26}N_8O_2$	N-环己基-N'-（4-硝基苯基）-6-[（2E）-2-（1-苯乙缩醛）肼基]-1,3,5-三嗪-2,4-二胺 N-cyclohexyl-N'-（4-nitrophenyl）-6-[（2E）-2-（1-phenylethylidene）Hydrazino]-1,3,5-triazine-2,4-Diamine	0.37

（续表）

种类 （编号）	保留时间/ min	质量电荷比 （m/z）	分子式	成分名称	相对含量/ %
29	11.47	223.1575	$C_{13}H_{21}NO_2$	2,5-二甲氧基-4-乙酰苯他胺 2,5-dimethoxy-4-ethyl-Amphetamine	0.34
30	57.116	144.10126	$C_5H_{12}N_4O$	替福明 Tiformin	0.33
31	42.851	216.1126	$C_{10}H_{12}N_6$	（乙烯二硝替隆）四乙腈 （Ethylenedinitrilo）tetraace-tonitrile	0.32
32	46.935	178.12201	$C_9H_{14}N_4$	1-（2-嘧啶基）哌啶-4-胺 1-（2-Pyrimidinyl）-4-piperidi-namine	0.30
33	1.132	138.04292	$C_6H_6N_2O_2$	1-羟基-2-氧-1-苯肼 1-Hydroxy-2-oxo-1-phenyl-hydrazine	0.27
34	46.935	151.11107	$C_8H_{13}N_3$	6-叔丁基嘧啶-4-胺 6-Tert-butylpyrimidin-4-a-mine	0.27
35	1.137	120.03235	$C_6H_4N_2O$	3-氰基-2-吡啶酮 3-Cyano-2-pyridone	0.25
36	46.938	164.10642	$C_8H_{12}N_4$	（E）-偶氮双（异丁腈） （E）-Azobis（isobutyroni-trile）	0.25
肽类					
1	14.427	565.42067	$C_{30}H_{55}N_5O_5$	环（异亮氨酰-亮氨酰-异亮氨酰-亮氨酰-亮氨酰） Cyclo（Isoleucyl-Leucyl-Isoleucyl-Leucyl-Leucyl）	2.71
2	11.977	459.30477	$C_{21}H_{41}N_5O_6$	L-亮氨酰-L-丝氨酰-L-赖氨酰-L-亮氨酸 L-Leucyl-L-Seryl-L-Lysyl-L-Leucine	1.31

第十二章　蒌蒿

一、概述

蒌蒿（*Artemisia selengensis* Turcz.），为菊科蒿属多年生草本植物，在我国分布极为广泛，多生于低海拔地区的河湖岸边与沼泽地带。其地上嫩茎和地下根状茎可作为芳香蔬菜食用，蒌蒿全草可入药，有止血、消炎、镇咳、化痰之效[169]。长期以来，生产所用的蒌蒿品种一般为野生蒌蒿和传统地方品种[170]，浙江、江苏、上海等地人工栽培面积较大[171]，种植面积最大的江苏省灌云县蒌蒿种植面积达3.5万亩[172]。人工栽培蒌蒿全年亩产可达3 600kg[170]，长江以南地区野生蒌蒿资源丰富[173]。福建蒌蒿以野生生长为主，本章所述蒌蒿为福建宁德福鼎野生蒌蒿。

二、蒌蒿精油成分及功效

割取新鲜的蒌蒿地上部分茎叶，加工成精油，精油的挥发性成分总离子流见图12-1，蒌蒿精油挥发性成分及其相对含量分析结果见表12-1。

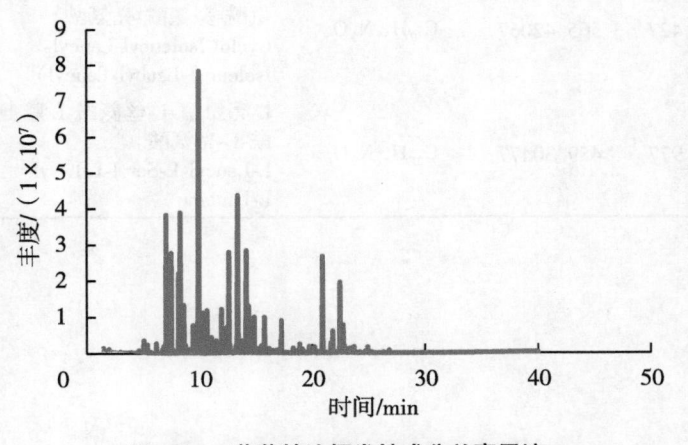

图12-1　蒌蒿精油挥发性成分总离子流

从蒌蒿精油中共分离、鉴定出146种挥发性成分，包括烯类、醇类、酮类、烷类、酯类和醛类等成分。总相对含量为99.40%，其中烯类和醇类成分的相对含量较高，分别为32.42%和29.78%。从不同种类挥发性成分的数量上来看，以醇类成分最高，达40种，烯类成分次之，达36种。综合考虑挥发性成分的相对含量和数量，烯类和醇类成分对蒌蒿精油的香气贡献最大。

　　蒌蒿精油的主要挥发性成分为桉叶油醇，相对含量达 18.52%。桉叶油醇具有与樟脑相似的气味，具有解热、消炎、抗菌[39]、抗肿瘤[40]、防腐、平喘及镇痛作用。此外，蒌蒿精油中冰片的相对含量为 5.84%，冰片具有开窍醒神、退热止痛的功效[174]；α-蒎烯的相对含量为 5.42%，α-蒎烯呈现松木、松针叶及松树脂样的气息，具有抗腺病毒、抗菌、除草、杀虫和驱避等生物活性[141]；α-葎草烯的相对含量为 4.27%，具有抗炎作用[113]；莰烯的相对含量为 3.51%，类似樟脑香气，具有抑菌、抗病毒活性[114]；桧烯的相对含量为 2.90%，具有抗氧化[70]、抗菌[71]功效；α-松油醇的相对含量为 1.47%，似海桐花的清香，甜的紫丁香、铃兰气息，具有抑菌[22]作用；乙酸龙脑酯的相对含量为 1.19%，具有保胎、杀虫、抗炎、抗肿瘤、心血管活性、止痛、止泻、改善记忆等作用[127]；双戊烯的相对含量为 1.81%，类似柠檬的香味，具有良好的镇咳、祛痰、抑菌作用[41]。

表 12-1　蒌蒿精油挥发性成分及其相对含量

种类（编号）	保留时间/min	英文名	中文名	相对含量/%
		醇类		
1	9.97	Eucalyptol	桉叶油醇	18.52
2	14.35	（R）-4-methyl-1-（1-methylethyl）-3-Cyclohexen-1-ol	（R）-4-萜品醇	1.75
3	14.78	α-Terpineol	α-松油醇	1.47
4	14.84	（-）-Myrtenol	桃金娘烯醇	1.42
5	12.42	cis-Chrysanthenol	顺式-菊烯醇	0.99
6	8.40	1-Octen-3-ol	1-辛烯-3-醇	0.91
7	13.26	4-Isopropyl-1-methylcyclohex-2-enol	4-异丙基-1-甲基环己-2-烯醇	0.65
8	11.06	（1α,2α,5α）-2-methyl-5-（1-methylethyl）-Bicyclo[3.1.0]hexan-2-ol	（1α,2α,5α）-2-甲基-5-（1-甲基乙基）-双环[3.1.0]己烷-2-醇	0.57
9	5.10	（Z）-3-Hexen-1-ol	（Z）-3-己烯-1-醇	0.41
10	13.23	[1S-（1α,3β,5α）]-4-methylene-1-（1-methylethyl）-Bicyclo[3.1.0]hexan-3-ol	[1S-（1α,3β,5α）]-4-亚甲基-1-（1-甲基乙基）-双环[3.1.0]己烷-3-醇	0.29
11	5.41	1-Hexanol	1-己醇	0.27
12	15.47	cis-2-methyl-5-（1-methylethenyl）-2-Cyclohexen-1-ol	顺式-2-甲基-5-（1-甲基乙烯基）-2-环己烯-1-醇	0.27
13	23.69	Aristol-1（10）-en-9-ol	1（10）-马兜铃烯-9-醇	0.27
14	15.17	trans-3-methyl-6-（1-methylethyl）-2-Cyclohexen-1-ol	反式-3-甲基-6-（1-甲基乙基）-2-环己烯-1-醇	0.25
15	11.35	3,3,6-trimethyl-1,5-Heptadien-4-ol	3,3,6-三甲基-1,5-庚二烯-4-醇	0.20
16	23.56	octahydro-2,2,4,7a-tetramethyl-1,3a-Ethano（1H）inden-4-ol	八氢-2,2,4,7a-四甲基-1,3a-乙醇（1H）茚-4-醇	0.19

（续表）

种类 （编号）	保留时间/ min	英文名	中文名	相对含量/ %
17	13.87	（Z）-3,7-dimethyl-3,6-Octa-dien-1-ol	（Z）-3,7-二甲基-3,6-辛二烯-1-醇	0.15
18	5.34	（E）-2-Hexen-1-ol	（E）-2-己烯-1-醇	0.14
19	12.81	Carveol	葛缕醇	0.14
20	26.81	（1S，4aS，7R，8aS）-1,4a-dimethyl-7-（prop-1-en-2-yl）Decahydronaphthalen-1-ol	（1S，4aS，7R，8aS）-1,4a-二甲基-7-（丙-1-烯-2-基）十氢萘-1-醇	0.11
21	16.32	Geraniol	香叶醇	0.10
22	2.00	2-methyl-1-Propanol	异丁醇	0.09
23	8.84	（E）-2,5,5-trimethyl-3,6-Heptadien-2-ol	（E）-2,5,5-三甲基-3,6-庚二烯-2-醇	0.09
24	12.74	1,7,7-trimethylbicyclo[2.2.1]Hept-5-en-2-ol	1,7,7-三甲基双环[2.2.1]庚-5-烯-2-醇	0.09
25	13.48	p-Mentha-1,5-dien-8-ol	对薄荷-1,5-二烯-8-醇	0.06
26	25.21	[1aR-（1aα，4β，4aβ，7α，7aβ，7bα）-decahydro-1,1,4,7-tetramethyl-1H-Cyclo-prop[e]azulen-4-ol	[1aR-（1aα，4β，4aβ，7α，7aβ，7bα）]-十氢-1,1,4,7-四甲基-1H-环丙烷[e]甘菊环-4-醇	0.05
27	3.00	2-methyl-1-Butanol	2-甲基丁醇	0.04
28	8.89	3-Octanol	3-辛醇	0.04
29	17.73	Perillyl alcohol	紫苏醇	0.04
30	16.74	6,6-dimethyl-Bicyclo[3.1.1]heptane-2-methanol	6,6-二甲基-双环[3.1.1]庚烷-2-甲醇	0.03
31	18.03	Verbenol	马鞭草烯醇	0.03
32	15.60	（Z）-3,7-dimethyl-2,6-Octa-dien-1-ol	橙花醇	0.02
33	24.31	（E）-Nerolidol	（E）-橙花叔醇	0.02
34	24.63	[1aR-（1aα，4β，4aβ，7α，7aβ，7bα）-decahydro-1,1,4,7-tetramethyl-4aH-Cyclo-prop[e]azulen-4a-ol	[1aR-（1aα，4β，4aβ，7α，7aβ，7bα）]-十氢-1,1,4,7-四甲基-4aH环丙烷[e]甘菊环-4a-醇	0.02
35	25.44	Ledol	杜香醇	0.02
36	25.95	Di-epi-1,10-cubenol	双-表-1,10毕澄茄油烯醇	0.02
37	26.19	Caryophylla-4（12），8（13）-dien-5α-ol	石竹-4（12），8（13）-二烯-5α-醇	0.02
38	2.96	3-methyl-1-Butanol	异戊醇	0.01
39	26.58	τ-Muurolol	依兰油醇	0.01
40	27.21	α-Bisabolol	红没药醇	0.01

（续表）

种类（编号）	保留时间/min	英文名	中文名	相对含量/%
		酯类		
1	15.75	［1S-(1α,5α,6β)］-2,7,7-trimethyl-Bicyclo［3.1.1］hept-2-en-6-ol,acetate	［1S-(1α,5α,6β)］-2,7,7-三甲基-双环［3.1.1］庚-2-烯-6-醇乙酸酯	1.33
2	17.27	Bornyl acetate	乙酸龙脑酯	1.19
3	17.20	5-methyl-2-(1-methylethenyl)-4-Hexen-1-ol,acetate	5-甲基-2-(1-甲基乙烯基)-4-己烯-1-醇乙酸酯	0.43
4	12.14	1-Octen-3-yl-acetate	1-辛烯-3-基乙酸酯	0.38
5	23.06	Bornyl isovalerate	异戊酸龙脑酯	0.22
6	18.32	Myrtenyl acetate	(1S)-6,6-二甲基二环［3.1.1］庚-2-烯-2-甲醇乙酸酯	0.19
7	16.49	(1R,5S,6R)-2,7,7-Trimethylbicyclo［3.1.1］hept-2-en-6-yl acetate	(1R,5S,6R)-2,7,7-三甲基双环［3.1.1］庚-2-烯-6-乙酸酯	0.11
8	18.56	cis-2-methyl-5-(1-methylethenyl)-2-Cyclohexen-1-ol,acetate	顺式-2-甲基-5-(1-甲基乙烯基)-2-环己烯-1-醇乙酸酯	0.09
9	14.71	Methyl salicylate	水杨酸甲酯	0.08
10	9.30	Acetic acid,hexyl ester	乙酸己酯	0.05
11	23.28	exo-3-methyl-Butanoic acid,1,7,7-trimethylbicyclo［2.2.1］hept-2-yl ester	外-3-甲基-丁酸-1,7,7-三甲基双环［2.2.1］庚-2-酯	0.05
12	24.17	Myrtenyl 2-methyl butyrate	2-甲基丁酸桃金娘酯	0.05
13	1.92	Ethyl Acetate	乙酸乙酯	0.04
14	20.73	2-methyl-Propanoic acid,1,7,7-trimethylbicyclo［2.2.1］hept-2-yl ester	丙酸-2-甲基-1,7,7-三甲基双环［2.2.1］庚-2-酯	0.04
15	9.00	2-methyl-Butanoic acid,2-methylpropyl ester	2-甲基丁酸-2-二甲基丙酯	0.02
16	17.89	6,6-dimethyl-Bicyclo［3.1.1］heptane-2-methanol,acetate	6,6-二甲基-双环［3.1.1］庚烷-2-甲醇乙酸酯	0.02
17	18.14	Sabinyl,2-methylbutanoate	2-甲基丁酸香桧酯	0.01
		酮类		
1	13.40	(+)-2-Bornanone	(+)-2-冰片酮	9.22
2	12.62	2,7,7-trimethyl-Bicyclo［3.1.1］hept-2-en-6-one	2,7,7-三甲基-双环［3.1.1］庚-2-烯-6-酮	4.59
3	11.96	2,6,6-Trimethylbicyclo［3.2.0］hept-2-en-7-one	2,6,6-三甲基双环［3.2.0］庚-2-烯-7-酮	1.96

（续表）

种类 （编号）	保留时间/ min	英文名	中文名	相对含量/ %
4	20.21	4,7,7-Trimethylbicyclo[4.1.0]hept-3-en-2-one	4,7,7-三甲基双环[4.1.0]庚-3-烯-2-酮	0.52
5	13.81	Pinocarvone	松香芹酮	0.48
6	16.15	(-)-Carvone	(-)-香芹酮	0.27
7	16.87	(S)-3-methyl-6-(1-methylethenyl)-2-Cyclohexen-1-one	(S)-3-甲基-6-(1-甲基乙烯基)-2-环己烯-1-酮	0.12
8	8.52	3-Octanone	3-辛酮	0.06
9	18.78	3-methyl-6-(1-methylethylidene)-2-Cyclohexen-1-one	3-甲基-6-(1-甲基亚乙基)-2-环己烯-1-酮	0.01
醛类				
1	5.03	(E)-2-Hexenal	(E)-2-己烯醛	0.24
2	10.82	2,6,6-Trimethylcyclohexa-1,4-dienecarbaldehyde	1,4-二氢-2,2,6-三甲基苯甲醛	0.23
3	4.62	Furfural	糠醛	0.14
4	17.04	L-Perillaldehyde	L-紫苏醛	0.13
5	13.92	Safranal	2,3-二氢-2,2,6-三甲基苯甲醛	0.09
6	14.43	6,6-dimethyl-Bicyclo[3.1.1]heptane-2-carboxaldehyde	6,6-二甲基-双环[3.1.1]庚烷-2-甲醛	0.09
7	7.92	Benzaldehyde	苯甲醛	0.07
8	13.03	1,3,3-Trimethylcyclohex-1-ene-4-carboxaldehyde	1,3,3-三甲基环己-1-烯-4-甲醛	0.05
9	15.97	(Z)-3,7-dimethyl-2,6-Octadienal	(Z)-3,7-二甲基-2,6-辛二烯醛	0.05
10	16.80	(E)-3,7-dimethyl-2,6-Octadienal	(E)-3,7-二甲基-2,6-辛二烯醛	0.05
11	26.31	Longifolenaldehyde	长叶醛	0.05
12	14.49	4-ethyl-Benzaldehyde	4-乙基苯甲醛	0.04
13	3.94	Hexanal	正己醛	0.02
14	17.35	4-isopropylcyclohexa-1,3-Dienecarbaldehyde	4-异丙基环己-1,3-二烯乙醛	0.02
15	1.72	2-methyl-Propanal	异丁醛	0.01
16	3.71	3-methyl-2-Butenal	3-甲基-2-丁烯醛	0.01
17	7.75	(Z)-2-Heptenal	(Z)-2-庚醛	0.01
18	12.05	Nonanal	正壬醛	0.01
烯类				
1	7.07	α-Pinene	α-蒎烯	5.42
2	20.92	α-Caryophyllene	α-葎草烯	4.27

（续表）

种类（编号）	保留时间/min	英文名	中文名	相对含量/%
3	7.52	Camphene	莰烯	3.51
4	22.46	Germacrene D	大牛儿烯 D	3.17
5	8.17	4-methylene-1-(1-methylethyl)-Bicyclo[3.1.0]hexane	桧烯	2.90
6	9.84	D-Limonene	双戊烯	1.81
7	8.63	β-Myrcene	β-月桂烯	1.61
8	10.68	γ-Terpinene	γ-松油烯	1.56
9	9.44	(+)-4-Carene	(+)-4-蒈烯	1.48
10	10.31	(Z)-3,7-dimethyl-1,3,6-Octatriene	(Z)-3,7-二甲基-1,3,6-辛三烯	1.30
11	22.74	(1S,5S)-2-Methyl-5-((R)-6-methylhept-5-en-2-yl)bicyclo[3.1.0]hex-2-ene	(1S,5S)-2-甲基-5-((R)-6-甲基庚-5-烯-2)双环[3.1.0]己-2-烯	1.06
12	21.81	(Z,Z,Z)-1,5,9,9-tetramethyl-1,4,7-Cycloundeca-triene	(Z,Z,Z)-1,5,9,9-四甲基-1,4,7-环十二烷三烯	0.87
13	22.81	(1S,2E,6E,10R)-3,7,11,11-Tetramethylbicyclo[8.1.0]undeca-2,6-diene	(1S,2E,6E,10R)-3,7,11,11-四甲基双环[8.1.0]十一碳-2,6-二烯	0.39
14	21.66	(E)-β-Famesene	(E)-β-金合欢烯	0.36
15	6.20	Santolina triene	绵杉菊三烯	0.28
16	13.63	1,4-diethyl-1,4-dimethyl-2,5-Cyclohexadiene	1,4-二乙基-1,4-二甲基-2,5-环己二烯	0.26
17	24.91	Caryophyllene oxide	石竹素	0.26
18	8.68	1,2,5,5-tetramethyl-1,3-Cyclopentadiene	1,2,5,5-四甲基-1,3-环戊二烯	0.25
19	6.85	2-methyl-5-(1-methylethyl)-Bicyclo[3.1.0]hex-2-ene	2-甲基-5-(1-甲基乙基)-双环[3.1.0]-己-2烯	0.22
20	23.34	δ-Cadinene	δ-杜松烯	0.20
21	7.35	4-methylene-1-(1-methylethyl)-Bicyclo[3.1.0]hex-2-ene	4-亚甲基-1-(1-甲基乙基)-双环[3.1.0]己-2-烯	0.18
22	9.12	α-Phellandrene	α-水芹烯	0.18
23	21.53	γ-Muurolene	γ-依兰油烯	0.15
24	22.31	1-Methyl-4-(6-methylhept-5-en-2-yl)cyclohexa-1,3-diene	1-甲基-4-(6-甲基庚-5-烯-2)环己-1,3-二烯	0.13
25	22.94	α-Farnesene	α-法尼烯	0.13

（续表）

种类（编号）	保留时间/min	英文名	中文名	相对含量/%
26	19.98	（1α,3aα,7α,8aβ）-2,3,6,7,8,8a-hexahydro-1,4,9,9-tetramethyl-1H-3a,7-Methanoazulene	（1α,3aα,7α,8aβ）-2,3,6,7,8,8a-六氢-1,4,9,9-四甲基-1H-3a,7-甲基甘菊环	0.10
27	18.64	（3R-trans）-4-ethenyl-4-methyl-3-（1-methylethenyl）-1-（1-methylethyl）-Cyclohexene	（3R-反式）-4-乙烯基-4-甲基-3-（1-甲基乙烯基）-1-（1-甲基乙基）-环己烯	0.08
28	23.44	[S-（R*,S*）]-3-（1,5-dimethyl-4-hexenyl）-6-methylene-Cyclohexene	[S-（R*,S*）]-3-（1,5-二甲基-4-己烯基）-6-亚甲基-环己烯	0.08
29	9.22	3-Carene	3-蒈烯	0.05
30	21.21	trans-α-Bergamotene	反式-α-香柠檬烯	0.05
31	5.70	2,6-dimethyl-1,5-Heptadiene	2,6-二甲基-1,5-庚二烯	0.03
32	6.52	3-methyl-2,4-Hexadiene	3-甲基-2,4-己二烯	0.02
33	23.91	α-Calacorene	α-二去氢菖蒲烯	0.02
34	25.56	（1R,3E,7E,11R）-1,5,5,8-Tetramethyl-12-oxabicyclo[9.1.0]dodeca-3,7-diene	环氧化蛇麻烯Ⅱ	0.02
35	12.98	p-Mentha-1,5,8-triene	对薄荷-1,5,8-三烯	0.01
36	21.38	4,11,11-trimethyl-8-methylene-Bicyclo[7.2.0]undec-4-ene	4,11,11-三甲基-8-亚甲基-双环[7.2.0]十一碳-4-烯	0.01
烷类				
1	8.32	（1S）-6,6-dimethyl-2-methylene-Bicyclo[3.1.1]heptane	（1S）-6,6-二甲基-2-亚甲基-双环[3.1.1]庚烷	5.51
2	20.09	[1S-（1α,2β,4β）]-1-ethenyl-1-methyl-2,4-bis（1-methylethenyl）-Cyclohexane	[1S-（1α,2β,4β）]-1-乙烯基-1-甲基-2,4-双（1-甲基乙烯基）-环己烷	0.28
3	6.76	1,7,7-trimethyl-Tricyclo[2.2.1.0(2,6)]heptane	1,7,7-三甲基-三环[2.2.1.0(2,6)]庚烷	0.12
4	13.11	（1α,2β,3α,5α）-2,6,6-trimethyl-3-（2-propenyl）-Bicyclo[3.1.1]heptane	（1α,2β,3α,5α）-2,6,6-三甲基-3-（2-丙烯基）-双环[3.1.1]庚烷	0.06
5	1.85	1-Hexane	1-己烷	0.03
6	10.45	2,7,7-trimethyl-3-Oxatricyclo[4.1.1.0(2,4)]octane	α-环氧蒎烷	0.03

（续表）

种类（编号）	保留时间/min	英文名	中文名	相对含量/%
7	21.15	（1R,2S,6S,7S,8S）-8-Iso-propyl-1-methyl-3-methyle-netricyclo[4.4.0.02,7]decane-rel	（1R,2S,6S,7S,8S）-8-异丙基-1-甲基-3-亚甲基三环[4.4.0.02,7]癸烷	0.02
其他类				
1	14.16	endo-Borneol	冰片	5.84
2	9.68	o-Cymene	邻伞花烃	0.81
3	22.65	[4aR-（4aα,7α,8aβ）]-decahydro-4a-methyl-1-methylene-7-（1-methylethe-nyl）-Naphthalene	[4aR-（4aα,7α,8aβ）]-十氢-4a-甲基-1-亚甲基-7-（1-甲基乙烯基）-萘	0.47
4	8.77	Mesitylene	均三甲苯	0.27
5	9.57	1-ethyl-3-methyl-Benzene	3-乙基甲苯	0.17
6	19.13	3-allyl-6-Methoxyphenol	3-甲氧基-6-烯丙基苯酚	0.16
7	13.72	Albene	阿尔本醋酯纤维	0.12
8	12.30	Neryl nitrile	橙花腈	0.10
9	11.65	1-methyl-4-（1-methyleth-enyl）-Benzene	1-甲基-4-（1-甲基乙烯基）苯	0.07
10	20.53	（1aS,4aS,8aR）-4a,8,8-tri-methyl-2-methylene-1,1a,2,4a,5,6,7,8-octahydrocyclo-propa[d]Naphthalene	（1aS,4aS,8aR）-4a,8,8-三甲基-2-亚甲基-1,1a,2,4a,5,6,7,8-八氢环丙烷[d]萘	0.06
11	20.58	[1aR-（1aα,4α,4aβ,7bα）]-1a,2,3,4,4a,5,6,7b-1a,2,3,4,4a,5,6,7b-octahydro-1,1,4,7-tetram-ethyl-1H-Cycloprop[e]azulene	[1aR-（1aα,4α,4aβ,7bα）]-1a,2,3,4,4a,5,6,7b-八氢化-1,1,4,7-四甲基-1H-环丙[e]甘菊环	0.05
12	23.22	（1α,4aβ,8aα）-1,2,3,4,4a,5,6,8a-octahydro-7-methyl-4-methylene-1-（1-m-ethylethyl）-Naphthalene	（1α,4aβ,8aα）-1,2,3,4,4a,5,6,8a-八氢-7-甲基-4-亚甲基-1-（1-甲基乙基）-萘	0.05
13	26.66	Neointermedeol	十氢二甲基甲乙烯基萘酚	0.03
14	15.02	1,7,7-Trimethylbicyclo[2.2.1]heptan-2-ol	异龙脑	0.02
15	17.58	trans-Pinocarvyl acetate	反式-乙酸松香芹酯	0.02
16	19.56	[1S（1α,2α,3aβ,4α,5α,7aβ）]-octahydro-1,7a-dim-ethyl-5-（1-methylethyl）-1,2,4-Metheno-1H-indene	（+）-环苜蓿烯	0.02

（续表）

种类（编号）	保留时间/min	英文名	中文名	相对含量/%
17	22.21	（1S, 4S, 4aS）-1-Isopropyl-4, 7-dimethyl-1, 2, 3, 4, 4a, 5-hexahydronaphthalene	（1S, 4S, 4aS）-1-异丙基-4, 7-二甲基-1, 2, 3, 4, 4a, 5-六氢萘	0.02
18	23.78	［1S-（1α, 4aβ, 8aα）］-1, 2, 4a, 5, 6, 8a-hexahydro-4, 7-dimethyl-1-（1-methylethyl）-Naphthalene	［1S-（1α, 4aβ, 8aα）］-1, 2, 4a, 5, 6, 8a-六氢-4, 7-二甲基-1-（1-甲基乙基）-萘	0.02
19	2.17	2,3-dihydro-Furan	2,3-二氢呋喃	0.01

三、蒌蒿纯露成分及功效

蒌蒿纯露的挥发性成分总离子流见图12-2，蒌蒿纯露挥发性成分及其相对含量分析结果见表12-2。

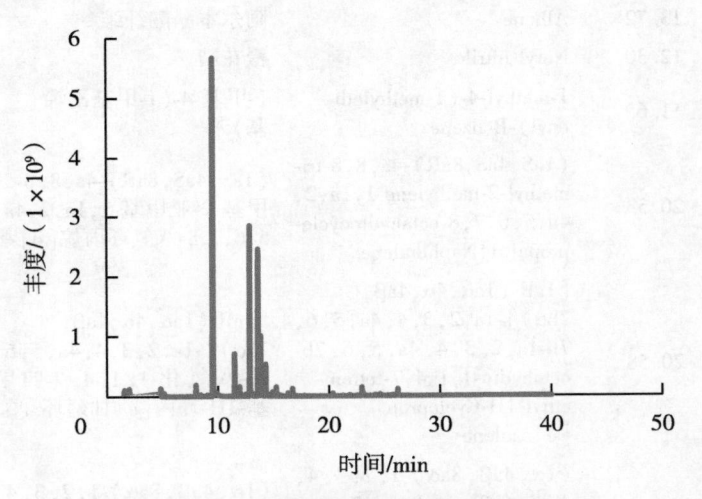

图12-2　蒌蒿纯露挥发性成分总离子流

从蒌蒿纯露中共分离、鉴定出89种挥发性成分，包括醇类、酮类、酯类、烯类、烷类和醛类等成分，总相对含量为99.95%，其中醇类和酮类成分的相对含量较高，分别为59.12%和20.75%。从不同种类挥发性成分的数量上来看，以醇类成分最高，达35种，烯类成分次之，达14种。综合考虑挥发性成分的相对含量和数量，醇类成分对蒌蒿纯露的香气贡献最大。

蒌蒿纯露的主要挥发性成分包括桉叶油醇、左旋樟脑和冰片，分别为44.32%、16.58%和14.55%。其中桉叶油醇具有解热、消炎、抗菌[39]、抗肿瘤[40]、防腐、平喘及镇痛作用；左旋樟脑对脑损伤具有一定的保护作用[109]；冰片具有开窍醒神、退热止痛的功效[174]。此外，蒌蒿纯露的挥发性成分还包括(-)-4-萜品醇，相对含量为4.18%，(-)-4-萜品醇是鱼腥草注射液的主要成分，鱼腥草注射液具有清热解毒、消痈排脓、利湿通淋等功效[175]。

表 12-2　萋蒿纯露挥发性成分及其相对含量

种类（编号）	保留时间/min	英文名	中文名	相对含量/%
		醇类		
1	9.56	Eucalyptol	桉叶油醇	44.32
2	13.82	（R）-4-methyl-1-（1-methyl-ethyl）-3-Cyclohexen-1-ol	（-）-4-萜品醇	4.18
3	14.23	α-Terpineol	α-松油醇	2.60
4	14.27	（-）-Myrtenol	桃金娘烯醇	2.01
5	4.85	（Z）-3-Hexen-1-ol	（Z）-3-己烯-1-醇	0.98
6	1.98	2-methyl-1-Propanol	异丁醇	0.94
7	8.01	1-Octen-3-ol	1-辛烯-3-醇	0.90
8	1.55	Ethanol	乙醇	0.80
9	11.93	cis-Chrysanthenol	顺式-菊烯醇	0.69
10	14.89	（1S-trans）-2-methyl-5-（1-methylethenyl）-2-Cyclohexen-1-ol	（1S-反式）-2-甲基-5-（1-甲基乙烯基）-2-环己烯-1-醇	0.34
11	12.67	［1S-（1α，3α，5α）］-6,6-dimethyl-2-methylene-Bicyclo［3.1.1］heptan-3-ol	［1S-（1α,3α,5α）］-6,6-二甲基-2-亚甲基-双环［3.1.1］庚烷-3-醇	0.23
12	5.07	2-methyl-Cyclopentanol	2-甲基环戊醇	0.18
13	8.46	（E）-2,5,5-trimethyl-3,6-Heptadien-2-ol	（E）-2,5,5-三甲基-3,6-庚二烯-2-醇	0.17
14	14.56	Verbenol	马鞭草烯醇	0.15
15	23.52	（1R,7S,E）-7-Isopropyl-4,10-dimethylenecyclodec-5-enol	（1R,7S,E）-7-异丙基-4,10-二亚甲基环癸-5-烯醇	0.14
16	2.90	2-methyl-1-Butanol	2-甲基丁醇	0.11
17	15.76	2,7-dimethyl-2,6-Octadien-1-ol	2,7-二甲基-2,6-辛二烯-1-醇	0.04
18	16.13	（-）-cis-Myrtanol	桃金娘烷醇	0.04
19	2.36	1-Penten-3-ol	1-戊烯-3-醇	0.04
20	9.23	1-（2-hexenyl）-Cyclohexanol	1-（2-己烯基）-环己醇	0.03
21	3.30	（E）-2-Penten-1-ol	（E）-2-戊烯-1-醇	0.03
22	8.14	2,6,6-trimethyl-Bicyclo（3.1.1）heptane-2,3-diol	2,6,6-三甲基-双环（3.1.1）庚烷-2,3-二醇	0.02
23	17.11	Perillyl alcohol	紫苏醇	0.02
24	18.00	Carveol	葛缕醇	0.02
25	10.89	（1S,3R,5S,6R）-（-）-5-Caranol	（1S,3R,5S,6R）-（-）-5-蒈醇	0.02

（续表）

种类（编号）	保留时间/min	英文名	中文名	相对含量/%
26	17.39	2-(3,3-dimethylbicyclo[2.2.1]hept-2-ylidene)-Ethanol	2-(3,3-二甲基双环[2.2.1]庚-2-亚基)-乙醇	0.02
27	25.07	2-methyl-9-(prop-1-en-3-ol-2-yl)-Bicyclo[4.4.0]dec-2-ene-4-ol	2-甲基-9-(丙-1-烯-3-醇-2)-双环[4.4.0]癸-2-烯-4-醇	0.01
28	3.78	trans-2-methyl-Cyclopentanol	反式-2-甲基环戊醇	0.01
29	17.58	2,6-dimethyl-3,5-Heptadien-2-ol	2,6-二甲基-3,5-庚二烯-2-醇	0.01
30	12.24	6-Camphenol	6-莰烯醇	0.01
31	24.92	[2R-(2α,4aα,8aβ)]-decahydro-α,α,4a-trimethyl-8-methylene-2-Naphthalene-methanol	β-桉叶醇	0.01
32	22.84	[(4aS,8S,8aR)-8-Isopropyl-5-methyl-3,4,4a,7,8,8a-hexahydronaphthalen-2-yl]methanol	[(4aS,8S,8aR)-8-异丙基-5-甲基-3,4,4a,7,8,8a-六氢萘-2]甲醇	0.01
33	13.45	(2-endo,5-exo)-1,7,7-trimethyl-Bicyclo[2.2.1]heptane-2,5-diol	(2-内,5-外)-1,7,7-三甲基-双环[2.2.1]庚烷-2,5-二醇	0.01
34	19.96	(1R,2R,4S,6S,7S,8S)-8-Isopropyl-1-methyl-3-methylenetricyclo[4.4.0.02,7]decan-4-ol	(1R,2R,4S,6S,7S,8S)-8-异丙基-1-甲基-3-亚甲基三环[4.4.0.02,7]癸-4-醇	0.01
35	15.68	Dihydrocarveol	二氢香芹醇	0.01
酯类				
1	15.22	[1S-(1α,5α,6β)]-2,7,7-trimethyl-Bicyclo[3.1.1]hept-2-en-6-ol,acetate	[1S-(1α,5α,6β)]-2,7,7-三甲基-双环[3.1.1]庚-2-烯-6-醇乙酸酯	0.76
2	16.71	Bornyl acetate	乙酸龙脑酯	0.66
3	23.08	trans-Valerenyl acetate	反式-缬草酸酯	0.25
4	22.50	Bornyl 2-methylbutanoate	2-甲基丁酸龙脑酯	0.06
5	13.97	5-methylene-6-(1-methylethenyl)-3-Cyclohexen-1-ol,acetate	5-亚甲基-6-(1-甲基乙烯基)-3-环己烯-1-醇-乙酸酯	0.06
6	17.75	Myrtenyl acetate	(1S)-6,6-二甲基二环[3.1.1]庚-2-烯-2-甲醇乙酸酯	0.05

（续表）

种类（编号）	保留时间/min	英文名	中文名	相对含量/%
7	25.13	Acetic acid,3-hydroxy-6-isopropenyl-4,8a-dimethyl-1,2,3,5,6,7,8,8a-octahydronaphthalen-2-yl ester	3-羟基-6-异丙烯基-4,8a-二甲基-1,2,3,5,6,7,8,8a-八氢萘-2-乙酸酯	0.01
酮类				
1	12.86	(1S)-1,7,7-trimethyl-Bicyclo[2.2.1]heptan-2-one	左旋樟脑	16.58
2	11.48	2,6,6-Trimethylbicyclo[3.2.0]hept-2-en-7-one	2,6,6-三甲基双环[3.2.0]庚-2-烯-7-酮	3.00
3	5.15	tetrahydro-3,6-dimethyl-2H-Pyran-2-one	四氢-3,6-二甲基-2H-吡喃-2-酮	0.32
4	13.27	Pinocarvone	松香芹酮	0.27
5	16.27	3-methyl-6-(1-methylethylidene)-2-Cyclohexen-1-one	3-甲基-6-(1-甲基亚乙基)-2-环己烯-1-酮	0.25
6	12.08	2,7,7-trimethyl-Bicyclo[3.1.1]hept-2-en-6-one	2,7,7-三甲基-双环[3.1.1]庚-2-烯-6-酮	0.15
7	15.57	(-)-Carvone	(-)-香芹酮	0.09
8	11.68	1,7,7-Trimethylbicyclo[2.2.1]hept-5-en-2-one	1,7,7-三甲基双环[2.2.1]庚-5-烯-2-酮	0.07
9	14.71	D-Verbenone	马鞭草烯酮	0.01
10	12.19	trans-2-Isopropylbicyclo[4.3.0]non-3-ene-8-one	反式-2-异丙基二氯[4.3.0]壬-3-烯-8-酮	0.01
醛类				
1	4.37	3-Furaldehyde	3-糠醛	0.06
2	24.06	(1aR,4aS,8aS)-4a,8,8-trimethyl-1,1a,4,4a,5,6,7,8-octahydrocyclopropa[d]naphthalene-2-Carbaldehyde	(1aR,4aS,8aS)-4a,8,8-三甲基-1,1a,4,4a,5,6,7,8-八氢环丙烷[d]萘-2-乙醛	0.06
3	11.09	2-ethylidene-6-methyl-3,5-Heptadienal	2-亚乙基-6-甲基-3,5-庚二烯醛	0.05
4	7.49	Benzaldehyde	苯甲醛	0.03
5	16.45	(S)-4-(1-methylethenyl)-1-Cyclohexene-1-carboxaldehyde	(S)-4-(1-甲基乙烯基)-1-环己烯-1-吡咯甲醛	0.03
6	3.53	3-methyl-2-Butenal	3-甲基-2-丁烯醛	0.02
7	15.86	1,3,4-trimethyl-3-Cyclohexene-1-carboxaldehyde	1,3,4-三甲基-3-环己烯-1-吡咯甲醛	0.02
烯类				
1	22.94	(-)-Tricyclo[6.2.1.0(4,11)]undec-5-ene,1,5,9,9-tetramethyl-(isocaryophyllene-I1)	1,5,9,9-四甲基-(异芳基苯基-I1)-(-)-三环[6.2.1.0(4,11)]十一碳-5-烯	0.70
2	24.58	β-Guaiene	β-愈创木烯	0.35

（续表）

种类（编号）	保留时间/min	英文名	中文名	相对含量/%
3	20.33	α-Caryophyllene	α-葎草烯	0.23
4	25.29	γ-Himachalene	γ-雪松烯	0.17
5	12.03	（3S，4R，5R，6R）-4，5-Bis（hydroxymethyl）-3，6-dimethylcyclohexene	（3S，4R，5R，6R）-4，5-二（羟甲基）-3，6-二甲基环己烯	0.11
6	19.19	β-Longipinene	β-长叶蒎烯	0.08
7	8.76	2-methyl-5-（1-methylethyl）-Bicyclo［3.1.0］hex-2-ene	2-甲基-5-（1-甲基乙基）-双环［3.1.0］己-2-烯	0.04
8	22.77	δ-Cadinene	δ-杜松烯	0.03
9	11.35	1，7，7-trimethyl-Bicyclo［2.2.1］hept-2-ene	1，7，7-三甲基-双环［2.2.1］庚-2-烯	0.02
10	23.30	9-Methoxycalamenene	9-甲氧基去氢白菖烯	0.02
11	7.21	Camphene	莰烯	0.02
12	18.37	（S）-4',5,5-trimethyl-［1,1'-bis（cyclohexane）］-1,3'-Diene	（S）-4',5,5-三甲基-［1,1'-双（环己烷）］-1,3'-二烯	0.01
13	17.54	1,6-dimethylhepta-1,3,5-Triene	1,6-二甲基庚-1,3,5-三烯	0.01
14	6.48	2,5,5-trimethyl-1,3,6-Heptatriene	黏蒿三烯	0.01
烷类				
1	1.73	Isobutylene epoxide	甲基环氧丙烷	0.20
2	9.05	6-isopropylidene-1-methyl-Bicyclo［3.1.0］hexane	6-异亚丙基-1-甲基-双环［3.1.0］己烷	0.16
3	24.15	4,4-Dimethyl-3-（3-methylbut-3-enylidene）-2-methylenebicyclo［4.1.0］heptane	4,4-二甲基-3-（3-甲基-3-亚丁烯基）-2-亚甲基双环［4.1.0］庚烷	0.10
4	14.05	1-cyclopropylethynyl-2-methoxy-3,3-dimethyl-Cyclopropane	1-环丙炔基-2-甲氧基-3,3-二甲基-环丙烷	0.03
5	5.42	1-（1'-propenyl）-2-hydroxymethyl-Cyclopropane	1-（1'-丙烯基）-2-羟甲基-环丙烷	0.01
其他类				
1	13.60	endo-Borneol	冰片	14.55
2	26.16	［1aS-（1aα,3aα,7aβ,7bα）］-decahydro-1,1,3a-trimethyl-7-methylene-1H-Cyclopropa［a］naphthalene	［1aS-（1aα,3aα,7aβ,7bα）］-十氢-1,1,3a-三甲基-7-亚甲基-1H-环丙烷［a］萘	0.57
3	12.52	cis-Chrysanthenol	顺式-菊烯醇	0.22

（续表）

种类（编号）	保留时间/min	英文名	中文名	相对含量/%
4	26.02	［1S-（1α，7α，8aα）］-1,2,3,5,6,7,8,8a-octahydro-1,8a-dimethyl-7-（1-methylethenyl）-Naphthalene	［1S-（1α，7α，8aα）］-1,2,3,5,6,7,8,8a-八氢-1,8a-二甲基-7-（1-甲基乙烯基）-萘	0.15
5	21.86	（1S，4aR，8aS）-1-Isopropyl-7-methyl-4-methylene-1,2,3,4,4a,5,6,8a-octahydron-aphthalene	（1S，4aR，8aS）-1-异丙基-7-甲基-4-亚甲基-1,2,3,4,4a,5,6,8a-八氢萘	0.14
6	18.69	10,12-Octadecadiynoic acid	10,12-十八碳二炔酸	0.02
7	2.72	1-formyl-3-methylaziridine-2-Carbonitrile	1-甲酰基-3-甲基氮丙啶-2-碳腈	0.01
8	18.50	2-methoxy-3-（2-propenyl）-Phenol	2-甲氧基-3-（2-丙烯基）-苯酚	0.01
9	3.10	1,1′-dithiobis-Piperidine	1,1′-二硫醇双哌啶	0.01
10	19.57	cis-1-ethylideneoctahydro-7a-methyl-1H-Indene	顺式-1-亚乙基八氢-7a-甲基-1H-茚	0.01
11	8.31	trans-Verbenol	反式-马鞭草烯醇	0.01

正离子模式下萎蒿纯露的代谢物成分总离子流见图12-3，化学成分及其相对含量分析结果见表12-3。

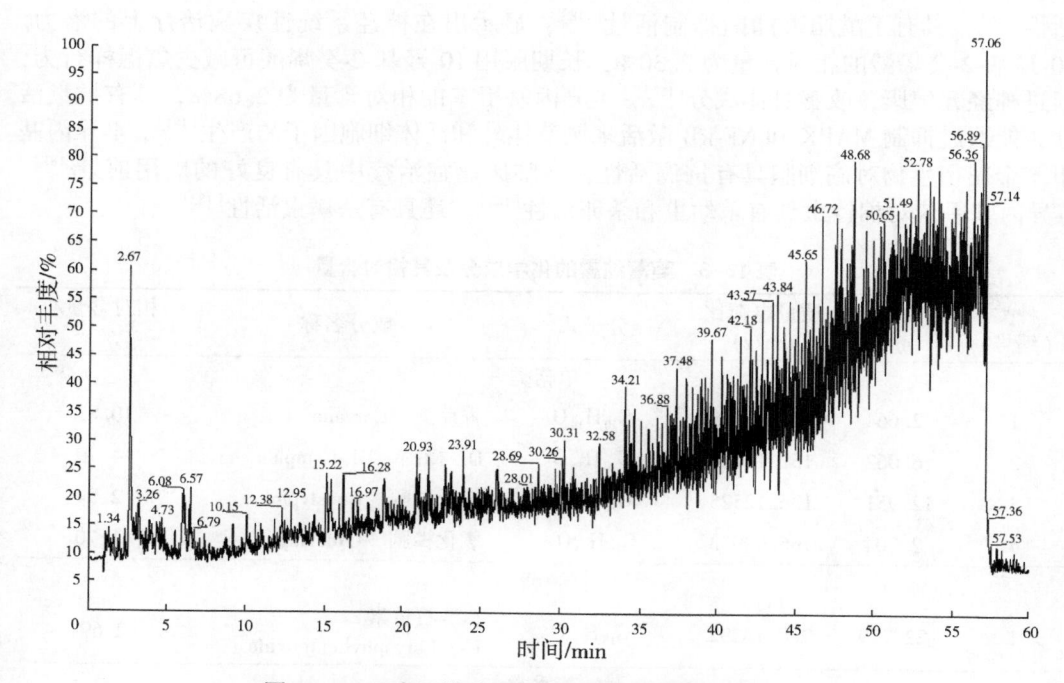

图12-3 正离子模式下萎蒿纯露代谢物成分总离子流

　　蒌蒿纯露在正离子模式下鉴定出代谢物成分 57 种，主要包括单萜类、倍半萜类、芳香类、酚类、醇类、醛类、酸类、酮类、酯类、苯丙素类、生物碱类等成分，其中以芳香类成分数量最多，达 21 种，生物碱类成分数量次之，达 16 种。蒌蒿纯露代谢物以芳香类化合物为主，相对含量高达 40.57%，其次是单萜类和生物碱类化合物，相对含量分别达 20.26%、16.70%。

　　蒌蒿纯露代谢物的主要成分为苯甲醇和香芹酮，相对含量分别为 11.41% 和 10.83%。苯甲醇类化合物能杀死瓜白粉病菌和白叶枯病菌[176]；香芹酮具有抗炎和抗过敏的作用[143]，可通过环腺苷—磷酸（cAMP）途径抑制黑色素瘤细胞增殖，降低黑色素的含量[45]。此外，香芹酮对金黄色葡萄球菌显示出抗菌和抗生物膜活性[46]，具有抗真菌（念珠菌）活性和细胞毒性[47]，具有较强的抗氧化活性，能有效清除超氧化物离子[145]，香芹酮还具有治疗呼吸和心血管系统疾病的潜力[177]。香芹酮在 N2a 神经母细胞瘤细胞系中表现出潜在的抗癌活性[146]。蒌蒿纯露代谢物中 DL-樟脑的相对含量为 4.79%，DL-樟脑是左旋樟脑和右旋樟脑的混合物，其中左旋樟脑经研究证实具有脑保护的作用[42]，左旋樟脑能通过抑制自噬起到神经保护作用[178]；右旋樟脑可能会抑制大肠杆菌氧化代谢及醌类物质恢复氧化酶活性[44]。桉叶油醇的相对含量为 2.94%，桉叶油醇具有广泛的生物活性，包括抗菌、抗炎、抗氧化、保湿、抗肿瘤、抗组胺、促进伤口愈合、促渗透、抗焦虑等生物学活性。研究表明，桉叶油醇对奶牛子宫内膜炎致病菌具有良好的抗菌作用和显著的抗炎效果[39]。桉叶油醇可以促使生物膜表面的细菌死亡或作为浮游生物存活[179]，对真菌的抑制作用强于对细菌的抑制作用，尤其是对白色念珠菌的抑制作用[106]。桉叶油醇对糖尿病动脉粥样硬化大鼠主动脉病变形成具有预防作用[180]。(-)-石竹烯氧化物的相对含量为 2.69%，(-)-石竹烯氧化物具有细胞毒活性[116]，具有丁酰胆碱酯酶抑制活性[118]，显示出在神经系统性疾病治疗上的潜力。10-羟基-2-癸烯酸的相对含量为 2.30%，长期服用 10-羟基-2-癸烯酸可减少焦虑样行为，促进神经元健康，改善身体成分[151]。4-异丙基甲苯的相对含量为 2.68%，具有抗炎活性，能通过抑制 MAPK 和 NF-κB 激活来调节体外和活体细胞因子的产生[181]，4-异丙基甲苯金属衍生物对癌细胞具有抗癌活性，在临床癌症治疗中具有良好的应用前景[181]。4-异丙基甲苯对棉铃虫具有杀幼虫和杀卵活性[182]，还具有杀螨虫活性[183]。

表 12-3　蒌蒿纯露的化学成分及其相对含量

种类（编号）	保留时间/min	质量电荷比（m/z）	分子式	成分名称	相对含量/%
单萜类					
1	2.664	150.10448	$C_{10}H_{14}O$	香芹酮　Carvone	10.83
2	6.062	152.1202	$C_{10}H_{16}O$	DL-樟脑　DL-Camphor	4.79
3	12.951	136.12525	$C_{10}H_{18}O$	桉叶油醇　Eucalyptol	2.94
4	2.704	166.09953	$C_{10}H_{14}O_2$	氧化樟脑　Oxocamphor	1.70
倍半萜类					
1	22.779	220.18292	$C_{15}H_{24}O$	(-)-石竹素 (-)-Caryophyllene oxide	2.69
芳香类					
1	2.665	108.0574	C_7H_8O	苯甲醇　Benzyl alcohol	11.41

（续表）

种类（编号）	保留时间/min	质量电荷比（m/z）	分子式	成分名称	相对含量/%
2	2.664	132.09395	$C_{10}H_{12}$	2,4-二甲基苯乙烯 2,4-dimethyl-1-Vinylbenzene	3.53
3	34.222	148.01607	$C_8H_4O_3$	苯酐　Phthalic anhydride	2.90
4	22.778	202.17233	$C_{15}H_{22}$	1,1,4,4,6-五甲基-1,2,3,4-四氢萘酚 1,1,4,4,6-Pentamethyl-1,2,3,4-tetrahydronaphthalen	2.88
5	6.06	134.10953	$C_{10}H_{14}$	4-异丙基甲苯　p-Cymene	2.68
6	2.667	90.04688	C_7H_6	1,3,5-庚三烯 1,3,5-Norcaratriene	2.21
7	20.937	382.13973	$C_{18}H_{18}N_6O_4$	2-甲基-4,6-二硝基-5-（4-苯基-1-哌嗪甲烷基）-1H-苯并咪唑 2-methyl-4,6-dinitro-5-(4-phenyl-1-piperazinyl)-1H-Benzimidazole	1.88
8	2.702	120.09394	C_9H_{12}	异丙基苯　Cumene	1.74
9	34.216	278.1519	$C_{16}H_{22}O_4$	邻苯二甲酸-1-丁酯-2-异丁酯　Butyl isobutyl phthalate	1.59
10	8.788	182.09441	$C_{10}H_{14}O_3$	甲酚甘油醚　Mephenesin	1.52
11	2.668	104.06262	C_8H_8	苯乙烯　Styrene	1.31
12	2.668	122.07321	$C_8H_{10}O$	苯乙醇 Phenylethyl alcohol	0.91
13	23.137	146.10976	$C_{11}H_{14}$	2,4,6-三甲苯乙烯 Mesitylethylene	0.88
14	2.668	106.07826	C_8H_{10}	乙基苯　Ethylbenzene	0.84
15	2.66	93.03398	C_6H_5O	苯基氧化二甲烷 Phenyloxidanyl	0.81
16	2.683	148.08891	$C_{10}H_{12}O$	2,4,6-三甲基苯甲醛 Mesitaldehyde	0.80
17	11.601	148.08891	$C_{10}H_{12}O$	茴香烯　trans-Anethole	0.75
18	8.812	136.08878	$C_9H_{12}O$	3,4-二甲基苯甲醇 3,4-Dimethylbenzyl alcohol	0.50
19	6.159	124.05241	$C_7H_8O_2$	对羟基苯甲醚　Mequinol	0.49
20	22.776	118.07825	C_9H_{10}	3-甲基苯乙烯 3-Vinyltoluene	0.47
21	11.199	232.13134	$C_{13}H_{18}O_5$	1-[2,4-二羟基-3-（2-羟乙基）-6-甲氧苯基]-1-丁酮 1-[2,4-dihydroxy-3-(2-hydroxyethyl)-6-methoxy-phenyl]-1-Butanone	0.47

（续表）

种类（编号）	保留时间/min	质量电荷比（m/z）	分子式	成分名称	相对含量/%
酚类					
1	21.709	234.16225	$C_{15}H_{22}O_2$	3,5-二叔丁基-4-羟基苯甲醛 3,5-di-tert-butyl-4-Hydrox-ybenzaldehyde	1.93
2	2.665	94.04181	C_6H_6O	苯酚　Phenol	0.65
醇类					
1	28.132	414.20475	$C_{24}H_{30}O_6$	1,3：2,4-双（3,4-二甲基亚苄基）-D-山梨醇 1,3：2,4-bis（3,4-dimeth-ylobenzylideno）Sorbitol（DMDBS）	0.43
醛类					
1	15.249	110.07308	$C_7H_{10}O$	（E,E）-2,4-庚二烯醛 （E,E）-2,4-Heptadienal	1.74
酸类					
1	15.224	168.11518	$C_{10}H_{18}O_3$	10-羟基-2-癸烯酸　10-Hy-droxy-2-decenoic acid	2.30
2	10.002	152.04746	$C_8H_{10}O_4$	青霉酸　Penicillic acid	0.52
3	2.742	126.06815	$C_7H_{10}O_2$	环己烯甲酸 1-Cyclohexenecarboxylic Acid	0.51
酮类					
1	6.14	200.10486	$C_{10}H_{16}O_4$	1,6-二氧杂环十二烷-7,12-二酮 1,6-Dioxacyclododecane-7,12-dione	2.88
2	6.161	96.05741	C_6H_8O	2-甲基环戊烯酮 2-Methylcyclopentenone	0.65
3	2.674	168.11518	$C_{10}H_{16}O_2$	3-羟基-4,7,7-三甲基二环[2.2.1]庚-2-酮 3-Hydroxy-4,7,7-trimethyl-bicyclo[2.2.1]heptan-2-one	0.60
酯类					
1	4.61	184.11006	$C_{10}H_{16}O_3$	2-氧代环庚烷甲酸乙酯 Ethyl 2-oxocycloheptanecar-boxylate	1.51
2	2.035	190.12067	$C_9H_{18}O_4$	3,3-二乙氧基丙酸乙酯 Ethyl 3,3-diethoxypropano-ate	0.87
3	3.115	100.05235	$C_5H_8O_2$	甲基丙烯酸甲酯 Methyl methacrylate	0.63
苯丙素类					
1	21.709	216.15167	$C_{15}H_{20}O$	α-己基肉桂醛 Hexyl cinnamaldehyde	2.21

（续表）

种类（编号）	保留时间/min	质量电荷比（m/z）	分子式	成分名称	相对含量/%
			生物碱类		
1	56.751	135.07965	$C_7H_9N_3$	4-氨基苯甲脒 4-Aminobenzamidine	3.47
2	2.64	208.10768	$C_8H_{12}N_6O$	2-[（4-氨基-1-甲基-1H-吡唑啉酮[3,4-d]嘧啶-6)氨基]乙醇 2-[（4-amino-1-methyl-1H-pyrazolo[3,4-d]pyrimidin-6-yl)amino]Ethanol	2.66
3	26.058	375.25243	$C_{21}H_{33}N_3O_3$	3,5-双[（3-甲基丁酰基）氨基]-N-（2-甲基-2-丙酰基）苯甲酰胺 3,5-bis[（3-methylbutanoyl)amino]-N-（2-methyl-2-propanyl)Benzamide	2.12
4	56.684	175.09847	$C_9H_{11}N_4$	1-氨基-4-苯基-1,5-二氢-2H-咪唑-2-亚胺 1-amino-4-phenyl-1,5-dihydro-2H-imidazol-2-Iminium	1.73
5	56.183	80.03733	$C_4H_4N_2$	嘧啶　Pyrimidine	0.94
6	27.092	252.15497	$C_8H_{16}N_{10}$	N,N'-双[2-（1H-戊四唑-5)乙基]-1,2-乙二胺 N,N'-bis[2-（1H-tetrazol-5-yl)ethyl]-1,2-Ethanediamine	0.74
7	18.89	275.18895	$C_{17}H_{25}NO_2$	氨茴酸甲酯 menthyl Anthranilate	0.60
8	1.274	240.09752	$C_8H_{12}N_6O_3$	2,8-二氨基-9-[（2-羟乙氧基）甲基]-3,9-二氢-6H-嘌呤-6-酮 2,8-diamino-9-[（2-hydroxyethoxy)methyl]-3,9-dihydro-6H-Purin-6-one	0.59
9	23.904	295.21489	$C_{17}H_{29}NO_3$	1-（2-金刚烷氧基）-3-（4-吗啉基）-2-丙醇 1-（2-adamantyloxy)-3-（4-morpholinyl)-2-Propanol	0.55
10	2.668	117.05788	C_8H_7N	吲哚　Indole	0.50
11	57.126	216.11279	$C_{10}H_{12}N_6$	（乙烯二硝替隆）四乙腈 （ethylenedinitrilo)Tetraacetonitrile	0.49
12	4.615	247.1785	$C_{12}H_{25}NO_4$	2,2-二（羟甲基）丁基6-氨基己酸酯 2,2-Bis（hydroxymethyl)butyl 6-aminohexanoate	0.48

（续表）

种类 （编号）	保留时间/ min	质量电荷比 （m/z）	分子式	成分名称	相对含量/ %
13	1.439	108.0687	$C_6H_8N_2$	2,6-二甲基吡嗪 2,6-Dimethylpyrazine	0.48
14	0.847	119.04838	$C_6H_5N_3$	苯并三氮唑 1,2,3-Benzotriazole	0.45
15	57.136	113.09532	$C_5H_{11}N_3$	1-吡咯烷卡昔酰胺 1-Pyrrolidinecarboximidam- ide	0.45
16	18.381	305.19954	$C_{18}H_{27}NO_3$	辣椒碱　Capsaicin	0.44
其他类					
1	2.665	122.10958	C_9H_{14}	1,2,3,4-四甲基-1,3-环戊 二烯 1,2,3,4-tetramethyl-1,3- Cyclopentadiene	2.35

第十三章 玫瑰花

一、概述

玫瑰（*Rosa rugosa* Thunb.），为蔷薇科蔷薇属落叶灌木，蔷薇全属约有 200 种，广泛分布在亚、欧、北非、北美寒温带至亚热带地区，我国有 82 种[183]。我国玫瑰产地主要集中在山东平阴、甘肃苦水和新疆和田。平阴玫瑰以及和田玫瑰以加工生产干花为主，苦水玫瑰部分用于提取精油。大马士革玫瑰（*Rosa damascene* Mill.）起源于伊朗[183]，精油含量高，花香清雅、甜柔，香气成分完全、香气丰满，被公认为国际香型的精油，其市场价格可达 10 000 美元/kg，有"液体黄金"之称[184]。中国在 20 世纪 80年代对大马士革玫瑰进行引种试验，近年来推广种植面积不断扩大，其中四川绵竹在2008 年地震后，银谷集团在土门镇麓棠村建成 1.6 万亩大马士革玫瑰种植基地，投资6.2 亿元用于玫瑰产业园建设，将增收的关键点着眼于大马士革玫瑰精油等深加工产品上[185]。而福建从 2012 年起，分别在三明泰宁、宁德福鼎以及福州永泰建起了大马士革玫瑰种植基地，其中福鼎市千朵农业科技有限公司在福鼎市管阳镇就种植大马士革玫瑰 3 000 多亩用于提取精油和纯露。本章所选用的玫瑰鲜花为福鼎市千朵农业科技有限公司种植的大马士革玫瑰。

二、大马士革玫瑰花精油成分及功效

玫瑰花精油挥发性成分总离子流见图 13-1，玫瑰花精油挥发性成分及其相对含量分析结果见表 13-1。

从玫瑰花精油中共分离、鉴定出 146 种挥发性成分，包括烯类、醇类、酯类、醛类、酮类和烷类等成分。挥发性成分的总相对含量为 97.37%，其中烯类和醇类成分的相对含量较高，分别为 43.61% 和 23.51%。从不同种类挥发性成分的数量上来看，以烯类成分最高，达 47 种，酯类成分次之，达 26 种，醇类成分为 12 种。综合考虑挥发性成分的相对含量和数量，烯类成分对玫瑰精油的香气贡献最大。

玫瑰花精油的主要成分为（R）-（+）-β-香茅醇、石竹烯、α-蒎烯和愈创木烯，相对含量分别为 20.12%、10.65%、7.35% 和 5.38%。其中香茅醇具有比香叶醇更优雅的玫瑰香气，是调配各种玫瑰系花香香精不可缺少的原料，可应用在多种化妆品用香精之中，有抗肿瘤[161]、抑菌[162]等作用；石竹烯具有平喘和抗菌活性[91]；α-蒎烯具有抗腺病毒、抗菌、除草、杀虫和驱避等生物活性；愈创木烯有近似兰花的清香气味[186]。

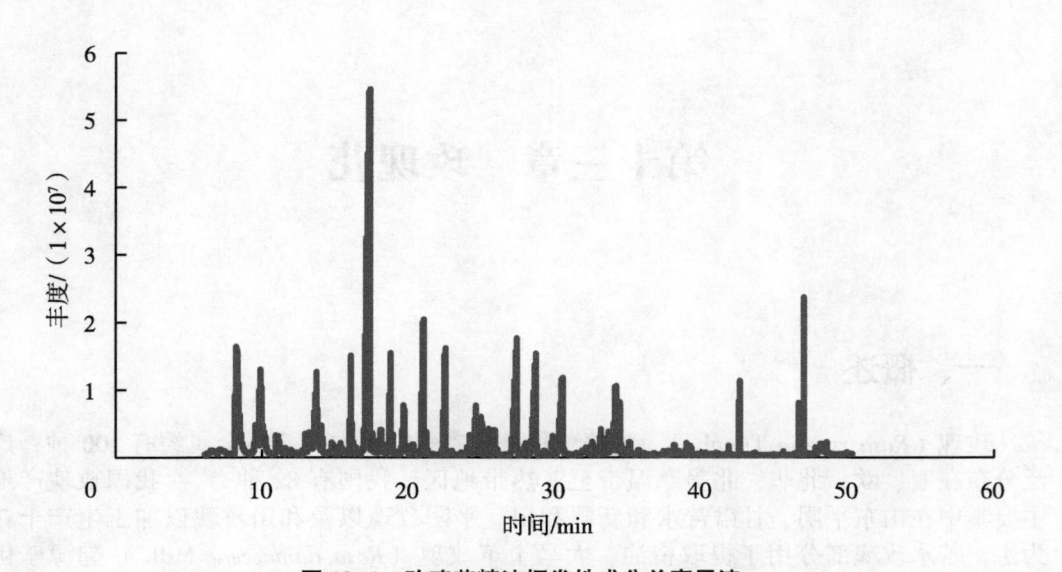

图 13-1　玫瑰花精油挥发性成分总离子流

表 13-1　玫瑰花精油挥发性成分及其相对含量

种类（编号）	保留时间/min	英文名	中文名	相对含量/%
		烯类		
1	27.45	Caryophyllene	石竹烯	10.65
2	8.31	α-Pinene	α-蒎烯	7.35
3	28.76	Guaiene	愈创木烯	5.38
4	9.93	β-Myrcene	β-月桂烯	3.76
5	22.55	2,6-dimethyl-2,6-Octadiene	2,6-二甲基-2,6-辛二烯	3.31
6	34.23	［1S-（1α，7α，8aβ）］-1,2,3,5,6,7,8,8a-octahydro-1,4-dimethyl-7-（1-methylethenyl）-Azulene	α-布藜烯	2.85
7	24.67	［1S-（1α，3aα，3bβ，6aβ，6bα）］-decahydro-3a-methyl-6-methylene-1-（1-methylethyl）-Cyclobuta［1，2：3，4］dicyclopentene	［1S-（1α，3aα，3bβ，6aβ，6bα）］-十氢-3a-甲基-6-亚甲基-1-（1-甲基乙基）-环丁烷［1,2：3,4］二环戊烯	1.55
8	9.61	(-)-β-Pinene	(-)-β-蒎烯	1.42
9	25.04	β-Elemene	β-榄香烯	1.18
10	11.14	（S）-1-methyl-4-（1-methylethenyl）-Cyclohexene	(-)-柠檬烯	0.90
11	33.75	Cedrene-V_6	雪松烯-V_6	0.79

（续表）

种类 （编号）	保留时间/ min	英文名	中文名	相对含量/ %
12	32.61	［S-（E,E）］-1-methyl-5-methylene-8-（1-methylethyl）-1,6-Cyclodecadiene	大根香叶烯 D	0.55
13	35.17	δ-Cadinene	δ-杜松烯	0.39
14	46.76	（5Z）-Nonadecene	（5Z）-十九烯	0.34
15	11.63	3,7-dimethyl-1,3,7-Octatriene	3,7-二甲基-1,3,7-辛三烯	0.27
16	12.85	Terpinolene	萜品油烯	0.26
17	18.34	1,7,7-trimethyl-Bicyclo［2.2.1］hept-2-ene	1,7,7-三甲基-双环［2.2.1］庚-2-烯	0.24
18	31.96	（4aR-trans）-decahydro-4a-methyl-1-methylene-7-（1-methylethylidene）-Naphthalene	δ-芹子烯	0.23
19	38.23	Caryophyllene oxide	石竹素	0.22
20	7.15	Bicyclo［4.2.0］octa-1,3,5-triene	苯并环丁烯	0.21
21	7.37	Styrene	苯乙烯	0.21
22	34.57	α-Farnesene	α-法尼烯	0.20
23	12.03	1,4-Cyclohexadiene	萜品烯	0.19
24	29.32	［1aR-（1aα,7α,7aα,7bα）］-1a,2,3,5,6,7,7a,7b-octahydro-1,1,7,7a-tetramethyl-1H-Cyclopropa［a］naphthalene	水菖蒲烯	0.17
25	41.92	8-Heptadecene	8-十七烷烯	0.16
26	26.08	4,11,11-trimethyl-8-methylene-Bicyclo［7.2.0］undec-4-ene	4,11,11-三甲基-8-亚甲基-双环［7.2.0］十一碳-4-烯	0.15
27	23.65	Ylangene	依兰烯	0.08
28	31.51	（+）-epi-Bicyclosesquiphellandrene	（+）-表-双环倍半水芹烯	0.08
29	49.97	1,3,3-Trimethyl-2-hydroxymethyl-3,3-dimethyl-4-（3-methylbut-2-enyl）-cyclohexene	1,3,3-三甲基-2-羟甲基-3,3-二甲基-4-（3-甲基丁烯-2-烯基）-环己烯	0.07
30	14.60	3,3,5-trimethyl-1,4-Hexadiene	3,3,5-三甲基-1,4-己二烯	0.06

（续表）

种类 （编号）	保留时间/ min	英文名	中文名	相对含量/ %
31	36.15	［1R-（1α,4aα,8aα）］-1,2,4a,5,6,8a-hexahydro-4,7-dimethyl-1-（1-methylethyl）-Naphthalene	α-依兰油烯	0.06
32	35.37	（1S-cis）-1,2,3,4-tetrahydro-1,6-dimethyl-4-（1-methylethyl）-Naphthalene	1-卡拉烯	0.05
33	14.51	（E,E）-2,6-Dimethyl-1,3,5,7-octatetraene	（E,E）-2,6-二甲基-1,3,5,7-辛四烯	0.03
34	36.37	α-Calacorene	α-二去氢菖蒲烯	0.03
35	7.93	（Z）-3-methyl-1,3,5-Hexatriene	（Z）-3-甲基-1,3,5-己三烯	0.02
36	44.99	（E）-9-Octadecene	（E）-9-十八烯	0.02
37	29.02	［1aR-（1aα,4aβ,7α,7aβ,7bα）］-decahydro-1,1,7-trimethyl-4-methylene-1H-Cycloprop［e］azulene	［1aR-（1aα,4aβ,7α,7aβ,7bα）］-十氢-1,1,7-三甲基-4-亚甲基-1H-环丙［e］甘菊环	0.02
38	47.31	1-（2-methylpropyl）-Cyclohexene	1-（2-甲基丙基）-环己烯	0.02
39	38.95	7,7-dimethyl-2-methylene-Bicyclo［2.2.1］heptane	7,7-二甲基-双环［2.2.1］庚烷	0.02
40	7.84	（E,E）-1,3,5-Heptatriene	（E,E）-1,3,5-三烯	0.02
41	30.93	2-isopropyl-5-methyl-9-methylene-Bicyclo［4.4.0］dec-1-ene	2-异丙基-5-甲基-9-亚甲基-双环［4.4.0］十-1-烯	0.02
42	23.42	［3aR-（3aα,7α,9aβ）］-1,4,5,6,7,8,9,9a-octahydro-1,1,7-trimethyl-3a,7-Methano-3aH-cyclopentacyclooctene	丁香烯	0.02
43	38.11	7-Methyl-1,6-octadiene	7-甲基-1,6-辛二烯	0.02
44	8.03	5,5-dimethyl-1,3-Cyclopentadiene	5,5-二甲基-1,3-环戊二烯	0.01
45	7.98	1-methyl-1,4-Cyclohexadiene	1-甲基-1,4-环己二烯	0.01
46	47.16	cis-2,6-Dimethyl-2,6-octadiene	顺式-2,6-二甲基-2,6-辛二烯	0.01
47	16.78	（Z,Z）-4,5,6,7-tetrahydro-Oxonin	（Z,Z）-4,5,6,7-四氢化-氧杂环壬四烯	0.01
酯类				
1	21.06	Methyl geranate	香叶酸甲酯	4.20
2	18.83	Citronellyl formate	甲酸香草酯	2.15

（续表）

种类 （编号）	保留时间/ min	英文名	中文名	相对含量/ %
3	16.12	ethyl-Octanoate	辛酸乙酯	1.78
4	19.73	Nonanoic acid, ethyl ester	壬酸乙酯	1.06
5	13.27	(Z)-3,7-dimethyl-2,6-Octa-dien-1-ol,propanoate	丙酸橙花酯	0.80
6	25.53	ethyl-Decanoate	癸酸乙酯	0.79
7	24.28	Geranyl acetate	乙酸香叶酯	0.55
8	21.26	3,7-Dimethyl-oct-6-enoic ac-id,ethyl ester	3,7-二甲基-八-6-烯乌苏酸乙酯	0.49
9	25.45	3,7-dimethyl-2,6-Octadien-oic acid,ethyl ester	3,7-二甲基-2,6-辛二烯酸乙酯	0.49
10	18.96	(Z)-3,7-dimethyl-2,6-Octa-dienoic acid,methyl ester	(Z)-香叶酸甲酯	0.36
11	15.43	Benzoic acid,ethyl ester	苯甲酸乙酯	0.27
12	39.04	Dodecanoic acid,ethyl ester	月桂酸乙酯	0.22
13	16.96	Nonanoic acid,methyl ester	壬酸甲酯	0.20
14	35.79	Dodecanoic acid,methyl ester	月桂酸甲酯	0.15
15	22.99	Gerany butyrate	丁酸香叶酯	0.11
16	38.50	2-Phenylethyl tiglate	惕各酸苯乙酯	0.10
17	37.86	3,7-dimethyl-6-Octen-1-ol,propanoate	丙酸香茅酯	0.10
18	15.57	Pentafluoropropionic acid,2-phenylethyl ester	五氟丙酸-2-苯乙酯	0.07
19	40.73	Phthalic acid,di(2-pheny-lethyl)ester	邻苯二甲酸-双（2-苯乙基）酯	0.04
20	38.37	Benzoic acid,cyclohexyl es-ter	苯甲酸环己酯	0.04
21	38.00	(Z)-3-Hexen-1-ol,benzoate	苯甲酸叶醇酯	0.03
22	43.15	Butanoic acid,3,7-dimethyl-6-octenyl ester	丁酸香茅酯	0.02
23	46.43	Oxalic acid, 2-phenylethyl tridecyl ester	草酸2-苯乙基十三烷基酯	0.02
24	45.53	Tetradecanoic acid,ethyl es-ter	十四酸乙酯	0.01
25	44.82	Benzyl Benzoate	苯甲酸苄酯	0.01
26	43.41	Methyltetradecanoate	十四酸甲酯	0.01
醇类				
1	17.39	(R)-3,7-dimethyl-6-Octen-1-ol	(R)-(+)-β-香茅醇	20.12
2	13.78	Phenylethyl Alcohol	苯乙醇	2.71

（续表）

种类（编号）	保留时间/min	英文名	中文名	相对含量/%
3	48.08	(E,E,E)-3,7,11,16-tetramethyl-Hexadeca-2,6,10,14-tetraen-1-ol	(E,E,E)-3,7,11,16-四甲基-十六-2,6,10,14-四烯-1-醇	0.22
4	15.75	Terpinen-4-ol	4-萜烯醇	0.09
5	40.26	(2R-cis)-1,2,3,4,4a,5,6,7-octahydro-α,α,4a,8-tetramethyl-2-Naphthalenemethanol	桢楠醇	0.09
6	41.07	[2R-(2α,4aα,8aβ)]-decahydro-α,α,4a-trimethyl-8-methylene-2-Naphthalenemethanol	β-桉叶醇	0.07
7	37.53	[S-(Z)]-3,7,11-trimethyl-1,6,10-Dodecatrien-3-ol	苦橙花醇	0.07
8	48.13	Nerolidol	橙花叔醇	0.03
9	39.86	Ledol	杜香茶醇	0.03
10	48.71	2-methyl-2-(4-methyl-3-pentenyl)-Cyclopropanemethanol	2-甲基-2-(4-甲基-3-戊烯基)-环丙基甲醇	0.03
11	40.45	10,10-Dimethyl-2,6-dimethylenebicyclo[7.2.0]undecan-5β-ol	10,10-二甲基-2,6-乙烯双环[7.2.0]十一碳-5β-醇	0.03
12	41.65	(Z)-8-Dodecen-1-ol	(Z)-8-十二碳烯-1-醇	0.02
醛类				
1	17.63	(Z)-Citral	(Z)-柠檬醛	0.80
2	14.84	(R)-3,7-dimethyl-6-Octenal	(R)-香茅醛	0.37
3	13.44	Nonanal	正壬醛	0.35
4	20.35	Undecanal	正十一醛	0.26
5	16.46	Decanal	正癸醛	0.23
6	18.65	(E)-Citral	(E)-柠檬醛	0.23
7	15.11	(E)-2-Nonenal	(E)-2-壬烯醛	0.22
8	12.47	2-isopropenyl-5-Methylhex-4-enal	2-异丙烯基-5-甲基己-4-烯醛	0.06
9	43.73	3,7,11-trimethyl-2,6,10-Dodecatrienal	3,7,11-三甲基-2,6,10-十二烷三烯醛	0.05
10	9.27	Benzaldehyde	苯甲醛	0.04

（续表）

种类（编号）	保留时间/min	英文名	中文名	相对含量/%
11	26.72	Dodecanal	正十二醛	0.03
12	46.67	O-(diethylboryl) oxime Benzaldehyde	O-(二乙基硼基)肟苯甲醛	0.02
酮类				
1	29.92	(E)-6,10-dimethyl-5,9-Undecadien-2-one	香叶基丙酮	0.78
2	18.17	(1S)-4,7,7-trimethyl-Bicyclo[2.2.1]heptan-2-one	β-莰酮	0.56
3	19.63	2-Undecanone	2-十一酮	0.56
4	15.68	[1R-(1α,4β,6α)]-4,7,7-trimethyl-Bicyclo[4.1.0]heptan-3-one	[1R-(1α,4β,6α)]-4,7,7-三甲基-双环[4.1.0]庚-3-酮	0.08
5	15.99	5,5,8-Trimethyl-nona-3,6,7-trien-2-one	5,5,8 三甲基-壬-3,6,7-三乙烯-2-酮	0.06
6	43.64	4-(2,2,6-trimethyl-7-oxabicyclo[4.1.0]hept-1-yl)-3-Buten-2-one	4-[2,2,6-三甲基-7-氧杂二环[4.1.0]庚-1]-3-丁烯-2-酮	0.03
7	21.95	trans-2-methyl-5-(1-methylethenyl)-Cyclohexanone	二氢黄蒿萜酮	0.01
8	43.21	(1R)-6,6-dimethyl-Bicyclo[3.1.1]heptan-2-one	(1R)-(+)-诺蒎酮	0.01
烷类				
1	34.47	Tetradecane	正十四烷	1.53
2	42.70	Heptadecane	正十七烷	1.08
3	47.06	Hexadecane	正十六烷	1.05
4	16.23	Dodecane	正十二烷	0.48
5	19.92	Tridecane	正十三烷	0.29
6	47.88	Eicosane	正二十烷	0.09
7	48.49	Heneicosane	正二十一烷	0.08
8	45.65	Octadecane	正十八烷	0.04
9	37.65	7-(1-methylethylidene)-Bicyclo[4.1.0]heptane	7-(1-甲基亚乙基)-双环[4.1.0]庚烷	0.04
10	15.87	[1R-(1α,2α,5α)]-2,6,6-trimethyl-Bicyclo[3.1.1]heptane	反式-蒎烷	0.03

（续表）

种类（编号）	保留时间/min	英文名	中文名	相对含量/%
11	46.51	Pentacosane	二十五烷	0.02
12	15.36	3-methyl-Undecane	3-甲基十一烷	0.02
13	39.80	tetradecyl-Oxirane	1,2-环氧十六烷	0.01
14	31.66	9-Isopropyl-1-methyl-2-methylene-5-oxatricyclo[5.4.0.0(3,8)]undecane	9-异丙基-1-甲基-2-亚甲基-5-三环[5.4.0.0(3,8)]十一烷	0.01
15	42.44	4-Heptafluorobutyryloxyhexadecane	4-三氟乙酰氧基十六烷	0.01
16	42.23	2-Trifluoroacetoxypentadecane	2-三氟乙酰氧基十五烷	0.01
17	46.98	cis-2-decyl-3-(5-methylhexyl)-Oxirane	顺式-2-癸基-3-(5-甲基己基)-环氧乙烷	0.01
其他				
1	13.61	tetrahydro-4-methyl-2-(2-methyl-1-propenyl)-2H-Pyran	玫瑰醚	1.23
2	10.20	trans-2-(2-Pentenyl)furan	反式-2-(2-戊烯基)呋喃	1.06
3	33.22	(4-methyl-4-pentenyl)-Benzene	(4-甲基-4-戊烯基)-苯	0.83
4	25.93	Methyl eugenol	甲基丁香酚	0.75
5	13.02	1-methyl-4-(1-methylethenyl)-Benzene	1-甲基-4-(1-甲基乙烯基)苯	0.57
6	11.02	p-Cymene	4-异丙基甲苯	0.51
7	32.17	1,2,4a,5,6,8a-hexahydro-4,7-dimethyl-1-(1-methylethyl)-Naphthalene	1,2,4a,5,6,8a-六氢-4,7-二甲基-1-(1-甲基乙基)-萘	0.45
8	48.25	(E,E)-3,7,11-trimethyl-2,6,10-Dodecatrien-1-ol, acetate	(E,E)-3,7,11-三甲基-2,6,10-十二碳三烯-1-醇乙酸酯	0.36
9	6.55	1,3-dimethyl-Benzene	间二甲苯	0.35
10	9.44	4-methylene-1-(1-methylethyl)-Cyclohexene	4-亚甲基-1-(1-甲基乙基)-环己烯	0.12
11	33.51	(1α,4aα,8aα)-1,2,3,4,4a,5,6,8a-octahydro-7-methyl-4-methylene-1-(1-methylethyl)-Naphthalene	(1α,4aα,8aα)-1,2,3,4,4a,5,6,8a-八氢-7-甲基-4-亚甲基-1-(1-甲基乙基)-萘	0.08
12	22.81	1,2-dihydro-1,1,6-trimethyl-Naphthalene	1,2-二氢-1,1,6-三甲基-萘	0.06

（续表）

种类 （编号）	保留时间/ min	英文名	中文名	相对含量/ %
13	36.84	Sesquirosefuran	倍半玫瑰呋喃	0.05
14	12.45	1-Octanesulfonyl chloride	辛基磺酰氯	0.04
15	46.59	2-Pyridinecarbonitrile	2-氰基吡啶	0.04
16	38.70	trans-(+/-)-2,2-dimethyl-3-(2-methyl-1-propenyl)-Cyclopropanecarboxylic acid	反式-第一菊酸	0.03
17	47.44	2,3-Dimethoxy-5-methyl-6-dekaisoprenyl-chinon	泛醌	0.03
18	6.40	Ethylbenzene	乙基苯	0.03
19	35.92	1,2,3,4,4a,7-hexahydro-1,6-dimethyl-4-(1-methylethyl)-Naphthalene	1,2,3,4,4a,7-六氢-1,6-二甲基-4-(1-甲基乙基)-萘	0.02
20	47.68	Nonenylsuccinic anhydride	壬基琥珀酸酐	0.02
21	41.31	α-methyl-4-(2-methylpropyl)-Benzeneacetic acid	布洛芬	0.01
22	27.64	4-hydroxy-2-Quinolinecarboxylic acid	4-羟基喹啉二甲酸	0.01
23	42.50	(Z,Z)-5,10-Pentadecadienoic acid	(Z,Z)-5,10-十五碳二烯酸	0.01
24	7.87	Dimethyl sulfone	二甲基砜	0.01

三、大马士革玫瑰花纯露成分及功效

玫瑰花纯露挥发性成分总离子流见图 13-2，玫瑰花纯露挥发性成分及其相对含量分析结果见表 13-2。

从玫瑰花纯露中共分离、鉴定出 27 种挥发性成分，包括醇类、萜烯类、醛类和酯类等成分。挥发性成分总相对含量为 91.82%，其中醇类成分的相对含量最高，达85.31%。从不同种类挥发性成分的数量上来看，以萜烯类成分最高，达 8 种，醇类成分次之，达 6 种。综合考虑挥发性成分的相对含量和数量，醇类成分对玫瑰纯露的香气贡献最大。

玫瑰花纯露的主要挥发性成分为香茅醇、苯乙醇和香叶醇，相对含量分别为46.68%、23.27%和14.63%。其中香茅醇具有比香叶醇更优雅的玫瑰香气，是调配各种玫瑰系花香香精不可缺少的原料，可应用在多种化妆品用香精之中，有抗肿瘤[161]、抑菌[162]等作用；苯乙醇具有新鲜面包、清甜的玫瑰样花香香气特征；香叶醇具有温和、甜的玫瑰花气息，广泛用于花香型日用香精，可用于苹果、草莓等果香型、肉桂、生姜等香型的食用香精，也可制成酯类香料，有抗菌[23]、消炎[24]、镇痛[25]等作用。

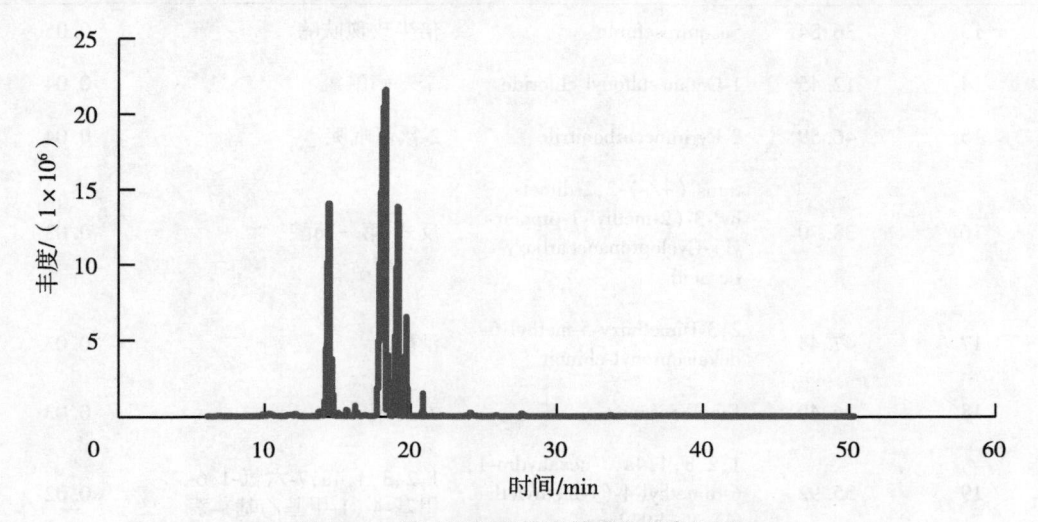

图 13-2　玫瑰花纯露挥发性成分总离子流

表 13-2　玫瑰花纯露挥发性成分及其相对含量

种类（编号）	保留时间/min	英文名	中文名	相对含量/%
醇类				
1	18.20	Citronellol	香茅醇	46.68
2	14.50	Phenylethyl alcohol	苯乙醇	23.27
3	19.13	Geraniol	香叶醇	14.63
4	13.78	Linalool	芳樟醇	0.43
5	16.37	Terpinen-4-ol	4-萜烯醇	0.17
6	11.85	Benzyl alcohol	苯甲醇	0.13
萜烯类				
1	16.26	Methyl ethyl cyclopentene	甲基乙基环戊烯	0.25
2	23.87	2,6-dimethyl-2,6-Octadiene	2,6-二甲基-2,6-辛二烯	0.21
3	15.14	2,6-dimethyl-1,5-Hepta-diene	2,6-二甲基-1,5-庚二烯	0.08
4	11.72	1,4-Cyclohexadiene	萜品烯	0.07
5	10.35	Myrcene	月桂烯	0.06
6	10.33	2-Pinene	2-蒎烯	0.04
7	16.88	Terpinolene	萜品油烯	0.04
8	11.76	4-Carene	4-蒈烯	0.01

（续表）

种类 （编号）	保留时间/ min	英文名	中文名	相对含量/ %
		醛类		
1	19.72	(E)-Citral	(E)-柠檬醛	2.66
2	18.52	(Z)-Citral	(Z)-柠檬醛	1.86
3	15.68	Phellandral	水芹醛	0.17
4	12.11	Benzeneacetaldehyde	苯乙醛	0.15
		酯类		
1	25.89	Geranylformate	甲酸香叶酯	0.17
2	24.45	Geranyl butyrate	丁酸香叶酯	0.08
3	22.18	Methylgeranate	香叶酸甲酯	0.03
4	21.55	Citronellyl isobutyrate	异丁酸香茅酯	0.03
		其他		
1	27.71	Methyl eugenol	甲基丁香酚	0.30
2	24.18	Eugenol	丁香酚	0.16
3	14.10	tetrahydro-4-methyl-2-(2-methyl-1-propenyl)-2H-Pyran	玫瑰醚	0.06
4	15.41	Nerolin	橙花醚	0.06
5	6.84	Propyl-cyclopropane	丙基-环丙烷	0.01

正离子模式下大马士革玫瑰花纯露代谢物成分总离子流见图 13-3，大马士革玫瑰花纯露的化学成分及其相对含量见表 13-3。

大马士革玫瑰花纯露共鉴定出代谢物成分 109 个，主要包括氨基酸类、单萜类、倍半萜类、二萜类、三萜类、芳香类、酚类、醇类、酸类、酯类、醌类、木脂素类、芪类、黄酮类、生物碱类、甾醇类、肽类等成分，其中以生物碱类成分数量最多，达 22 种。酯类化合物相对含量最高，达 21.21%。此外，二萜类化合物、三萜类化合物、酚类化合物和生物碱类化合物相对含量也分别达到了 13.88%、12.32%、11.07% 和 10.43%。

大马士革玫瑰花纯露液相中相对含量较高的成分有鸦胆子素 I、8-O-当归酰基呋-9-O-乙酰春黄菊脑内酯 B、披针叶南五味子内酯 C、猪苓酸 C 和 26,27-二羟基-羊毛甾-7,9(11),24-三烯-3,16-二酮，相对含量分别达到了 11.98%、11.98%、5.51%、5.51%、5.51%。鸦胆子素 I 是鸦胆子中存在的苦木素类化合物，是一种二萜内酯，具有广泛的药理活性，如抗疟[187]、抗肿瘤[188]、抗炎[189-190]、降脂[189]、抗补体[191]活性等。披针叶南五味子内酯 C 和猪苓酸 C 是大马士革玫瑰花纯露中相对含量最高的三萜类化合物，据研究报道，披针叶南五味子内酯 C 具有抗艾滋病毒活性[192]，具有一定的开发前景，猪苓酸 C 具有抗肿瘤[193]、抗补体[194]活性等。白当归素的相对含量为 4.89%，具有显著的抗炎、镇痛、解痉和抗肿瘤等功效[195]。细果角茴香碱是大马士革玫瑰纯露中相对含量较高的生物碱类成分，相对含量为 1.15%，可能起到防止或抑制新型冠状病毒蛋白入侵机体的作用[196]。

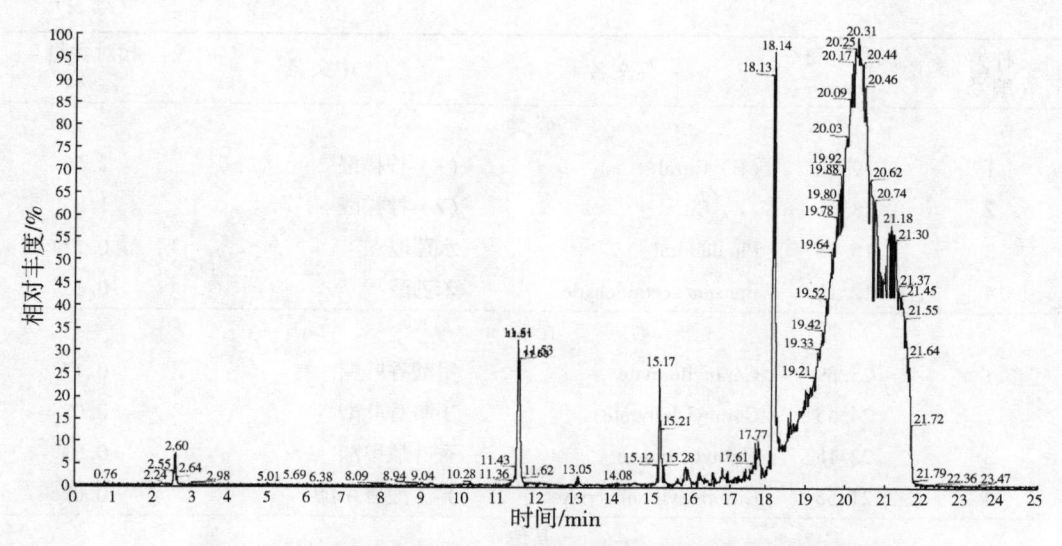

图13-3　正离子模式下大马士革玫瑰纯露代谢物成分总离子流

表13-3　大马士革玫瑰纯露的化学成分及其相对含量

种类（编号）	保留时间/min	质量电荷比（m/z）	分子式	成分名称	相对含量/%
			氨基酸类		
1	16.956	499.22415	$C_{18}H_{34}N_4O_{12}$	精氨酸双糖苷 Argininyl-fructosyl-glucose	0.06
			单萜类		
1	16.956	191.10635	$C_{12}H_{14}O_2$	乙酸二氢葛缕酯 Dihydrocarveol acetate	0.51
2	16.956	191.10635	$C_{12}H_{14}O_2$	毛叶醇乙酯 Lachnophyllol acetate	0.51
			倍半萜类		
1	17.434	273.14844	$C_{17}H_{20}O_3$	乌药醇乙酸酯 Linderene acetate	0.65
2	15.661	327.10806	$C_{15}H_{18}O_8$	二羟基印防己毒内酯 Dihydroxypicrotoxinin	0.52
3	15.214	469.20688	$C_{23}H_{32}O_{10}$	少梗白莱菊素　Paucin	0.04
			二萜类		
1	18.165	437.1811	$C_{22}H_{28}O_9$	鸦胆子素 I　Bruceine I	11.98
2	21.242	557.2526	$C_{34}H_{36}O_7$	巨大戟醇-3,20-二苯甲酸酯 Ingenol 3,20-dibenzoate	0.94
3	21.242	521.2024	$C_{26}H_{32}O_{11}$	鸦胆子苦醇　Brusatol	0.44

（续表）

种类（编号）	保留时间/min	质量电荷比（m/z）	分子式	成分名称	相对含量/%
4	18.315	365.1232	$C_{18}H_{20}O_8$	罗汉松内酯 A Inumakilactone A	0.39
5	18.835	373.1285	$C_{20}H_{20}O_7$	近琴巴豆醇 C　Plaunol C	0.12
三萜类					
1	20.658	483.34753	$C_{31}H_{46}O_4$	披针叶南五味子内酯 C Lancilactone C	5.51
2	20.658	483.34753	$C_{31}H_{46}O_4$	猪苓酸 C Polyporenic acid C	5.51
3	19.640	619.43536	$C_{40}H_{58}O_5$	3β-反式-阿魏酰氧基-16β-羟基羽扇豆-20（29）-烯 3β-trans-Feruloyloxy-16beta-hydroxylup-20（29）-ene	1.30
芳香类					
1	17.208	275.09143	$C_{15}H_{14}O_5$	4-甲氧基-9,10-二氢菲-2,3,6,7-四醇　4-Methoxy-9,10-dihydrophenanthrene-2,3,6,7-tetrol	0.59
2	18.466	297.14847	$C_{19}H_{20}O_3$	（2R,3R）-2,3-二氢-2-（4-羟基苯）-5-甲氧基-3-甲基-7-丙烯基苯并呋喃 （2R,3R）-2,3-Dihydro-2-（4-hydroxyphenyl）-5-methoxy-3-methyl-7-propenylbenzofuran	0.41
3	16.565	207.10153	$C_{12}H_{14}O_3$	顺式-对甲氧基肉桂酸乙酯 cis-Ethyl p-methoxy-cinnamate	0.02
4	16.565	207.10153	$C_{12}H_{14}O_3$	对甲氧基肉桂酸乙酯 Ethyl-p-methoxycinnamate	0.02
5	16.565	207.10153	$C_{12}H_{14}O_3$	对甲氧基肉桂酸乙醚 p-Methoxycinnamic acid ethyl ether	0.02
酚类					
1	16.380	311.16403	$C_{20}H_{22}O_3$	7-（4″-羟基-3″-甲氧基苯基）-1-苯基庚-4-烯-3-酮 7-（4″-Hydroxy-3″-methoxyphenyl）-1-phenyl-hept-4-en-3-one	4.87
2	19.497	641.26019	$C_{34}H_{40}O_{12}$	龙牙草酚 F　Agrimol F	3.21

（续表）

种类（编号）	保留时间/min	质量电荷比（m/z）	分子式	成分名称	相对含量/%
3	15.661	327.10806	$C_{15}H_{18}O_8$	3-羟基肉桂酸-β-D-葡萄糖苷 Coumarinic acid-beta-D-glucoside	0.52
4	15.661	327.10806	$C_{15}H_{18}O_8$	邻香豆酸-β-D-葡萄糖苷 o-Coumaric acid-β-D-glucoside	0.52
5	21.242	521.20239	$C_{26}H_{32}O_{11}$	桉叶苷 Camaldulenside	0.44
6	21.242	521.20239	$C_{26}H_{32}O_{11}$	去氢二松柏醇 4-O-β-D-吡喃葡萄糖苷 Dehydrodiconiferyl alcohol 4-O-β-D-glucopyranoside	0.44
7	10.328	169.04947	$C_8H_8O_4$	尿黑酸 Homogentisic acid	0.14
8	10.328	169.04947	$C_8H_8O_4$	2,4-二羟基苯甲酸甲酯 Methyl-β-resorcylate	0.14
9	10.328	169.04947	$C_8H_8O_4$	对羟基间甲氧基苯甲酸 p-Hydroxy-m-methoxy-benzonic acid	0.14
10	16.309	257.0813	$C_{15}H_{12}O_4$	大黄素蒽酮 Emodin anthrone	0.13
11	16.309	257.0813	$C_{15}H_{12}O_4$	八仙花酸 Hydrangeic acid	0.13
12	16.309	257.0813	$C_{15}H_{12}O_4$	绣球酚 Hydrangenol	0.13
13	18.835	373.12851	$C_{20}H_{20}O_7$	升麻酸 Cimicifugic acid	0.12
14	17.480	257.11752	$C_{16}H_{16}O_3$	红门兰醇 Orchinol	0.09
15	16.565	207.10153	$C_{12}H_{14}O_3$	乙酸丁香酚酯 Acetyleugenol	0.02
16	0.9995	183.02864	$C_8H_6O_5$	5-羟基间苯二甲酸 5-Hydroxyisophthalic acid	0.01
醇类					
1	19.026	665.44073	$C_{41}H_{60}O_7$	蓝溪藻黄素 Myxoxanthophyll	4.92
2	2.597	229.17953	$C_{13}H_{24}O_3$	7-巨豆烯-3,6,9-三醇 7-Megastigmene-3,6,9-triol	1.27
3	16.956	191.10635	$C_{12}H_{14}O_2$	鱼胶热醇 Ichthyotherol	0.51
酸类					
1	16.448	200.1041	$C_{10}H_{15}O_4$	2-(5-丁基-3-氧代-2,3-二氢呋喃)-乙酸 (5-Butyl-3-oxo-2,3-dihydrofuran-2-yl)-acetic acid	1.39
2	2.597	229.17953	$C_{13}H_{24}O_3$	11-羟基-9-十三碳烯酸 11-Hydroxy-9-tridecenoic acid	1.27

（续表）

种类（编号）	保留时间/min	质量电荷比（m/z）	分子式	成分名称	相对含量/%
3	17.412	389.05066	$C_{18}H_{12}O_{10}$	石花酸 Parmatic acid	0.04
4	1.268	157.04944	$C_7H_8O_4$	大叶菜酸 Doederleinic acid	0.03
酯类					
1	18.165	437.18112	$C_{22}H_{28}O_9$	8-O-当归酰基呋-9-O-乙酰春黄菊脑内酯 B 8-O-Angeloyl-9-O-acetylan-themolide B	11.98
2	18.145	335.11316	$C_{17}H_{18}O_7$	白当归素 Byak-angelicin	4.89
3	11.101	229.04993	$C_{13}H_8O_4$	2'-乙酰当归根素 2'-Acetylangelicin	1.02
4	17.208	275.09143	$C_{15}H_{14}O_5$	11-甲氧基-去甲-甲氧醉椒素 11-Methoxy-nor-yangonin	0.59
5	17.208	275.09143	$C_{15}H_{14}O_5$	景洪哥纳香甲素 Cheliensisin A	0.59
6	17.208	275.09143	$C_{15}H_{14}O_5$	麻醉椒苦素 Methysticin	0.59
7	16.956	191.10635	$C_{12}H_{14}O_2$	3-丁基苯酞 3-Butyl-phthalide	0.51
8	16.956	191.10635	$C_{12}H_{14}O_2$	藁本内酯 Ligustilide	0.51
9	16.956	191.10635	$C_{12}H_{14}O_2$	新藁本内酯 Neoligustilide	0.51
10	16.565	207.10153	$C_{12}H_{14}O_3$	6,7-环氧-6,7-二氢藁本内酯 6,7-epoxy-6,7-Dihydroligus-tilide	0.02
醌类					
1	16.380	311.16403	$C_{20}H_{22}O_3$	6-甲基隐丹参酮[14,16 环氧-6-甲基-5(10),6,8,13-枞烷四烯-11,12-二酮] 6-methylcryptotanshinone [14,16-epoxy-6-methyl-5(10),6,8,13-Abietatet-rae-ne-11,12-dione]	4.87
2	17.208	275.09143	$C_{15}H_{14}O_5$	萘醌 VI Naphthoquinone VI	0.59
3	18.466	297.14847	$C_{19}H_{20}O_3$	隐丹参酮 Cryptotanshinone	0.41
4	18.466	297.14847	$C_{19}H_{20}O_3$	异隐丹参酮 Isocryptotanshinone	0.41
5	10.328	169.04947	$C_8H_8O_4$	2,6-二甲氧基-1,4-苯醌 2,6-Dimethoxybenzoquinone	0.14
6	17.880	295.13293	$C_{19}H_{18}O_3$	异丹参酮 Ⅱ Isotanshinone Ⅱ	0.10

（续表）

种类（编号）	保留时间/min	质量电荷比（m/z）	分子式	成分名称	相对含量/%
			木脂素类		
1	17.680	743.30621	$C_{42}H_{46}O_{12}$	新牛蒡素乙 Neoarctin B	0.84
2	21.242	521.20239	$C_{26}H_{32}O_{11}$	(+)-松脂醇-O-β-D-吡喃葡萄糖苷 (+)-Pinoresinol-O-β-D-glucopyranoside	0.44
3	21.242	521.20239	$C_{26}H_{32}O_{11}$	罗汉松脂苷 Matairesinoside	0.44
4	18.466	297.14847	$C_{19}H_{20}O_3$	云南拟单性木兰素 A Parakmerin A	0.41
5	17.183	495.16568	$C_{27}H_{26}O_9$	鹰爪木脂醇 Artabotrycinol	0.01
			芪类		
1	18.466	297.14847	$C_{19}H_{20}O_3$	4-异戊烯基白藜芦醇 4-Prenylresveratrol	0.41
			黄酮类		
1	17.208	275.09143	$C_{15}H_{14}O_5$	(-)-表阿夫儿茶精 (-)-Epiafzelechin	0.59
2	17.208	275.09143	$C_{15}H_{14}O_5$	根皮素 Phloretin	0.59
3	16.309	257.0813	$C_{15}H_{12}O_4$	异甘草素 Isoliquiritigenin	0.13
4	16.309	257.0813	$C_{15}H_{12}O_4$	甘草素 Liquiritigenin	0.13
5	16.309	257.0813	$C_{15}H_{12}O_4$	松属素 Pinocembrin	0.13
6	18.965	503.15515	$C_{25}H_{26}O_{11}$	4′,6″-二乙酰基-葛根素 4′,6″-Diacetyl puerarin	0.12
7	18.965	503.15515	$C_{25}H_{26}O_{11}$	芹菜素-7-O-β-D-葡萄糖醛酸丁酯 Apigenin-7-O-beta-D-glucuronide butyl ester	0.12
8	18.835	373.12851	$C_{20}H_{20}O_7$	5,7,2′,4′,6′-五甲氧基黄酮 5,7,2′,4′,6′-Pentamethoxy-flavone	0.12
9	18.835	373.12851	$C_{20}H_{20}O_7$	异橙黄酮 Isosinensetin	0.12
10	17.480	257.11752	$C_{16}H_{16}O_3$	(2S)-5-甲氧基黄烷-7-醇 (2S)-5-Methoxy flavan-7-ol	0.09
11	17.480	257.11752	$C_{16}H_{16}O_3$	7,4′-二羟基-8-甲基黄烷 7,4′-dihydroxy-8-Methylfla-van	0.09
12	17.480	257.11752	$C_{16}H_{16}O_3$	构树素 Broussin	0.09
13	15.214	469.20688	$C_{23}H_{32}O_{10}$	2′-羟基-3′,4-二甲氧基异黄烷-7-O-β-D-葡萄糖苷 2′-hydroxy-3′,4-dimethoxy-isoflavane-7-O-β-D-Gluco-side	0.04

（续表）

种类（编号）	保留时间/min	质量电荷比（m/z）	分子式	成分名称	相对含量/%
14	17.208	480.12628	$C_{22}H_{23}O_{12}$	矮牵牛素-3-O-葡萄糖苷 Petunidin-3-glucoside	0.01

生物碱类

种类（编号）	保留时间/min	质量电荷比（m/z）	分子式	成分名称	相对含量/%
1	18.060	347.12418	$C_{17}H_{18}N_2O_6$	紫茉莉黄素 Miraxanthin V	3.87
2	18.576	363.10992	$C_{21}H_{16}NO_5$	白屈菜宾　Chelirubine	2.92
3	18.576	395.13632	$C_{22}H_{20}NO_6$	细果角茴香碱 Leptocarpinine	1.15
4	16.864	321.10004	$C_{19}H_{14}NO_4$	黄连碱　Coptisine	0.61
5	18.532	335.12378	$C_{16}H_{18}N_2O_6$	老鼠瓜苷 A Cappariloside A	0.39
6	18.532	335.12378	$C_{16}H_{18}N_2O_6$	吲哚-3-乙腈-6-O-β-D-吡喃葡萄糖苷 Indole-3-acetonitrile-6-O-beta-D-glucopyranoside	0.39
7	18.532	275.15195	$C_{16}H_{20}NO_3$	N-甲基坡拉特德斯明 N-Methylplatydesmin	0.24
8	17.160	318.27853	$C_{21}H_{35}NO$	丝胶树碱　Funtumine	0.23
9	17.880	357.19342	$C_{21}H_{26}NO_4$	(S)-反式-N-甲基四氢非洲防己碱　(S)-trans-N-Methyltetrahydrocolumbamine	0.11
10	17.880	357.19342	$C_{21}H_{26}NO_4$	蝙蝠葛任碱　Menisperine	0.11
11	17.637	222.09723	$C_8H_{15}NO_6$	N-乙酰基-D-葡萄糖胺 N-Acetyl-D-glucosamine	0.10
12	16.820	310.09265	$C_{14}H_{15}NO_7$	大青霉素 B　Isatan B	0.07
13	0.902	184.09648	$C_9H_{13}NO_3$	肾上腺素 I　Adrenaline I	0.06
14	18.248	230.08154	$C_{13}H_{11}NO_3$	6-甲氧基白鲜碱 6-Methoxy dictamine	0.03
15	18.248	230.08154	$C_{13}H_{11}NO_3$	γ-崖椒碱　γ-Fagarine	0.03
16	18.248	230.08154	$C_{13}H_{11}NO_3$	异-γ-崖椒碱 Iso-γ-fagarine	0.03
17	15.566	220.13293	$C_{13}H_{17}NO_2$	二氢一叶碱 Dihydrosecurinine	0.02
18	16.978	212.12814	$C_{11}H_{17}NO_3$	仙人球毒碱　Mescaline	0.02
19	17.434	249.19618	$C_{15}H_{24}N_2O$	帽柱叶碱　Aphylline	0.01
20	17.434	249.19618	$C_{15}H_{24}N_2O$	异苦参碱　Isomatrine	0.01
21	17.434	249.19618	$C_{15}H_{24}N_2O$	羽扇豆碱　Lupanine	0.01
22	17.434	249.19618	$C_{15}H_{24}N_2O$	苦参碱　Matrine	0.01

（续表）

种类（编号）	保留时间/min	质量电荷比（m/z）	分子式	成分名称	相对含量/%
			甾醇类		
1	20.658	483.34753	$C_{31}H_{46}O_4$	26,27-二羟基-羊毛甾-7,9(11),24-三烯-3,16-二酮 26,27-Dihydroxy-lanosta-7,9(11),24-trien-3,16-dione	5.51
			肽类		
1	18.315	261.12387	$C_{14}H_{16}N_2O_3$	环（脯氨酸-酪氨酸） Cyclo(Pro-Tyr)	0.40
2	16.909	276.11911	$C_{10}H_{17}N_3O_6$	γ-L-谷氨酰基-谷氨酰胺 γ-L-Glutamyl-Glutamine	0.23
3	9.202	277.10358	$C_{10}H_{16}N_2O_7$	γ-L-谷氨酰基-L-谷氨酸 γ-L-Glutamyl-L-Glutamic acid	0.04
			其他类		
1	21.767	329.2681	$C_{19}H_{36}O_4$	9,12-二羟基-15-十九烷酸 9,12-Dihydroxy-15-nonadecenoic acid	0.44
2	15.519	231.12228	$C_{11}H_{18}O_5$	（1R,4R,4aS,7S,7aS)-7-羟基-4-羟甲基-7-甲基-1-甲氧基-1,4,4a,7a 四氢环戊烷 (1R,4R,4aS,7S,7aS)-7-hydroxyl-4-hydroxymethyl-7-methyl-1-methoxyl-1,4,4a,7a-tetrahydrocyclopentane	0.06
3	15.519	231.12228	$C_{11}H_{18}O_5$	（1R,4S,4aS,7S,7aS)-7-羟基-4-羟甲基-7-甲基-1-甲氧基-1,4,4a,7a 四氢环戊烷 (1R,4S,4aS,7S,7aS)-7-hydroxyl-4-hydroxymethyl-7-methyl-1-methoxyl-1,4,4a,7a-tetrahydrocyclopentane	0.06
4	15.519	231.12228	$C_{11}H_{18}O_5$	（1S,4R,4aS,7S,7aS)-7-羟基-4-羟甲基-7-甲基-1-甲氧基-1,4,4a,7a 四氢环戊烷 (1S,4R,4aS,7S,7aS)-7-Hydroxyl-4-hydroxymethyl-7-methyl-1-methoxyl-1,4,4a,7a-tetrahydrocyclopentane	0.06
5	0.999	161.00899	$C_6H_8OS_2$	(E)-丙烯醛基烯丙基二硫化物 (E)-3-Allyldisulfanyl-propenal	0.05

参考文献

[1] 王敏. 中国芳香植物资源开发现状及应用前景[J]. 中国化妆品, 2021 (4): 20-23.

[2] 朱亮锋, 吴萍, 贾永霞, 等. 植物精油[M]. 武汉: 华中科技大学出版社, 2020.

[3] 张洪广, 张晓斌, 胡勇, 等. 玫瑰纯露的制备及其在化妆品中的应用[J]. 广东化工, 2020, 47 (18): 103-104.

[4] 孙捍卫, 张凤梅, 韩磊, 等. 栀子的化学成分研究[J]. 中医药信息, 2014, (2): 18-20.

[5] 张颖. 漫山的花不再孤寂地落去[N]. 福建日报, 2020-6-19 (9).

[6] KASHIMA Y, NAKAYA S, MIYAZAWA M. Volatile composition and sensory properties of Indian herbal medicine-pavonia odorata-used in Ayurveda [J]. Journal of Oleo Science, 2014, 63 (2): 149-158.

[7] 姜冬梅, 朱源, 余江南, 等. 芳樟醇药理作用及制剂研究进展[J]. 中国中药杂志, 2015, 40 (18): 3530-3533.

[8] 梁海燕, 王国昌. 不同萜类对黄曲霉菌抑制作用评价[J]. 中国公共卫生, 2012, 28 (8): 1062-1064.

[9] 李维妮, 郭春锋, 张宇翔, 等. 气相色谱-质谱法分析乳酸菌发酵苹果汁香气成分[J]. 食品科学, 2017 (4): 146-154.

[10] 郭俸钰, 陈文学, 陈海明, 等. 芳樟醇对大肠杆菌的抑菌作用机制[J]. 现代食品科技, 2020, 36 (4): 113-118.

[11] 陈耕. 左旋芳樟醇的小鼠体内抗氧化及抗皮肤衰老活性研究[J]. 食品与机械, 2021, 37 (2): 169-172.

[12] 宋灵云, 李苗苗, 于海玲. 芥酸酰胺对小鼠的抗焦虑样作用[J]. 沈阳药科大学学报, 2017, 34 (4): 333-337.

[13] WAGNER J E, HUFF J L, RUST W L, et al. Perillyl alcohol inhibits breast cell migration without affecting cell adhesion[J]. Journal of Biomedicine and Biotechnology, 2002, 2 (3): 136-140.

[14] 张新富. 油茶皂苷分离纯化及生物活性研究[D]. 合肥: 安徽农业大学, 2013.

[15] PRASHER P, SHARMA M. Medicinal chemistry of anthranilic acid derivatives: A mini review[J]. Drug Development Research, 2021, 6: 1-10.

[16] FISCH A, REIBER C, SCHROEDER W, et al. Potent suppression of proliferation of breast carcinoma cells by a novel anthranilic acid derivative[J]. Interna-

tional Journal of Drug Development and Research，2020，12（1）：1-11.

[17] 佚名. 全国花茶有多少[J]. 上海茶叶，2005（1）：16.

[18] 李金翼，陈楚霖. 广西南宁横县 2015 年至 2017 年茉莉花播种面积变化遥感监测[J]. 科技资讯，2018，16（28）：101，103.

[19] 本刊记者. 山地茶，湿地花窨制清香好花茶——福建福州茉莉花种植与茶文化系统[J]. 农村百事通，2020（5）：18-19.

[20] 林铃静，曾芳芳. 福州茉莉花农业文化遗产地休闲农业开发策略研究[J]. 农村经济与科技，2016，27（23）：110-112.

[21] 陈金华，王英姿，黄建安. 不同烘焙温度对大红袍香气成分的影响[J]. 茶叶通讯，2020，47（3）：433-442.

[22] 石超峰，殷中琼，魏琴，等. α-松油醇对大肠杆菌的抑菌作用及其机理研究[J]. 畜牧兽医学报，2013，44（5）：796-801.

[23] 李晓晴，惠海英，骆志成. 香叶醇、β-香茅醇和丁香酚抗念珠菌活性的体外研究[J]. 现代检验医学杂志，2016（2）：87-89.

[24] 代敏，彭成. 香叶醇治疗小鼠白假丝酵母菌阴道炎的疗效研究[J]. 中成药，2013，35（9）：1831-1836.

[25] 邢自力，韩琪园，冯兆贺，等. 香叶醇对神经痛模型大鼠的镇痛作用及机制研究[J]. 中国药理学通报，2017，33（4）：535-541.

[26] 马建华. 水杨酸甲酯清除羟基自由基活性的研究[J]. 化学通报，2006（3）：228-230.

[27] 赵怡程，何婷，翁稚颖，等. 一种滇白珠富含水杨酸甲酯糖苷抗炎镇痛活性部位提取富集方法的探索[J]. 国际药学研究杂志，2017，44（9）：884-889.

[28] 闫浩，徐雪峰，李坤，等. 苦梓含笑挥发性成分分析[J]. 农村科学实验，2018（13）：84-86.

[29] 肖玫，王康乐，靳丹璐，等. 葡萄园无公害药物驱鸟新方法[J]. 江苏农业科学，2008（4）：134-136.

[30] 郑溢，李旎，郑志忠，等. 绞股蓝皂苷生物转化与活性的研究进展[J]. 食品科学，2018，39（13）：324-333.

[31] 李强，曹陈军，陈奕，等. 对丹参素药理作用的研究进展[J]. 当代医药论丛，2019，17（10）：16-18.

[32] 王启龙，孙达，黄金文，等. 药根碱的研究进展[J]. 时珍国医国药，2010，21（7）：1844-1846.

[33] ANTONISAMY P，DHANASEKARAN M，KIM H，et al. Anti-inflammatory and analgesic activity of ononitol monohydrate isolated from *Cassia tora* L. in animal models[J]. Saudi Journal of Biological Sciences，2017，24（8）：1933-1938.

[34] 李俊. 26-nor-8-羟基-α-芒柄花醇对成骨细胞活性影响的研究[D]. 武汉：中南民族大学，2011.

[35] 张泽生，张梦娜，高云峰，等. D-松醇的研究与开发[J]. 中国食品添加剂，2015（3）：133-138.

[36] JULIA. 美好的香草世界[J]. 园林，2013（8）：82-85.

［37］ 马世平，傅强，邓雪阳，等.罗勒烯在制备抗抑郁药物中的应用：CN 201410230811［P］.2014-08-13.

［38］ 尚春雨.β-蒎烯对柑橘青霉病菌的抑菌机理研究［D］.武汉：华中农业大学，2017.

［39］ 张丽佳，薛银，张岑容，等.桉油精的抗菌抗炎作用研究［J］.中国兽药杂志，2013，47（3）：21-24.

［40］ 马兴苗，周静，范玲，等.桉油精对补骨脂素体外抗肿瘤活性的增效作用研究［J］.中成药，2013，35（5）：903-908.

［41］ 王佳宇，胡文忠，管玉格，等.柠檬烯抑菌机理及其在果蔬保鲜中应用的研究进展［J］.食品工业科技，2021，42（14）：6.

［42］ 任振兴.左旋樟脑通过 miR-140-HnrnpA1 轴促进急性脑缺血应激颗粒形成的机制研究［D］.广州：广州中医药大学，2018.

［43］ 李昀骏.左旋樟脑靶向 miR-140 调节脑缺血自噬分子机制［D］.广州：广州中医药大学，2016.

［44］ CARDULLO M A, GILROY J J. Inhibition of oxidative metabolism in *Escherichia coli* by d-camphor and restoration of oxidase activity by quinones［J］. NRC Research Press Ottawa, Canada, 1975, 21 (9): 1357-1361.

［45］ WESUK K, DABIN C, SOYOON P, et al. Carvone decreases melanin content by inhibiting melanoma cell proliferation via the cyclic adenosine monophosphate (cAMP) pathway［J］. Molecules (Basel, Switzerland), 2020, 25 (21): 5191.

［46］ PORFÍRIO E M, MELO H M, PEREIRA A M G, et al. In vitro antibacterial and antibiofilm activity of lippia alba essential oil, citral, and carvone against *Staphylococcus aureus*［J］. The Scientific World Journal, 2017, 17: 4962707.

［47］ BONIGIOVANA C. Antifungal and cytotoxic activity of purified biocomponents as carvone, menthone, menthofuran and pulegone from *Mentha* spp［J］. African Journal of Plant Science, 2016, 10 (10): 1-10.

［48］ POMBAL S, HERNÁNDEZ Y, DIEZ D, et al. Antioxidant activity of carvone and derivatives against superoxide ion［J］. Natural Product Communications, 2017, 12 (5).

［49］ MARTA D, HANNA Z, PAWEŁ K, et al. Inhibitory effect of eugenol and trans-anethole alone and in combination with antifungal medicines on *Candida albicans* clinical isolates［J］. Chemistry & Biodiversity, 2021, 3: 2020000843.

［50］ 谷晓杰，安丽，何晓婷，等.抗苹果轮纹病菌植物筛选及反式茴香脑抑菌机理［J］.山西农业大学学报（自然科学版），2020，40（1）：44-50.

［51］ AHRAN S, YOONJIN P, BOYONG K, et al. Modulation of lipid metabolism by trans-anethole in hepatocytes［J］. Molecules, 2020, 25 (21): 4946.

［52］ MADDALENA D, ANDREA M, ZHENG C, et al. Radical scavenging and antimicrobial activities of Croton zehntneri, Pterodon emarginatus and Schinopsis brasiliensis essential oils and their major constituents: estragole, trans-anethole, β-caryophyllene and myrcene［J］. Natural product research, 2015, 29 (10):

939-946.

[53] DONGARE V, KULKARNI C, KONDAWAR M, et al. Inhibition of aldose reductase and anti-cataract action of trans-anethole isolated from Foeniculum vulgare Mill. fruits[J]. Food Chemistry, 2012, 132 (1): 385-390.

[54] 朱建新, 程福建, 林全女, 等. 茶树花资源综合利用及保健功效研究进展[J]. 安徽农业科学, 2021, 49 (6): 7-9.

[55] 严文杰. 营销理念: 四川茶叶市场建设提升的强心针[J]. 四川省情, 2014 (6): 23.

[56] 子琳. 今年春茶产销两旺　结构优化效益提升[J]. 中国食品, 2017 (15): 174.

[57] 王梦馨, 吴国火, 崔林, 等. 茶树花 Cu/Zn-SOD 酶活性及其基因表达分析[J]. 热带作物学报, 2020, 41 (6): 7.

[58] 许兰, 张丹, 仝团团, 等. 茶树花提取物的抑菌和美白功效评价[J]. 天然产物研究与开发, 2018, 30 (8): 1287-1293.

[59] 朱福鸿, 张萃, 魏凤香. α-蒎烯药理及应用研究概况[J]. Hans Journal of Medicinal Chemistry, 2015, 3 (3): 23-28.

[60] 方健, 金冬梅, 王忠山, 等. 苯酚焦油中提取苯乙酮新工艺研究[J]. 化工科技, 2017, 6 (25): 56-58.

[61] CHERNICHENKO I A, VINOGRADOV G I, KARAN DA KOVA I M. Hygienic evaluation of the allergenic activity of phthalic anhydride entering the body by inhalation[J]. Gigiena i sanitariia, 1973, 38 (12): 16-20.

[62] WU C T, PEI X T, CAO J R, et al. A new pharmacological activity of dibutyl phthalate (DBP) on selective elimination of tumor cells from bone marrow[J]. Leukemia Research, 1993, 17 (7): 557-560.

[63] WANG L S, LIU H J, ZHANG J H, et al. Purging effect of dibutyl phthalate on leukemia cells involves fas independent activation of caspase-3/CPP32 protease[J]. Cancer Letters, 2002, 186 (2): 177-182.

[64] SEGAL D M, PEREZ M, SHAPSHAK P. Oxandrolone, used for treatment of wasting disease in HIV-1-infected patients, does not diminish the antiviral activity of deoxynucleoside analogues in lymphocyte and macrophage cell cultures[J]. Jaids Journal of Acquired Immune Deficiency Syndromes, 1999, 20 (3): 215-219.

[65] 杨亚妮, 苏智先. 中国名柚资源与品种现状研究[J]. 四川师范学院学报 (自然科学版), 2002, 23 (2): 163-169.

[66] 张基军. 福建平和: 用百姓引以为傲的琯溪蜜柚带动品牌农业[J]. 中国经贸, 2020 (1): 84-86.

[67] 周仁毅, 沈世荣, 潘孝强. 四季柚保花保果技术[J]. 浙江柑橘, 2011 (4): 28-29.

[68] 朱碧宁, 钟旭美, 陈铭中, 等. 废弃柚子皮果胶提取及新型柚子沐浴露的制备[J]. 生物化工, 2021, 7 (2): 22-26.

[69] 黄巧娟, 黄林华, 孙志高, 等. 柠檬烯的安全性研究进展[J]. 食品科学,

2015, 36（15）：277-281.

［70］ QUIROGA P R, ASENSIO C M, NEPOTE V. Antioxidant effects of the monot-erpenes carvacrol, thymol and sabinene hydrate on chemical and sensory stability of roasted sunflower seeds［J］. Journal of the Science Food and Agriculture, 2015, 95（3）：471-479.

［71］ KOHZAKI K, GOMI K, YAMASAKI-KOKUDO Y, et al. Characterization of a sabinene synthase gene from rough lemon（Citrus jambhiri）［J］. Journal of Plant Physiology, 2009, 166（15）：1700-1704.

［72］ 张丽丽，马晓琳，王冬，等. 高产橙花叔醇的酵母细胞工厂创建［J］. 中国中药杂志，2017, 42（15）：2962-2968.

［73］ 黄巧娟，孙志高，龙勇，等. D-柠檬烯抗癌机制的研究进展［J］. 食品科学，2015, 36（7）：240-244.

［74］ YANG L, LIU J, LI Y, et al. Bornyl acetate suppresses ox-LDL-induced attach-ment of THP-1 monocytes to endothelial cells［J］. Biomedicine & Pharmacother, 2018, 103：234-239.

［75］ HE Y, ZHAO R, HAO C, et al. Bornyl acetate has an anti-inflammatory effect in human chondrocytes via induction of IL-11［J］. Iubmb Life, 2015, 66（12）：854-859.

［76］ LI J, WANG S X. Synergistic enhancement of the antitumor activity of 5-fluorou-racil by bornyl acetate in SGC-7901 human gastric cancer cells and the determina-tion of the underlying mechanism of action［J］. Journal of B. u. on. Official Jour-nal of the Balkan Union of Oncology, 2016, 21（1）：108.

［77］ 赵振东，刘镜愉，陈明，等. 邻苯二甲酸酐哮喘大鼠模型的制备及实验免疫学观察［J］. 中华劳动卫生职业病杂志，1998（6）：342-344.

［78］ OBAID A, ALFAWAZ A A S, MOHAMMAD S M, et al. Analgesic and anti-cancer activity of benzoxazole clubbed 2-pyrrolidinones as novel inhibitors of monoacylglycerol lipase［J］. Molecules, 2021, 26（8）：2389.

［79］ MANSI L P, SWATI S G, NARESH J G. Anti-nociceptive and anti-inflammatory activity of synthesized novel benzoxazole derivatives［J］. Anti-inflammatory & Anti-allergy agents in Medicinal Chemistry, 2021, 20：1-15.

［80］ TURUL Z C, TEMIZ A Ö, MUSTAFA A, et al. Synthesis, antimicrobial activi-ty, density functional modelling and molecular docking with COVID-19 main pro-tease studies of benzoxazole derivative：2-（p-chloro-benzyl）-5-［3-（4-ethly-1-piperazynl）propionamido］-benzoxazole［J］. Journal of Molecular Structure, 2021, 1237：130413.

［81］ LIU C, BALANOS G M, SMITH T G, et al. The effect of hydralazine on cardio-respiratory responses to hypoxia may not involve activation of the HIF pathway［J］. The FASEB Journal, 2006, 20（5）：1-10.

［82］ SEON-HEE O, HA Y M, JOON L K, et al. Nefopam downregulates autophagy and c-Jun N-terminal kinase activity in the regulation of neuropathic pain develop-ment following spinal nerve ligation［J］. BMC anesthesiology, 2018, 18

（1）：97.

[83] CZUCZWAR M, CZUCZWAR K, CIĘSZCZYK J, et al. Nefopam enhances the protective activity of antiepileptics against maximal electroshockinduced convulsions in mice[J]. Pharmacological Reports, 2011, 63（3）：690-696.

[84] 曾铿然, 何达为, 张世昂, 等. 龙眼典型加工副产物的营养成分研究[J]. 中国热带农业, 2021（3）：44-49.

[85] 王燕, 李小孟, 官民, 等. 泸州建设世界晚熟龙眼优势区域中心的发展现状与优势分析[J]. 中国热带农业, 2021（2）：28-32.

[86] 黄金松. 如何提高福建龙眼、枇杷的经济效益[J]. 福建农业科技, 2003（1）：4-6.

[87] 黄爱萍, 谢鸿根, 胡文舜, 等. 1976—2010 年福建沿海地区龙眼生产发展态势的研究[J]. 中国农学通报, 2014（34）：24-29.

[88] 曾亚妮. 储良龙眼高产高效栽培技术措施研究[J]. 种子科技, 2021, 39（10）：74-75.

[89] 梁洁, 甄汉深, 韦志英, 等. 广西产龙眼花化学成分预试研究[J]. 广西中医药大学学报, 2009, 012（3）：52-53.

[90] 刘佳梦, 林丽静, 刘义军, 等. 基于主成分分析的不同品种龙眼干品质综合评价[J]. 保鲜与加工, 2021, 21（5）：127-133.

[91] 梁洁, 王雯慧, 李耀华, 等. 广西产龙眼花挥发油成分 GC-MS 分析[J]. 中药材, 2010（8）：1270-1273.

[92] SZOKA F C, CHU C J. Increased efficacy of phosphonoformate and phosphonoac-etate inhibition of herpes simplex virus type 2 replication by encapsulation in lipo-somes[J]. Antimicrobial agents and chemotherapy, 1988, 32（6）：858-864.

[93] 佚名. 百香果[J]. 中国·城乡桥, 2006（10）：64-65.

[94] 钟亮. 福建省百香果产业发展中存在的问题及对策[J]. 中国市场, 2020（28）：53-54.

[95] 张文斌. '福建百香果 1 号'栽培模式对比试验初报[J]. 福建热作科技, 2021, 46（1）：12-14.

[96] 王能, 王赟, 陆锦明, 等. 上海地区百香果栽培技术[J]. 上海农业科技, 2021（3）：64-65.

[97] 黄城, 温清英, 黄卓琴, 等. 黄金百香果栽培技术[J]. 现代农业科技, 2021（8）：47-48.

[98] 胡德辉, 赵莉娜, 谢文佩, 等. 百香果加工工艺研究进展[J]. 农产品加工, 2018（6）：65-67.

[99] 李想, 宋弘扬, 赵存朝, 等. 一种特色百香果果冻产品的研制[J]. 食品工业科技, 2021, 42（6）：159-165.

[100] 李梦凡, 谢云轩, 谢宁栋, 等. 破囊壶菌生产角鲨烯的研究现状[J]. 生物技术通报, 2021, 37（4）：234-244.

[101] 段亮亮, 田兰兰, 郭玉蓉, 等. 采用主成分分析法对六个苹果品种果实香气分析及分类[J]. 食品工业科技, 2012, 33（3）：85-88, 267.

[102] 王艺菲. 蓝果忍冬（Lonicera caerulea L.）主要生理活性物质和挥发性化合

物成分鉴定及遗传多样性研究[D]. 哈尔滨：东北农业大学，2014.

[103] 孟鸳. 甜面酱发酵过程中挥发性成分的研究[D]. 武汉：湖北工业大学，2011.

[104] 史祥宾，刘凤之，程存刚，等. 设施葡萄不同新梢间距处理对冠层光环境及果实品质的影响[J]. 园艺学报，2018，45（3）：436-446.

[105] 翟欣，奚梦茜，郭巧生，等. 夏枯草中苦味物质的初步分析[J]. 中国中药杂志，2014，39（3）：423-426.

[106] 张志强，李岳，徐瑶，等. 1，8-桉树脑对白色念珠菌生物膜影响分析[J]. 广东化工，2021，48（6）：12-17.

[107] YIN C, LIU B, WANG P, et al. Eucalyptol alleviates inflammation and pain responses in a mouse model of gout arthritis [J]. British Journal of Pharmacology, 2020, 177（9）：1-8.

[108] 李波，万志兵，朱本路，等. 不同浓度乐昌含笑叶子浸提物对小白菜的化感作用[J]. 九江学院学报（自然科学版），2019（1）：99-103.

[109] 张亨，孙同高，郭智威，等. 植物生长调节剂对乐昌含笑根系生长的影响[J]. 绿色科技，2018（11）：6-8.

[110] 刘化桐. 乐昌含笑物候研究[J]. 福建林业科技，2007，34（2）：112-114.

[111] 欧阳锦彰. 秃杉与乐昌含笑混交造林试验研究[J]. 安徽农学通报，2017，23（10）：113-115.

[112] 何桂霞. 中药化学实用技术[M]. 北京：中国中医药出版社，2015.

[113] SOKOLOVA A S, PUTILOVA V P, YAROVAYA O I, et al. Synthesis and antiviral activity of camphene derivatives against different types of viruses[J]. Molecules, 2021, 26（8）：2235.

[114] POLANCO-HERNÁNDEZ G M, GIMÉNEZ-TURBA A, SALAMANCA E, et al. Leishmanicidal activity and immunomodulatory effect of a mixture of lupenone and β-caryophyllene oxide [J]. Revista Brasileira de Farmacognosia, 2021, 31（suppl 1）：143-148.

[115] AHN K S, CHO S K, LEE D, et al. Cytotoxic activity of β-caryophyllene oxide isolated from jeju guava（Psidium cattleianum Sabine）leaf[J]. Records of Natural Products, 2011, 5（3）：1-10.

[116] PARK K, NAM D, YUN H, et al. β-Caryophyllene oxide inhibits growth and induces apoptosis through the suppression of PI3K/AKT/mTOR/S6K1 pathways and ROS-mediated MAPKs activation[J]. Cancer Letters, 2011, 312（2）：178-188.

[117] MUHAMMAD I C, ZAFAR A S, SARFRAZ A N, et al. Microbial transformation and butyrylcholinesterase inhibitory activity of(-)-caryophyllene oxide and its derivatives[J]. Journal of natural products, 2006, 69（10）：1429-1434.

[118] HU D, ZHAO D, HE M, et al. Synthesis and bioactivity of 3,5-dimethylpyrazole derivatives as potential PDE4 inhibitors[J]. Bioorganic & Medicinal Chemistry Letters, 2018, 28（19）：3276-3280.

[119] PINELLI A, FAVALLI L, FORMENTO M. Antiporphyric activity of 3,5-dime-

thylpyrazole in allylisopropylacetamide-treated rats[J]. Pergamon, 1973, 12 (3): 117-125.

[120] 匡华琴, 刘生财, 陈裕坤, 等. 马银花愈伤组织 *RoWUS* 基因及其启动子的克隆与表达分析[J]. 热带作物学报, 2014, 35 (10): 1984-1991.

[121] 刘焕安. 江淮地区马银花繁育与栽培技术[J]. 安徽农学通报, 2020, 26 (9): 71.

[122] 杨华, 宋绪忠, 余家中, 等. 马银花种子萌发试验[J]. 浙江林业科技, 2012, 32 (6): 44-47.

[123] 唐璇, 张晓夏, 成西涛, 等. 催化氧化合成邻苯二甲醛工艺的响应面优化的研究[J]. 化学研究与应用, 2018, 30 (9): 1469-1474.

[124] 龚盛昭, 王晓立, 林取妹, 等. 肉桂酸甲酯抑制酪氨酸酶催化反应的动力学研究[J]. 化学研究与应用, 2009, 21 (8): 1168-1172.

[125] 常慧, 汤育娟, 赵剑萍, 等. 去氢芳樟醇加氢催化剂的制备与活性评价[J]. 化工进展, 2009, 28 (6): 958-961.

[126] 李晓花, 金玲钰, 岳建军, 等. 砂仁活性成分乙酸龙脑酯药理活性研究进展[J]. 中医药导报, 2021 (5): 131-134.

[127] JHIH S Y, CHENG S Y, SEN L W, et al. Methyl palmitate protects heart against ischemia/reperfusion-induced injury through G-protein coupled receptor 40-mediated activation of the PI3K/AKT pathway[J]. European Journal of Pharmacology, 2021, 5: 174-183.

[128] 刘洁, 李志平, 吴海燕. 烟酸调节血脂的应用与进展[J]. 医药导报, 1999 (6): 428-429.

[129] 于瑞杰, 洪骏, 汪俊军. 烟酸抗动脉粥样硬化研究进展[J]. 临床检验杂志, 2014, 32 (5): 337-339.

[130] 于志杰, 林旭. 烟酸对神经系统的保护作用研究进展[C] //营养健康新观察 (第二十三期): 营养与脑发育、智力专题. 北京: 中国疾病预防控制中心达能营养中心会议学术委员会, 2004.

[131] 国家中医药管理局《中华本草》编委会. 中华本草[M]. 上海: 上海科学技术出版社, 1999.

[132] 宋颜君, 许利嘉, 缪剑华, 等. 野菊花的研究进展[J]. 中国现代中药, 2020, 22 (10): 1751-1756.

[133] 单红芳, 李瑶. 野菊花中黄酮的提取及其软膏制备工艺探究[J]. 海峡药学, 2021, 33 (2): 4-6.

[134] 张吉鸥. 野菊花的营养活性及其在无抗饲料中的应用[J]. 中国饲料添加剂, 2021 (4): 1-5.

[135] 朱庆书, 赵文英. 超声提取野菊花总黄酮及其抑菌活性的研究[J]. 化学与生物工程, 2008, 25 (12): 72-74.

[136] 牟家琬, 杨胜华, 孙玉梅, 等. 龙脑与异龙脑的体外抗菌作用的研究[J]. 华西药学杂志, 1989, 4 (1): 20-22.

[137] 江光池, 杨胜华, 冯旭军. 龙脑和异龙脑的抗炎作用[J]. 华西药学杂志, 1990, 5 (3): 190-191.

[138] 李谦和, 匡玲玲, 袁红军. 硝酸铵催化 2,10-环氧蒎烷液相重排合成桃金娘烯醇[J]. 湖南师范大学自然科学学报, 2008, 31 (4): 74-77.

[139] 王艳, 周长远, 杜爱玲. 硅胶-硝酸银硅胶柱层析分离纯化 β-倍半水芹烯[J]. 食品与机械, 2016, 32 (5): 165-167.

[140] 魏凤香, 商蕾, 高虹, 等. α-蒎烯抗腺病毒作用机制研究[J]. 哈尔滨医科大学学报, 2020 (3): 248-252.

[141] 董梅, 冯奉仪. 抗癌新药拓扑替康研究新进展[J]. 国际肿瘤学杂志, 2001, 28 (1): 75-79.

[142] RIBEIRO-FILHO J, BRANDI J, COSTA H F, et al. Carvone enantiomers differentially modulate IgE-mediated airway inflammation in mice[J]. International Journal of Molecular Sciences, 2020, 21 (3): 9209.

[143] ARITZ L C, TERESA L, MARTA P G, et al. Immunomodulatory properties of carvone inhalation and its effects on contextual fear memory in mice[J]. Frontiers in Immunology, 2018, 9: 68.

[144] GUERRERO, ESTELA, I, et al. Antioxidant Activity of Carvone and Derivatives against Superoxide Ion[J]. Natural Product Communications, 2017, 12 (5): 653-655.

[145] AYDIN E, TÜRKEZ H, KELES M S. Potential anticancer activity of carvone in N2a neuroblastoma cell line[J]. Toxicology & Industrial Health, 2015, 31 (8): 764-772.

[146] DBROWSKA M, ZIELIŃSKA-BLINIEWSKA H, KWIATKOWSKI P, et al. Inhibitory effect of eugenol and trans-Anethole Alone and in Combination with Antifungal Medicines on Candida albicans Clinical Isolates[J]. Chemistry & Biodiversity, 2021, 18 (5): e2000843.

[147] KANG N H, SULAGNA M, MIN T, et al. Trans-anethole ameliorates obesity via induction of browning in white adipocytes and activation of brown adipocytes[J]. Biochimie, 2018, 151: 1-13.

[148] SENRA T, ZERINGÓTA V. Assessment of the acaricidal activity of carvacrol, (E)-cinnamaldehyde, trans-anethole, and linalool on larvae of Rhipicephalus microplus and Dermacentor nitens (Acari: Ixodidae)[J]. Parasitology Research, 2013, 112 (4): 1461-1466.

[149] RYU S, SEOL G H, PARK H, et al. Trans-anethole protects cortical neuronal cells against oxygen-glucose deprivation/reoxygenation[J]. Neurological Sciences, 2014, 35 (10): 1541-1547.

[150] WEISER M J, GRIMSHAW V, WYNALDA K M, et al. Long-Term Administration of Queen Bee Acid (QBA) to Rodents Reduces Anxiety-Like Behavior, Promotes Neuronal Health and Improves Body Composition[J]. Nutrients, 2017, 10 (1): 13.

[151] 杨清. 茉莉酸类的抗癌活性及其作用机制[J]. 实用药物与临床, 2014, 17 (12): 1615-1619.

[152] 都宏霞, 缪领珍, 胡梓恒, 等. 低共熔溶剂提取桂花黄酮的工艺优化[J].

现代食品科技, 2021, 37 (5): 203-211.

[153] 殷晓冉. 桂花在当代园林造景中的应用分析[J]. 花卉, 2021 (8): 84-85.

[154] 高霜, 徐丽君, 王列坤, 等. 咸宁市桂花苗木产业发展建议与对策[J]. 现代园艺, 2021, 44 (11): 56-57.

[155] 李金兰. 山水美城桂花香[J]. 广西林业, 2016 (10): 28-30.

[156] 李素云, 徐良华, 王纯建, 等. 浦城丹桂花挥发性成分分析[J]. 福建中医药大学学报, 2012, 22 (3): 47-49.

[157] 曹晖. 浦城桂花: 桂子月中落 天香云外飘[J]. 福建质量技术监督, 2011 (6): 41.

[158] 徐金俊. 浦城丹桂花产量提高及白蚁生物防治措施研究[J]. 林业勘察设计, 2017, 37 (1): 61-64.

[159] 吴建华. 浦城丹桂大树移栽技术的研究[J]. 低碳世界, 2014 (9): 328-329.

[160] 谢宇婷, 陈昭斌, 陈雯杰. 橙花醇的杀菌效果观察[J]. 中国消毒学杂志, 2020, 37 (5): 339-341.

[161] 杨佳佳, 韦世权, 张科, 等. 香茅醇自乳化递送系统的制备及其体外抗肿瘤活性评价[J]. 中草药, 2020, 51 (5): 1196-1204.

[162] 向晓龙, 杨文, 刘惠芳, 等. 香茅醇不同旋光异构体对抑制茶炭疽病病菌活性的比较及其协同作用[J]. 茶叶科学, 2019, 39 (4): 425-430.

[163] CONNALLY H E, HAMAR D W, THRALL M A. Inhibition of canine and feline alcohol dehydrogenase activity by fomepizole[J]. American Journal of Veterinary Research, 2000, 61 (4): 450-455.

[164] Chen Y T, Liao J W, Hung D Z. Protective effects of fomepizole on 2-chloro-ethanol toxicity[J]. Human & Experimental Toxicology, 2010, 29 (6): 507-512.

[165] HWAN L, ZHIMING L, CHISU Y, et al. Anti-Neuroinflammatory and Anti-Inflammatory Activities of Phenylheptatriyne Isolated from the Flowers of *Coreopsis lanceolata* L. via NF-κB Inhibition and HO-1 Expression in BV2 and RAW264. 7 Cells[J]. International journal of molecular sciences, 2021, 22 (14): 7482.

[166] RYBALCHENKO P N, PRYKHODKO A V, NAGORNA S S, et al. In vitro antifungal activity of phenylheptatriyne from Bidens cernua L. against yeasts[J]. Fitoterapia, 2010, 81 (5): 336-338.

[167] 冯小倩, 武曦, 谭颖徽. 组胺及组胺受体的研究进展[J]. 中华肺部疾病杂志 (电子版), 2015, 8 (2): 88-91.

[168] 胡双双, 汪婷, 张霞, 等. 湿地环境中蒌蒿解剖结构和组织化学特征[J]. 草业科学, 2020, 37 (10): 1986-1993.

[169] 李双梅, 柯卫东, 黄新芳, 等. 蒌蒿的研究概况[J]. 长江蔬菜, 2017 (18): 49-55.

[170] 孙虹, 彭国良, 方俊华. 野生蒌蒿的驯化栽培[J]. 蔬菜, 2005 (6): 14-15.

[171] 徐刚，韩冰，祁明华，等.蒋卫杰博士：聚焦生产一线 灌云日光温室蒌蒿（芦蒿）高效栽培技术[J].中国蔬菜，2018 (3)：86-88.

[172] 黄宇玫，何跃腾，林佩瑶，等.纤维素酶辅助乙醇溶液从蒌蒿老茎和叶提取总黄酮[J].南昌大学学报（工科版），2019, 41 (1)：15-20.

[173] 马青，马蕊，靳保龙，等.天然冰片资源研究进展[J].中国中药杂志，2021, 46 (1)：57-61.

[174] 吴春丽，李杰明，杭晔，等.GC法测定鱼腥草注射液中(-)-4-萜品醇的含量[J].中国药房，2013, 24 (44)：4204-4206.

[175] 张立强，唐庆红，张一宾，等.新的苄醇类化合物的合成及其生物活性[J].农药学学报，2002 (2)：81-84.

[176] SOUSA D, MESQUITA R F, LIMA J. Spasmolytic Activity of Carvone and Limonene Enantiomers [J].Natural Product Communications, 2015, 10 (11)：1893-1896.

[177] 司文文.左旋樟脑通过表观调控应激颗粒生成抗中风损伤研究[D].广州：广州中医药大学，2019.

[178] 张志强，王琳.1,8-桉树脑对微生物生物膜抑制作用的研究[J].广东化工，2021, 48 (12)：44-45.

[179] MAHDAVIFARD S, NAKHJAVANI M. Preventive Effect of Eucalyptol on the Formation of Aorta Lesions in the Diabetic Atherosclerotic Rat[J]. International Journal of Preventive Medicine, 2021, 6：319.

[180] HASSAN S, RAY P, HOSSAIN R, et al. p-Cymene metallo-derivatives：An overview on anticancer activity[J]. Cellular and Molecular Biology, 2020, 66 (4)：28-32.

[181] GONG X, REN Y. Larvicidal and ovicidal activity of carvacrol, p-cymene, and γ-terpinene from Origanum vulgare essential oil against the cotton bollworm, Helicoverpa armigera (Hübner)[J]. Environmental Science and Pollution Research, 2020, 161 (10)：1-8.

[182] SHANG X, WANG Y, ZHOU X, et al. Acaricidal activity of oregano oil and its major component, carvacrol, thymol and p-cymene against Psoroptes cuniculi in vitro and in vivo[J]. Veterinary Parasitology, 2016, 226：93-96.

[183] 李慧，白红彤.精油玫瑰资源[J].生命世界.2020 (8)：44-45.

[184] 杨青，刘兴乐，李莉云，等.大马士革玫瑰精油提取工艺研究[J].湖北农业科学.2020, 59 (24)：148-150.

[185] 裴佩.三产融合助农增收[J].四川党的建设.2018 (17)：24-25.

[186] 黄玉斌，严春荣，林宇，等.不同萃取温度对白花羊蹄甲花朵挥发性成分的影响[J].贵州农业科学.2019, 47 (10)：98-100.

[187] 陈克涌.鸦胆子素在体外的抗疟作用[J].国外医学（寄生虫病分册).1984 (4)：170.

[188] 杨正奇，谢慧媛，王金锐，等.鸦胆子抗肿瘤活性成分的化学研究[J].天然产物研究与开发.1996 (2)：35-39.

[189] 刘俊宏.鸦胆子的化学成分及生物活性研究[D].沈阳：沈阳药科大

学，2012.

[190] 何潇. 鸦胆子化学成分及苦木素抗炎活性研究[D]. 南昌：江西中医药大学，2021.

[191] 詹艳芝. 鸦胆子化学成分及药理活性研究[D]. 南昌：江西中医药大学，2019.

[192] 陈敏. 五味子科药用植物的抗艾滋病毒活性成分和 ISSR 分子标记[D]. 上海：复旦大学，2004.

[193] 昝俊峰. 茯苓三萜类成分抗肿瘤活性研究与茯苓药材质量分析[D]. 武汉：湖北中医药大学，2012.

[194] 倪付勇，谢雪，温建辉，等. 茯苓非多糖类化学成分的抗补体活性[J]. 中草药. 2019，50（11）：2529-2533.

[195] 杨兰，李欠，冯彦梅，等. 一测多评法测定川白芷药材中 5 种指标成分的含量[J]. 江苏农业学报，2020，36（1）：199-205.

[196] 钟宛凌，竺楹银，刘冬涵，等. 基于分子对接与网络药理学预测防治新冠肺炎高频藏药潜在活性成分及其作用机制[J]. 世界科学技术-中医药现代化. 2021，23（7）：2191-2205.

致　　谢

　　本书的撰写得到数家单位的协助和支持。其中芳香植物蒸馏提取所使用的设备为福州法莫优科机械科技有限公司提供的新型挥发油提取机组 UKYTQ-30，具有 PLC 数字化程控系统、全过程温度和压力监测。茶树鲜花原料由福建鼎白茶业有限公司协助提供，福建鼎白茶业有限公司在福建福鼎建有 2 000 多亩的茶园和 300 亩的有机茶园，本书所取的茶树花摘自福建鼎白茶业有限公司的有机茶园。栀子鲜花和玫瑰鲜花原料由福鼎市千朵农业科技有限公司协助提供，福鼎市千朵农业科技有限公司在福鼎市管阳镇建立 3 000 多亩大马士革玫瑰种植基地，拥有现代的加工生产线，可提供良好的精油和纯露产品。野菊花原料由福建省鼎鼎生物科技有限公司协助提供。

　　本书得到福建省科技重大专项专题项目（2018NZ0003-2）、福建省科技计划公益类专项项目（2021R1031004）资助。